高等教育城市轨道交通系列教材

城市轨道交通运营安全管理方法与技术

（修订本）

主　编　王艳辉　祝凌曦
副主编　孙　倩

北京交通大学出版社
·北京·

内 容 简 介

本书主要内容包括：城市轨道交通运营安全管理概述、城市轨道交通设备与基础设施、城市轨道交通运营安全保障技术、城市轨道交通运营安全保障系统、城市轨道交通危险源识别与控制、城市轨道交通运营安全事故分析、城市轨道交通运营安全基础理论与常用方法、城市轨道交通安全管理方法与规章制度、城市轨道交通运营安全评价、城市轨道交通应急管理、城市轨道交通常见事故处理案例，共11章。

本书是城市轨道交通专业的核心教材，可供高校、高职院校选用，也可作为城市轨道交通行业岗位培训教材，同时可供城市轨道交通行业技术人员学习参考。

图书在版编目(CIP)数据

城市轨道交通运营安全管理方法与技术/王艳辉，祝凌曦主编．—北京：北京交通大学出版社，2011.7（2019.9 修订）

ISBN 978－7－5121－0630－7

Ⅰ．①城…　Ⅱ．①王…　②祝…　Ⅲ．①城市铁路－交通运输安全－交通运输管理－高等学校－教材　Ⅳ．①U239.5

中国版本图书馆 CIP 数据核字（2011）第 138599 号

责任编辑：陈跃琴

出版发行：北京交通大学出版社　　电话：010－51686414

地　　址：北京市海淀区高梁桥斜街44号　　邮编：100044

印 刷 者：北京鑫海金澳胶印有限公司

经　　销：全国新华书店

开　　本：185×260　印张：17　字数：420 千字

版　　次：2011年7月第1版　2019年9月第1次修订　2019年9月第9次印刷

书　　号：ISBN 978－7－5121－0630－7/U·70

印　　数：18 501～21 000 册　定价：48.00 元

出版说明

为促进城市轨道交通专业教材体系的建设，满足目前城市轨道交通专业人才培养的需要，北京交通大学交通运输学院、远程与继续教育学院和北京交通大学出版社组织以北京交通大学从事轨道交通研究教学的一线老师为主体、联合其他交通院校教师，并在北京地铁公司、广州市地下铁道总公司、南京地下铁道有限责任公司、北京市轨道交通建设管理有限公司、香港地铁公司等单位有关领导和专家的大力支持下，编写了本套“城市轨道交通系列教材”。

教材编写突出实用性，文字简洁明了。本着理论部分通俗易懂，实操部分图文并茂原则，侧重实际工作岗位操作技能的培养。为方便读者，本系列教材采用“立体化”教学资源建设方式，配套有教学课件、习题库、自学指导书，并将陆续配备教学光盘。本系列教材可供相关专业的全日制或在职学习的本专科学生使用，也可供从事相关工作的工程技术人员参考。

本系列教材的出版受到施仲衡院士的关注和首肯，多年从事城市轨道交通研究的毛保华教授和朱晓宁教授对本系列教材的编写给予具体指导，《都市快轨交通》期刊社主办和协办单位专家也给予本教材多方面的帮助和支持。在此一并致谢。

本系列教材在2011年8月陆续推出，首批包括：《城市轨道交通设备》、《列车运行计算与设计》、《城市轨道交通系统运营管理》、《城市规划》、《轨道交通需求分析》、《交通政策法规》、《城市轨道交通规划与设计》、《企业发展战略》、《城市轨道交通土建工程》、《城市轨道交通车辆概论》、《城市轨道交通牵引电气化概论》、《城市轨道交通通信信号概论》、《城市轨道交通列车运行控制》、《城市轨道交通信息技术》、《城市轨道运营统计分析》、《城市轨道交通安全管理》、《交通运营统计分析》、《城市轨道交通客流分析》、《城市轨道交通服务质量管理》、《轨道交通客运管理》。

希望该套教材的出版对城市轨道交通的发展、对城市轨道交通专业人才的培养有所贡献。

教材编写委员会
2011年6月

总　　序

近年来，中国经济飞速发展，城市化进程逐步加快。在大城市中，地面建筑越来越密集，人口越来越多，交通量越来越大，交通拥堵对社会效益和经济效益都带来了很大影响。据统计国内每年由于交通拥堵造成的损失将近一千多亿元。

解决交通拥堵，有各种各样的方法，其中城市轨道交通由于在土地利用、能源消耗、空气质量、景观质量、客运质量等方面的优势，正逐步成为许多大城市交通发展战略中的骨干，并形成以地铁、城市快速铁路、高架轻轨等为主的多元化发展趋势。

我国城市轨道交通从20世纪50年代开始筹划。1965年7月，北京市开始兴建中国第一条地下铁道。经过近50年，特别是近十年的发展，截至2010年底，仅在中国内地，已有13个城市拥有49条运营线路，总里程达1 425.5 km。另有16个城市，总计96条、2 000余km的线路正在建设中。目前已发展和规划发展城市轨道交通的城市总数已经接近50个，全部规划线路超过300条，总里程超过10 000 km。

随着城市轨道交通在全国范围的迅猛发展，各地区均急需轨道交通建设、运营管理的大批技术人员和应用型人才。目前全国有近百所高等院校和高等职业院校开设或准备开设城市轨道交通及相关专业。全国几十家相关企业，也都设立自己的培训中心或部门。

从目前的情况来看，在今后几年城市轨道交通人才的培养应该是各大专院校的学历教育与企业、社会的能力培训相结合的状态。但现实情况是相关的教材，特别是培养应用型人才的优质教材、教学指导书的建设和出版严重不足，落后于城市轨道交通发展的需要。

2011年初，北京交通大学远程与继续教育学院、交通运输学院、出版社共同筹划出版了“城市轨道交通系列教材”。这套教材的出版，恰逢其时。首先，这套教材的作者是由国内该领域的学术界和企业界的知名专家执笔。他们的参与，既保证了对中国轨道交通探索与实践的传承，同时也突出了本套教材的实用性。其次，它丰富、实用的内容和多样性的课程设置，为行业内“城市轨道交通”各类人才的培养，提供了专业的、实用的教材。

祝愿中国轨道交通事业蓬勃发展，也祝愿北京交通大学出版社这套“城市轨道交通系列教材”能够为促进我国城市轨道交通又好又快发展提供支撑！

中国工程院院士 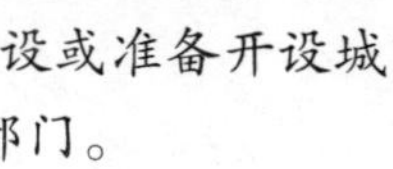

2011年5月

前　言

城市轨道交通因其具有安全、快速、舒适、环保、运量大的特点，而为现代化大城市广泛采用。城市轨道交通的迅速发展，对改善群众出行条件、解决城市交通拥堵、节约土地资源、促进节能减排、推进产业升级换代、引导城市布局调整、推动城市经济发展，发挥着重要作用。城市轨道交通本身的特点决定了城市轨道交通运营必须把安全放在首要位置。

由于全国大部分城市轨道交通建设起步较晚，项目建设规模大、速度快，致使专业人才供不应求，安全运营管理岗位的初中级人才短缺尤为突出。各地职业院校纷纷开设了城市轨道交通相关专业，轨道交通专业培训教材也陆续出版。但目前已出版教材存在体系不完善、教材内容侧重岗前培训、理论叙述过多等缺点，不适合培养应用型人才的院校教学使用。

本书力求系统、全面地阐述城市轨道交通运营的安全知识，突出了职业教育特色，围绕职业能力的形成组织课程内容。教材编写充分考虑了培养应用型人才院校学生的认知特点，文字简洁明了，通俗易懂，每单元后附有本章小结和思考题。

本书参考引用了许多国内外专家、学者发表的有关城市轨道交通的文献，部分城市轨道交通企业的运营资料及相关文献，在此谨向有关专家及部门致以衷心地感谢。

由于编者水平有限，书中不足之处，敬请读者批评指正。

编者

2011 年 4 月

目　录

第5章 城市轨道交通危险源识别与控制

第6章 城市轨道交通运营安全事故分析

第7章 城市轨道交通运营安全基础理论与常用方法

第8章 城市轨道交通安全管理方法与规章制度

1 第1章 城市轨道交通运营安全管理概述

引　言

城市轨道交通业是国民经济的重要组成部分，是保证人们在政治、经济、文化、军事等方面联系交往的手段，也是衔接生产和消费的一个重要环节。因此城市轨道交通业在现代社会的各个方面起着重要的作用。与此同时，城市轨道交通运营安全管理也日益受到社会各界的广泛关注，交通安全是城市轨道运营的重要前提，是确保人们政治、经济、文化、军事等生活正常发展的基础。因此，城市轨道交通运营安全管理也成了城市轨道交通业的重要研究课题之一。

本章学习重点

1. 城市轨道交通运营安全管理的重要性、发展现状；
2. 城市轨道交通运营安全管理的研究对象、范围及主要内容。

1.1 概　　述

城市轨道交通是城市公共客运交通系统的重要组成部分，是城市大运量的客运交通系统。城市轨道交通系统中的地铁和轻轨，一般都处在地下或高架桥上的半封闭空间里，环境封闭、空间狭小、人员和设备高度密集，通风排烟设备布设困难、疏散逃生受到极大限制，一旦发生重大事故、灾害等突发事件，人员疏散和救援困难，处置不当将产生巨大的人身和财产损失，对社会经济和生活造成重大影响。其特征包括以下几点。

1. 全线性

由于城市轨道交通列车具有依赖于单一轨道连续运行的特点，一旦在运行线路上发生严重事件、灾害，会造成整条线路的运营中断，甚至可能影响其他线路的正常运行，而且在一定时间内难以恢复正常运行。

2. 连带性

城市轨道交通客流量大，而客流在一定时间内局限于有限的封装区域内，一旦发生突发事件、灾害，除了乘客可能受到直接伤害外，还极易造成其他各类次生、衍生和耦合灾害。

3. 局限性

当城市轨道交通发生重大突发事件、灾害，在实施救援时，由于事发地点空间的限制给救援工作带来难度。救援工作延续时间越长，灾害的影响程度就越大。

4. 群体性

在城市轨道交通车站、隧道、商场区域，单位面积人数多，在发生突发事件、灾害时，极易造成群死群伤，社会影响大。

自1918年纽约发生世界第一起重大城市轨道交通伤亡事故以来，世界各国城市轨道交通事故时有发生，并且近年来逐渐成为恐怖袭击的主要目标之一。尽管各国纷纷出台各种安全及防范措施，但防范难度仍然很大。为此，世界各国不断采取和改善各种防范措施，尤其是加大力度提高安全管理水平，来确保安全。许多城市针对以往发生的各类事故，深入研究，在建设过程中注重借鉴以往的经验教训，并在建成后不断改进，在硬件设施上尽可能消除安全隐患。同时，针对各种可能发生的灾害制定紧急处置预案，并定期进行演练，提高危机处置能力。

我国城市轨道交通发展迅猛，已经建成或正在兴建的城市轨道交通几乎包括了上述各种类型，已有 30 多座城市建成了或正在新建、或拟就了建设规划。除北京、天津、上海、广州、武汉、长春、大连、深圳、重庆、南京等 10 个城市外，尚有南昌、杭州、沈阳、成都、哈尔滨、西安、厦门、苏州、青岛、东莞、宁波、佛山、石家庄、郑州、长沙、兰州等 33 个城市正在建设、筹建或规划中。尽管如此，我国城市轨道交通发展历史比较短，运营管理经验不足，城市轨道交通运营中存在许多不容忽视的安全隐患。由于我国尚未建立起完善的轨道交通运营安全法规和统一的管理标准，各地的城市轨道交通运营安全保障工作处于分散不成体系的状态，对轨道交通运营的安全保障管理做法也各不相同。这种状态与轨道交通迅速发展的形势极不相称。

城市轨道交通系统是一个庞大而复杂的系统，由供电子系统、通信子系统、信号子系统、给水与排水子系统、屏蔽门与安全门子系统、防灾与报警子系统（FAS）、环境与设备监控（BAS）子系统、机车车辆子系统、车辆段检修设备子系统、自动售检票子系统、通风空调与采暖子系统、电梯和自动扶梯等子系统组成。城市轨道交通系统内部各子系统之间及系统与系统外部有很高的关联度，一旦某个子系统出现问题，就会迅速影响和波及其他子系统，形成连锁反应，进而影响整个系统的正常功能，造成系统部分或整体功能的瘫痪。

城市轨道交通运营专业性强、技术设备复杂、客流量大、日周期性强、高峰低谷落差显著、时效性强，因此城市轨道交通运营安全管理的难度较大。尤其在我国，大多数城市轨道交通线路因深处地下，出入口少，站台和车内人员又相对密集，疏散难度相对加大更使得城市轨道交通运营过程隐患重重。

目前发达国家的城市轨道交通运营安全管理主要采用系统的安全管理模式。在安全管理的思想上，突出了整体安全、系统安全的概念，将涉及行车安全的人、设备、环境等因素实现系统地管理与调度；在管理方式上，加大了安全法规的建设力度，实现法制化管理；在手段上开发了大量先进的行车安全监测设备，并通过计算机网络技术、通信技术实现了运输安全信息的远程集中管理和科学分析。

以德国为代表的一些欧洲国家采取的是“专业化安全管理模式”。它们把探索安全管理治本途径问题一并考虑，用经营管理体制创新为安全管理升级拓展空间，以安全管理的不断深化增强企业的市场竞争能力，努力达到两者的协调互促、良性循环。推行了以“机务、车辆、工务、电务等路网系统分开管理”，使安全管理更加突出重点，技术管理更加专业化，管理范畴更加合理化，安全生产得到了根本性的改善。

日本靠技术装备升级而建立的“高技术型安全管理模式”，直接采用世界最先进的技术装备，在全国大力发展标准轨、高技术、高速度、高安全的轨道交通决策。采用了先进的机车、车辆、轨道、信号等技术装备，为保证高速列车的运行安全，同步上马了先进的以“轨道电路的数字列车自动控制”方式、无线电控制的 CARAT 等方式为主的“新型运输安全系统”，以及调车作业“装置化”的“编组站自动化系统”。为在既有线上“提速”而采用的“摆式列车”技术，同样有效地防止了因列车通过曲线和道岔超速所引发的颠覆事故。这一系列高新技术的采用，极大地消除了人为的安全隐患。

美国采取的是“集中化安全管理模式”，使安全管理环境特点相近的线路集中起来，既有利于抓住安全管理的主要矛盾，又有利于发挥规模优势而通过加大投入来进行保证安全的技术装备的换代升级。

国内大多数城市轨道交通运营公司对于相关问题进行过一些单项的和观点性的研究，尚未形成理论或实际模式，这些管理办法总的来说具有重现实、重战术的特点。当然也有一部分企业借鉴了国内其他行业的企业安全管理模式，并对其进行改进使之适用于城市轨道交通运营的安全管理。归纳起来，具有代表性和影响力的主要有以下几种模式。

北京地铁制定了安全管理的具体目标，即“安全可靠、快捷准时、高效运行、出行方便、功能完善、舒心环保”，同时满足各方面顾客的不同需求。在此方针指导下，详细制定了《运营事故处理规则》和《北京地铁运营服务标准》。并围绕地铁安全工作特点，公司在加强基础管理的研究与实践，深化“治、控、救”管理体系的同时，开展了评选“金手柄奖”、全员安全大讨论、安全月等一系列安全活动，积极推动安全管理工作。

天津地铁运营公司根据鞍钢的，“0123”安全管理模式，制订自己的“0123”模式的安全管理目标：人员伤亡为0（包括员工和乘客）、1个标准（安全标准化班组建设）、2个百分之百（制度百分之百执行、作业百分之百登记）、3个杜绝（杜绝重大行车事故、杜绝非不可抗拒重大火灾事故、杜绝非不可抗拒的爆炸事故）。以保证乘客安全、保障员工健康为出发点，以“0”来统率全局，开展安全管理工作。通过安全生产责任制、企业安全文化建设和紧急状况下安全管理等对策加以实施，通过ISO9000体系认证，合理调整生产责任制与安全文化建设的关系，使两者能有效地结合，使员工、乘客和公司三者成为利益的共同体。

香港地铁公司采用了一套完善的安全管理方式，在坚持“安全至上”的经营方针的指导下，通过制定安全策略和建立安全管理系统，以及推行安全管理计划，积极制定安全指引和有效措施来消除隐患、减少危险，确保严格遵守安全法例要求和维持一个极具安全意识的环境。香港地铁公司在《安全政策》中表明致力确保乘客、群众、承包商及员工的安全，并通过整体表现指标，将安全定为策略及业务策划中重要的一环。地铁公司每三年便会邀请国际的安全专家来港进行全面深入的视察和研讨，为安全管理系统提供客观的改善建议。

1.2

城市轨道交通运营安全管理研究对象及范围

城市轨道交通运营安全管理主要针对已经投入运营的城市轨道交通系统运营过程中所涉及的人、物、环境的行为与状态。城市轨道交通运营安全管理，主要是组织实施城市轨道交通企业安全管理规划、指导、检查和决策，同时，又是保证城市轨道交通系统的运营处于最佳安全状态的根本环节。具体来说，城市轨道交通运营安全管理研究主要包括以下对象。

（1）地铁管理机构与人员。这些人员主要包括站务员、文明乘车引导员、AFC志愿者、售票员、广播员、安检员、司机、车门操控员、调度员、信号员、检修员、供电员等。

（2）地铁乘客。针对地铁乘客的研究对象主要有地铁乘客的安全意识、安全自救能力。

（3）车辆系统。车辆系统主要研究对象有：车辆系统的安全性能、车辆系统的安全防护设施、车辆的防火性能、车辆的可靠性；维修制度的合理与否、维修人员技术水平、维修配件齐全程度等。

（4）供电系统。供电系统涉及的研究对象主要有：主变电设施、主变电站的安全防护设施是否合格；牵引变电站安全防护设施是否齐全；降压变电站安全防护设施的是否齐全；接触网或接触轨运作与维护是否合理，安全防护设施是否齐全；电力电缆的使用年限是否超标；维修设备是否齐全等。

（5）消防系统。消防系统涉及的主要研究对象包括：火灾自动报警系统（FAS）及联动控制情况、气体灭火系统的情况、消防给水系统情况、应急照明及疏散指示的状况、灭火器配置与管理情况、车站消防管理情况、消防值班人员与设备管理情况、建筑与附属设施防火情况等。

（6）线路及轨道系统。线路及轨道系统涉及的主要研究对象有：线路及轨道的设计是否符合标准；线路及轨道的维修配件是否齐全等。

（7）机电设备系统。机电设备系统涉及的研究对象主要有：自动扶梯的运行状况、电梯与自动人行道情况、屏蔽门系统与防淹门系统的情况、给水排水设备的运行情况、通风和空调设备的情况、风亭的设置与使用情况等。

（8）通信系统。通信系统涉及的主要研究对象包括：通信系统技术、传输系统状况、公务电话系统、专用电话系统、无线通信系统、图像信息系统、广播系统、通信电源、通信系统接地情况及维修系统维修配件是否齐全。

（9）信号系统。信号系统涉及的研究对象主要包括：信号系统技术是否合理、安全防护设施是否齐全、维修配件是否齐全等。

（10）环境与设备监控系统。环境与设备监控系统涉及的主要研究对象有：环境与设备监控系统的使用情况；安全防护标识是否齐全、布置是否合理、维修配件是否齐全等。

（11）自动售检票系统。自动售检票系统所涉及的主要研究对象包括：自动售检票系统的运行状况和维修配件是否齐全等。

（12）车辆段与综合基地。车辆段与综合基地所涉及的主要研究对象包括：车辆段与综合基地设施是否齐全；防灾设施是否齐全等。

（13）系统外界环境。系统外界所涉及的主要研究对象包括：系统防风灾、防雷电、防水灾、防冰雪、防地震、防地质灾害的能力；保护区防护设施的情况等。

1.3 城市轨道交通运营安全管理主要内容

为了保证城市轨道交通系统的安全，国内外的城市轨道交通设计规范从建筑结构设计及设施装备方面对于地铁、轻轨的防灾和报警有了比较严格的规定。但从最近国际、国内的经验教训和城市轨道交通的最新发展成果来看，仅仅这些对于城市轨道交通运营安全是远远不够的。保障城市轨道交通安全运营需从多个方面同时入手，相互配合。下面我们简要介绍城市轨道交通运营安全管理的主要内容。

1.3.1 人的方面

当灾害发生时，人的素质对于降低事故的损失尤为重要。在2003年的韩国大邱火灾和2004年的莫斯科地铁火灾中，人的素质方面就有不同的表现。在莫斯科地铁爆炸事件中，地铁员工、乘客以及有关救援部门所表现出来的组织性和纪律性令人钦佩。机车司机及时采取措施，并向调度中心报告了所发生的情况。乘客听从司机的安排，互相帮助；并十分有秩序地撤离了事发现场，没有发生由于拥挤、恐慌引起的人员伤亡。各种救援机构训练有素，能够及时到位并且各司其职。所有这些因素在一定程度上减轻了可能的损失。大邱纵火案中，调查后认为，地铁司机和综合调度室有关人员对灾难的发生有着不可推卸的责任，尤其是当时车站的中央控制室没有及时阻止另一辆列车进入车站，造成伤亡人员增加。韩国地铁火灾专家尹明浩教授在对现场勘察后，严厉批评地铁运营当局缺乏事故认知能力，缺少责任意识。总的来说，人的方面是指乘客要有较强的安全防范意识，地铁运营的管理者和作业人员要有高素质的职业道德和工作水平，具体表现在对乘客的宣传教育、对地铁工作人员的培训。

1. 对乘客的宣传教育

对乘客进行宣传教育需注意以下准则。

（1）乘客在平时乘坐地铁时要注意熟悉环境及地铁的消防设施和安全装置，严格遵守地铁安全管理守则和乘客守则，严禁携带危险物品进入地铁站。

（2）当有人纵火制造事端或蓄意破坏地铁设施时，乘客应能挺身而出，同心协力，勇敢而坚决地予以制止。

（3）灾害发生时，取出列车座位底下的灭火器进行灭火并积极配合地铁工作人员的指挥，采取有效自救措施，留意车上广播，在司机的指引下，沉着冷静、紧张有序地通过车头或车尾疏散门进入隧道，往临近车站撤离。切忌在列车运行期间，有拉门、砸窗、跳车等危险行为。

2. 对地铁工作人员的培训

（1）地铁工作人员平时要注重安全意识的培养，努力提高对易燃易爆危险物品的识别能力和自身处理各类突发事件的能力。广州地铁公司提出了“分钟紧急应对”的思路，即地铁各岗位员工、公安干警、在各种外部救援力量赶到地铁之前，明确分工、各尽其责，沉着冷静、忙而不乱地处理，尽可能地在 5 分钟之内控制或扑灭火灾，将灾害控制在最小范围或萌芽状态。

（2）灾害发生时，应有条不紊紧急处理，司机尽可能将列车开到前方车站处理，这样可以依靠车站的消防力量进行救灾。遇紧急情况，列车在隧道内无法运行，需要在隧道内疏散乘客时，控制中心及司机应根据列车所在区间位置、火灾位置、风向等综合因素确定疏散方向，并迅速通知乘客，组织疏散。

1.3.2　设备设施方面

总的来说，设备设施方面是指要保证地铁装备功能完备、性能先进，防灾抗灾能力强，车站和区间隧道建筑结构设计合理，灾害发生时便于逃生。

1．具备完备的监测系统、安全装置、消防设施和安全保障系统

地铁运营也要严格贯彻“安全第一，预防为主”的方针。对于站内和车内的运营情况进行实时监测就是一项重要手段。在地铁车站内部和过道处安装摄像头，可以在调度室随时察看任何一个车站和过道的情况。在车厢内安装监控摄像头，在驾驶室安装监视器，司机可以对车厢内的情况进行观察。如果在隧道内安装了图像信号传输设备，地铁调度指挥中心就可以监控每辆车的运行情况。

目前，地铁安全装置一般包括列车报警按钮、车门紧急解锁手柄、司机室与车厢通道门的紧急拉手、列车头部紧急疏散门、车站紧急停车按钮、车站智能烟感探头、车内的紧急照明、通风系统和供电系统。地铁消防设施一般包括列车上灭火器，站厅、站台消火栓、灭火器、自动水喷淋装置，车站和区间隧道内的排烟装置、防淹门等。特别是在车站的出入口附近应设有与外部消防车接口的消火栓，方便外部救援力量的支援。

为了尽可能地避免事故，需要有安全可靠、功能互补的各类安全保障系统。主要包括：

（1）列车自动控制系统（ATC）；

（2）环境与设备监控系统（BAS）；

（3）电力监控系统（SCADA）；

（4）火灾自动报警系统（FAS）；

（5）综合监控系统（ISCS）；

（6）乘客资讯系统（PIS）；

（7）城市轨道交通控制中心系统（TCC）。

2. 具备违禁物品检测设备与系统

鉴于国外最近发生的几起地铁炸弹袭击事件和国内屡禁不止的乘客携带易燃易爆品进站事件，安全防范的重要举措就是要加大安全检查的力度。因而，很有必要像大铁路一样，在地铁进站口设安全检测仪，检测旅客行李是否带有危险品；在每个站点候车处安装探头，及时发现乘客携带的可疑物品。将目前国内流行的突击性地铁安全检查上升为一种日常性的行为。在一些特殊节假日的人流涌动高峰期，甚至还有必要出动防爆犬，在车站、车厢内加强乘客行李的安全检查，加大对各类危险品的查堵。

3. 具备可靠装置防止坠轨和自杀

车站内的坠轨和自杀事故严重影响到列车的正常运营。有鉴于此，上海、深圳、广州等地的一些线路，在地铁站台采用了屏蔽门装置。即在站台和轨道之间设置特制的玻璃墙相隔离，墙上的门与车门的宽度完全对应。只有在列车进站、停稳后，墙门与车门才同时打开；乘客上下之后，墙门、车门同时关闭。无论列车进站与否，无论在候车时还是上下车时，乘客都不会也不可能掉下或是跳下站台。已正式发布实施的《上海城市轨道交通设计规范》中也有相关建议。在北京，为防止地铁跳轨事件的发生，运营部门正采取积极的应对措施，计划在一线地铁各站安装红外线感应器，一旦有人越过黄线，感应器就能及时响起警报。

4. 保证应急通道设置合理且通畅

《上海市城市轨道交通设计规范》规定，在设计新的轨道交通线路时，沿线每隔 300 m 距离将设置一条应急通道。一旦列车在隧道中发生故障，或者发生火灾等险情，乘客可以通过应急通道走到站台，从而大大加快乘客疏散速度。上海市首条应急通道将在轨道交通 7 号线中建设。地铁通风亭除起到保障车站通风顺畅外，还是紧急情况下的安全逃离及消防通道。

《北京市地下铁道通风亭管理规定》指出，地铁通风亭周围 100 m 为其保护范围，保护范围内要保持通畅，禁止搭建任何建筑物、构筑物或堆放物品。前不久，北京地铁部门会同相关单位，对遭严重围堵的 28 座地铁通风亭和 5 个出入口进行了清理。

5. 具备安全化的附属设施

为了给乘客在乘车过程中提供便利，地铁内布置了很多附属设施。但从国外发生的某些事故来看，这些附属设施很有可能成为恐怖分子制造灾害的渠道。对此，各国地铁管理部门纷纷采取应对措施。自“9·11”恐怖袭击后，美国纽约地铁站里的垃圾箱换成了能抵御炸弹爆炸的新型垃圾箱。

为避免发生危险事件，上海地铁也有类似举措，用一次性垃圾袋取代了原来的钢制垃圾筒。由于在马德里“3·11”恐怖袭击中，手机成为恐怖分子引爆炸弹的重要工具，英国伦敦地铁当局宣布，将对在该市地铁车站安设手机信号接收天线的计划进行重新评估。近日，为了降低突发事件可能造成的损失，俄罗斯有关部门计划在车辆内安装新式车窗玻璃，一旦发生爆炸，这种玻璃不会破碎，而是连同窗框一起脱落。

1.3.3　安全管理制度方面

规范完备的安全管理制度是实现地铁运营安全的基础。目前从保障我国地铁安全运营的实际情况来看，急需建立地铁灾害应急处理制度、地铁设施设备日常安全维护制度、地铁紧急状况定期演练机制及国民地铁安全教育计划。

1. 建立地铁灾害应急处理制度

建立和完善灾害应急处理制度，从而保证“灾而无难”或“难而少恙”。在日常管理中必须充分考虑到承载突发灾难的各种需要（包括自然的和人为的、内在的和外在的、可以预见和不可预见的），一旦灾难突然而至，就能启动预警机制和救灾系统，将灾难控制在最小范围内，消除在初发状态中。

虽然我国北京、上海、广州等地已经建有应对地铁各种意外情况的紧急处理预案，但尚需进一步完善，并上升到制度的标准。在 2004 年的莫斯科地铁火灾中，当发生爆炸之后，地铁司机马上按照有关的操作程序向调度室报告情况，请求切断电源，同时打开紧急照明设施，通过广播组织乘客疏散。调度方面则安排各站内人员疏散乘客，请求治安、消防、救护等部门紧急援助。在整个救援过程中，莫斯科市急救站出动了 1 架直升机、60 台救护车，俄罗斯卫生部和莫斯科市政府下属的灾害医疗中心分别出动了 5 个和 3 个快速反应分队，3 个心理专家组在现场工作。在很短时间内将 80 多人送往医院，130 多人在现场接受了包扎和治疗。此外，事发当天各大医院迅速调集了人员和药品。当时有 40 人需要输血，消息公布之后，当天全市共有 1 500 多人自愿献血帮助受伤者。

2. 建立地铁设施设备日常安全维护制度

保持地铁系统长周期的正常运行，要求对各类设施设备及时维护保养，以减少随机故障的影响。从防灾、抗灾的角度来讲，日常安全维护制度还要确保地铁站内设备的完备性，灭火装置的充分性及可用性。据专家声称，韩国地铁纵火案本不该这么严重。因通风孔形同虚设加之站内缺少必要的夜间照明装置，大大降低了乘客的逃生机会并阻碍了救援人员工作的开展。

2004 年 3 月份，北京地铁四惠站和大望路站之间的一个通风机突然开始冒烟，初步认为是因为线路短路造成的。虽然救援迅速、疏散及时、没有引起骚乱，却说明了在设备维护中还存在缺陷和不足，很有必要建立更加完善的日常维护制度。

3. 建立地铁紧急状况定期演练机制

我国从未放松对紧急情况的预防，北京、上海、广州、香港等地的地铁管理部门，多次会同消防及相关部门进行实战演练，提高处理紧急事故的能力。就在莫斯科爆炸案发生的前半个月，北京地铁就曾在建国门站进行了名为“列车发生爆炸迫停隧道内的应急先期处置”演习。现在所缺的，是将这种演练提升成为经常性的定期演练机制。

4. 开展国民地铁安全教育活动

安全教育是安全管理中的一项重要工作。在安全教育方面，俄罗斯除了在中学开设安全和逃生课程之外，紧急救援部也在有计划地向居民宣传安全防范和自救的知识。在2004年2月6日的莫斯科地铁炸弹袭击事件中，车厢内未受伤的乘客立即通过对话装置向列车司机报告。发现烟雾之后立即用手边的东西保护口鼻，以防吸入毒气发生中毒。当确定可以安全离开车厢时，青壮年乘客帮助妇女和儿童下车，搀扶或者抬着行动困难的乘客离开现场。从而最大限度地降低了人员的伤亡。其中，乘客在日常教育中培养的安全素质就发挥了重要作用。莫斯科公众交通系统的安全防范工作也值得一提，几乎所有地面和地下交通工具在报站时都会提醒乘客“下车时不要忘记自己的东西；看到可疑的东西千万不要动，请立即向司机或附近的警察报告”。就我国现状而言，亟待加快对乘客进行地铁安全教育工作的步伐。深入宣传“地铁安全，人人有责”的观点，努力提高乘客的安全防范和自救知识的水平。

本章小结

城市轨道交通是城市公共客运交通系统的重要组成部分，是城市大运量的客运交通系统，一旦发生重大事故、灾害等突发事件，人员疏散和救援困难，处置不当将产生巨大的人身和财产损失，对社会经济和生活造成重大影响。其特征包括全线性、连带性、局限性、群体性。

城市轨道交通运营安全管理主要针对已经投入运营的城市轨道交通系统运营过程中所涉及的人、物、环境的行为与状态。具体来说，城市轨道交通运营安全管理研究的对象主要包括：地铁管理机构与人员、地铁乘客、车辆系统、供电系统、消防系统、线路及轨道系统、机电设备系统、通信系统、信号系统、环境与设备监控系统、自动售检票系统、车辆段与综合基地、系统外界环境。

为了保证城市轨道交通系统的安全，国内外的城市轨道交通设计规范从建筑结构设计及设施装备方面对于地铁、轻轨的防灾和报警有了比较严格的规定。但从最近国际、国内的经验教训和城市轨道交通的最新发展成果来看，仅仅这些对于城市轨道交通运营安全是远远不够的。保障城市轨道交通安全运营需从人的方面、设备设施方面、安全管理制度方面等多个方面同时入手，相互配合。

思考题

1. 城市轨道交通运营安全的特征有哪些？
2. 城市轨道交通运营安全管理研究对象有哪些？
3. 城市轨道交通运营安全管理包括哪些内容？

2 第2章 城市轨道交通设备与基础设施

引 言

城市轨道交通是一个综合性的庞大系统，为了办理客运运输业务，必须拥有各种相关的交通设备、基础设施、人员和一整套的城市轨道运输生产计划和调度指挥系统，才能安全、准确、迅速、经济、便利地运送乘客，高质量地满足社会对城市轨道交通的需求。

本章学习重点

1. 城市轨道交通运营设备；
2. 城市轨道交通运营基础设施。

2.1

线　　路

线路是轨道交通系统中重要的组成部分，按线路远期单向客运能力，可分为Ⅰ、Ⅱ、Ⅲ三个等级。每条线路运能，应通过客流预测分析确定。客流预测应按初期、近期、远期设计年限分别测算，初期为建成通车后第3年，近期为第10年，远期为第25年。同时也应考虑整个线网的远景客流进行平衡性的预测，经过综合分析，合理确定需求规模。

城市轨道交通线路是由各种不同材料的部件所组成的，具有规定强度和稳定性，能保证列车以规定的速度平稳、安全、正点和不间断地运行的整体工程结构。城市轨道交通（以地铁、轻轨为例）线路是由钢轨、轨枕、道岔、道床、连接零件和轨道加强设备等组成。它是城市轨道交通列车行车的基础，是城市轨道交通运营的重要设备之一。

城市轨道交通系统的线路有不同种类型，以地铁系统为例，地铁线路按其在运营中的作用分为正线、折返线、渡线、停车线、检修线、试验线、出入库线和联络线等。

1）正线

地铁运营是区间隧道，或护栏、地面、区间高架桥全部封闭的线路，一般为上下行双线，实施右侧行车惯例（日本、英联邦国家除外）。如上海地铁规定，南北走向向北的为上行（正向）；东西走向向东的为上行；环线内圈为上行。

2）折返线

折返线是在终点站或中间站以方便列车掉头、转线及存车等的线路。

折返线有如下三种折返方式。

① 环形（灯泡线）。实际上已消除了折返过程，保证了线路的最大通过能力，节约了有关设备。但占地面积大、轮轨磨耗大、无法停放和检修列车，难以延长线路等。

② 尽端式。折返线数量由检修作业量、代发车存车数量决定。需要检修的折返线上设有检修坑。

③ 渡线折返。在车站前或后设置渡线完成折返，分为站前、站后、区间站渡线三种。

但单轨线路（磁浮）折返比较特别，需要利用专门设备如折返道岔来完成。

3）渡线

在上下行正线之间（或其他平行线路之间）设置的连接线为渡线。

4）停车线

停车线是场内作业停放列车的线路。

5）检修线

检修线是设在车辆基地检修库内，专门用于检修列车的线路，设有地沟，配有架车设备、检修设备（如行车）。

6）试验线

试验线是设在车辆基地，用于对检修完毕的列车进行状态检测的线路。

7）出入场线

出入场线是连接车站和正线的线路。根据地铁列车运营及检修的需要，地铁列车出入车场的走行线一般为双行线。

8）联络线

联络线是轨道交通线路之间为调动列车等作业而设置的连接线路。

2.2 车　辆

城市轨道交通车辆作为城市公共交通工具，主要在市内和市郊运行。它的运行条件与干线铁道车辆有种种不同：车辆要在地下隧道、高架和地面轨道运行，站距短，线路曲线半径小，坡度大；客流量大而集中，乘客上下车频繁，高峰时会超载。

作为公共交通，应尽量缩短乘客的乘坐时间，由于站距短，要提高最高运行速度是困难的，所以车辆一般有较高的起动加速度和制动减速度，以达到起动快、停车制动距离短、提高车辆平均速度的目的。

由于运转密度较高，为确保安全行车，地下铁道的通信信号比较复杂，所以车载通信信号设备及车辆的控制系统，应有良好的适应能力。

城市轨道交通车辆作为运载旅客的工具，不仅要保证车辆运行的安全、准点、快速，而且要为乘客提供良好的乘坐环境，使乘客舒适、方便，同时还要考虑到对城市的景观和环境的影响。

城市轨道交通车辆是技术含量高且集中的机电设备，是整个城市轨道交通系统中最关键的设备，其造型和技术参数不仅是确定线路技术标准的基础，也是确定系统运营管理模式和维修方式的基本条件，而且还是系统设备选型和确定设备规模的重要依据。各城市的城市轨道车辆的结构和性能不尽相同，这与许多因素有关，除车辆提供商的技术背景和设计时考虑问题的角度有所不同以外，还与当时的城市轨道交通车辆发展水平及城市运用环境等有很密切的关系，它们都尽可能结合城市各自的特点，满足城市交通客流量大、安全、快速、舒适、美观、节能和环保的要求，具有先进性、可靠性和实用性。

城市轨道交通车辆因类型不同，技术参数也不一样，但其结构基本相同。一般城市轨道交通车辆的组成为：车体、车门、车钩缓冲装置、转向架和制动装置等。

1. 车体

车体是容纳乘客和驾驶员驾驶的地方，同时也是安装和连接其他设备及组件的基础。

1）车体的特征

城市轨道交通车辆是大城市公共交通或近郊客运所选择的特殊运输工具，因而其车体具有独特的特征。

（1）由于服务于市内及近郊的公共交通，车体的外观造型、色彩应协调于城市市容规划。车体内部布置应座位少、车门多且开度大，服务于乘客的设施较为简单。

（2）对重量限制较为严格，以降低高架线路的工程投资。

（3）车体采用轻量化设计，其他辅助设施尽量采用轻型材料。

（4）车体的防火要求严格，特别是运行于地下隧道的地铁车辆一旦发生火灾，后果不堪设想，故采用了防火、阻燃、低烟和低毒的材料。

（5）车体的隔音和减噪措施有严格要求，以最大限度地降低车辆噪声对乘客和沿线居民的影响。

2）车体的构成

车体是由底架、侧墙、车顶和端墙等部件组成的封闭筒形结构。

车体底架由地板、侧梁、枕梁、小横梁和牵引梁组成。枕梁用于连接走行部，牵引梁设在底架的两端，用来安装车钩缓冲装置。车体两端的端墙由弯梁、贯通道立柱和墙板组成。

3）车体的承载方式

车体的承载方式一般有底架承载和整体承载两种方式，地铁车辆的车体是由底架、侧墙、车顶和端墙等部件组成的筒形结构共同承载，即采用整体承载方式。

4）车体的外形特点

车体断面形状一般为类似矩形，有的为类似鼓形。选取这样的外形是为了提高车辆在隧道内获得最大的空间截面积，从而使地铁工程的整体取得最好的效益，同时也提高了车辆在圆隧道内的“活塞”效应，加强了隧道的自然通风能力。

2. 车门

1）车门的基本要求

世界各国轨道交通车辆的车门结构和类型多种多样，但根据城市轨道交通的特点，车门应满足以下设计要求：

（1）具有足够的数量和有效宽度；

（2）车门要均匀分布，方便乘客上、下车；

（3）车门附近有足够的空间；

（4）具有较高的工作可靠性，以确保乘客的安全。

2）车门的电气控制

客室车门的开关是由驾驶员按动驾驶员室左、右侧墙上的开关门按钮来完成的，该按钮开关上带有指示灯，可显示车门开、关的状态。

客室车门的电气控制系统包括车门开/关控制、客室车门监控回路和列车再开门功能。客室车门的电气控制系统有两种操作模式：一种是在ATP系统开通的状态下进行操作；另一种是在ATP系统关闭的状态下进行操作。ATP系统开通时的开、关门控制内容包括：①开门必要条件：开门灯亮。②开门准备：门钩打开。③开门：客室车门开启。④关门：客室车门关闭。⑤关门报警。ATP系统关闭时的开、关门控制内容包括：当列车自动控制（ATC）系统出现故障时，列车将关闭ATP系统，实行人工驾驶模式，这时驾驶员将驾驶室后墙的开关转动到关闭状态，此后的程序与上述 ATP 系统开通时的开、关门动作相同。

3. 车钩缓冲装置

车钩缓冲装置是车辆最基本的也是最重要的部件之一。它的基本作用有：连接列车中的各车辆，并使之保持一定的距离；传递车辆间的各纵向力或冲击力；缓和纵向力或冲击力。如果上述作用是由同一装置来承担的，那么该装置可分为牵引联挂装置和缓冲装置两部分。牵引联挂装置用来保证车辆和车辆彼此连接，并且传递和缓冲拉伸力。缓冲装置用来传递和缓冲压缩力，减小车辆间相互冲击时所产生的作用力，并且使车辆彼此之间保持一定的距离。

4. 转向架

转向架是城市轨道交通车辆的重要走行部件，安装在车体与轨道之间。其基本作用是：支承整个车体，并引导其沿线路运行；承受并传递车体与轨道之间的各载荷；缓和车体与轨道之间的各作用力；将车轮对的滚动转化为车体的平动；提高车辆通过曲线的能力。

城市轨道交通车辆所采用的转向架，一般有动力转向架和拖车转向架两种。为了检修方便，满足相同部件的互换性，动车转向架和拖车转向架的基本结构相同，其主要区别在于驱动系统。动车转向架由于要提供动力，通常配置牵引电机、联轴器、齿轮箱、齿轮箱悬挂装置及动力轮对等，这也是动车转向架和拖车转向架的主要区别。两种转向架的结构基本相同，一般由构架、轮对轴箱装置、弹性悬挂装置和中央牵引装置等部分组成。

5. 制动装置

人为地使列车减速或阻止它加速称为制动。为了施行制动而在地铁列车的动车和拖车上装设的由一整套零部件组成的装置，称为制动装置。

1）城市轨道交通车辆制动的种类和特点

城市轨道交通车辆必须适应城市轨道交通运行的特点，城市轨道交通线路的站间距一般都在 1 km 左右，由于站间距离短，列车的调速及制动都比较频繁。为了提高运行速度，列车必须起动快，制动距离短，这就要求城市轨道交通车辆的制动装置有操纵灵活、运用迅速、停车平稳、准确和制动力大等特点。

2）城市轨道交通车辆的制动方式

城市轨道交通车辆的制动方式一般有再生制动、电阻制动和空气摩擦制动三种，它们分别为第一、第二和第三优先级制动，并且还采取了程序制动措施。

程序制动的次序是：充分利用电制动，尽量减少气制动，即在制动力未达到其指令的 75%（交流传动车为 78%）时，同时在黏着力允许的条件下用足电制动，也就是说电制动不仅供动车制动使用而且还要承担拖住拖车的任务，当二节动车的电制动力能满足一组车的制动要求时，则这一组车就不再使用气制动，反之，则要使用气制动以补足电制动的不足。

随着列车速度的下降，其电制动力也将不断地减弱。当列车速度降低至一定的速度时，电制动力已不能再满足制动所需的要求，这时电制动力将逐渐被切除，所有的制动力则由气制动来承担，同时列车还进入了一个停站制动的程序。所谓停站制动程序，是当列车减速进入车站时，在接近停止前略将气缸内的压力空气放去一些，然后再充气将列车刹停。这样可减小列车的冲动，可提高列车停站过程的舒适性。

2.3 限界

限界是指列车沿固定的轨道安全运行所需要的空间尺寸。为保证列车运行安全，各种建筑物及设备均不得侵入限界范围。城市轨道交通工程地下隧道的断面尺寸及高架桥梁的宽度都是根据限界确定的。限界越大，安全度越高，但工程量及工程投资也随之增加。因此，合理限界的确定既要考虑保证列车运行安全，又要考虑系统建设成本。

限界一般是按平直线路的条件进行确定。对曲线和道岔区的限界，一般应在直线地段限界的基础上根据车辆的有关尺寸及曲线半径、超高、道岔类型，再分别考虑适当的加宽和加高。

根据城市轨道交通系统的构成和设备运营要求，限界分为车辆限界、设备限界、建筑限界和接触轨或接触网限界。受电弓限界或受流器限界是车辆限界的组成部分，接触轨限界属于设备限界的辅助限界。它们是根据车辆外轮廓尺寸及技术参数、轨道特性、各种误差及变形，并考虑列车在运动中的状态等因素，经过科学的分析计算后确定。

1. 车辆限界

车辆限界是车辆在正常运行状态下形成的最大动态包络线。直线地段车辆限界分为隧道内车辆限界和高架或地面线车辆限界，高架或地面线车辆限界应在隧道内车辆限界基础上，另外再加上当地最大风荷载引起的横向和竖向偏移量。

1）限界的坐标系

限界坐标系是二维直角坐标，车辆横断面的垂直中心线与平直轨道横断面的垂直中心线相重合为纵坐标轴 Y，平直轨道轨顶连线为横坐标轴 X，两轴相垂的交点作为坐标的原点 O_{XY}。

2）车辆轮廓限界

应根据车辆横断面车体和下部设备外轮廓各点，经研究分析确定各点的 X、Y 值。

3）车辆限界的确定

车辆限界应根据车辆的轮廓尺寸和技术参数，并考虑其静态和动态情况下所能达到的横向和竖向偏移，按可能产生的最不利情况进行组合计算确定。

2. 设备限界

设备限界是为保证城市轨道交通系统的列车等移动设备在运营过程中的安全所需要的限界。一般说来，设备限界要在车辆限界的基础上，考虑轨道出现不良状态而引起的车辆偏移和倾斜，此外，还要考虑适当的安全预留量。设备限界是一条轮廓线，所有固定设备及土木工程的任何部分都不得侵入此轮廓线内。

3. 接触轨与架空接触网限界

接触轨与架空接触网限界应根据受流器的偏移、倾斜和磨耗、接触轨安装误差、轨道偏差、电间隙等因素确定。

4. 建筑限界

建筑限界是指在行车隧道和高架桥等结构物的最小横断面所形成的有效内轮廓线基础上，再考虑其施工误差、测量误差、结构变形等因素，为满足固定设备和管线安装的需要而必需的限界。换言之，建筑限界以内、设备限界以外的空间主要是各类误差、设备变形和其他管线所需要的空间。

2.4 轨　　道

轨道是城市轨道交通线路的重要组成部分，它直接承受列车荷载，并引导列车运行，一般由钢轨、轨枕、道岔、道床、连接零件和轨道加强设备等组成。

1. 钢轨

钢轨是轨道的主要组成部分，直接承受列车荷载并将其传递到扣件、轨枕、道床至结构底板（例如路基或桥梁）中。依靠钢轨头部内侧与车辆轮缘的相互作用，引导列车前进。在列车动荷载作用下，钢轨产生弹性挠曲和横向弹性变形。一般钢轨应具有足够的承载能力、抗弯强度、断裂韧性及稳定性、耐磨性和耐腐蚀性。轨道上通常用定长的钢轨连接或连续的轨线，在两根定长钢轨之间用夹板连接，这种夹板称为钢轨接头。虽然在地铁和轻轨线路上已大量采用无缝线路，但在无缝线路的缓冲区、轨道电路的绝缘区、有道岔的线路区段中，还必须用钢轨接头。钢轨接头的连接零件包括夹板、螺栓、螺母、弹簧垫圈等。

2. 轨枕

轨枕是轨道轨下基础的重要部件。它的功能是支承钢轨，保持轨距和方向，并将钢轨对它的各向压力传递到道床上，使用扣件把轨枕和钢轨连在一起形成“轨道框架”，增加了轨道结构的横向刚度。

轨枕按其材料可分为木枕、钢筋混凝土轨枕及钢枕。

（1）木枕又称枕木，是铁路上最早采用而且到目前为止依然被采用的一种轨枕。优点是弹性好，易加工，运输、铺设、养护、维修方便，绝缘性能好。缺点是易于腐朽和产生机械磨损，使用寿命短，且木材资源缺乏，价格比较昂贵，所以木枕已逐渐被混凝土轨枕所代替。但是在道岔、停车场等站线部位由于要求不等长的轨枕，混凝土轨枕尚难取代木枕。

（2）钢筋混凝土轨枕是使用钢筋和混凝土浇铸而成。主要特点是稳定性好，使用寿命长，能提供较高的阻力，但质量比较大，不利于铺设，且弹性比较差。

（3）钢枕是由钢材铸造而成。因为钢枕的金属消耗量过大，造价不菲，体积也笨重，没有推广开来，主要在德国轨道交通中使用，在新中国成立前的某些铁路中曾经使用。

3. 扣件

扣件是用于联结钢轨与轨枕的零件。扣件的作用是固定钢轨正确位置，阻止钢轨的横向和纵向位移，防止钢轨倾翻，还能提供适量的弹性，并将钢轨所受的力传递给轨枕。扣件主要由扣压件、轨距垫、铁垫板、橡胶垫板、螺旋道钉、玻璃钢套管等组成。

4. 道床

道床是指路基、桥梁或隧道等下部结构之上，钢轨、轨枕之下的碎石、卵石层或混凝土层。它是钢轨或轨道框架的基础。

道床的主要作用是支承轨枕，把来自轨枕上部的巨大载荷，均匀地分布到路基面上，以减少路基的变形。道床依靠本身和轨枕间的摩擦，起到固定轨枕位置，阻止轨枕纵向或横向移动的作用。

道床一般有碎石道床和整体道床两种，地铁和轻轨系统区间隧道内一般采用整体道床。整体道床的优点是：道床整体性好、坚固稳定、耐久，轨道建筑高度小，可减少区间隧道净空，节省投资，轨道维修量小，适合地铁和轻轨系统运营时间长、维修时间短的特点。整体道床主要有无枕道床、短枕道床、长枕道床、浮置板式整体道床、弹性整体道床等几种形式。区间高架桥上的轨道结构分为有渣轨道和无渣轨道两类，目前大多用无渣轨道。区间高架桥上的无渣轨道结构是通过扣件直接把钢轨和钢筋混凝土桥面连接起来。

5. 道岔

轨道交通列车车辆由一条线路转向或越过另一条线路时的设备称为道岔。地铁和轻轨采用双线线路，线路中间站通常不设配线，两个方向线路之间很少有交叉、连接存在，但在折返地段，要利用道岔实现线路的转换。地铁与轻轨线路上常用的是普通单开道岔，占全部道岔总数的95%以上。通过尖轨的平移，形成不同的开通方向，实现列车安全转线的目的。地铁与轻轨线路的道岔主要有正线道岔和车场线道岔。正线道岔用于设有渡线和折返线的车站，通过设置道岔来实现车辆的转线。车场线道岔设在停车场，车辆段内通过道岔与走行线连接。

1）道岔的构成

道岔是个大家族，最常见的是普通单开道岔，主要由转辙器、连接导轨、辙叉及护轨三大部分组成。

（1）转辙器。转辙器包括转辙机械、尖轨、轨距拉杆及其他零配件等。

① 转辙机械。转辙机械是用来控制轨道变线连接的设备。按其动力类型可分为电动和手动两种；若按操纵方式分类，则有集中式和非集中式两类。

② 尖轨。尖轨是两条可以水平移动的钢轨，在平面上可分为直线型和曲线型。尖轨用来引导车轮进入导轨，依靠尖轨的扳动，将列车引入正线或侧线方向。尖轨与基本轨的贴靠方式主要有贴尖式与藏尖式两种。

③ 轨距拉杆。轨距拉杆是一根位于两条尖轨间的连接拉杆。轨距拉杆的作用是用来维持两条尖轨距离，并加强尖轨间的联系，以提高尖轨的稳定性。

④ 转辙拉杆。转辙拉杆是一根用来控制尖轨位置转换的拉杆，并与转辙机械相连，以实现尖轨的摆动。

⑤ 其他零配件。其他零配件如滑床板、轨撑、顶铁及各种特殊形式的垫板等。

（2）连接导轨。连接导轨是指引导车轮进入辙叉的一组或多组轨道。连接导轨分直线导轨和曲线导轨两种。

（3）辙叉及护轨。

① 辙叉。辙叉是用来引导车轮准确地进入岔心的一组钢轨，由岔心、翼轨和联结零件组成。按平面形式分，有直线辙叉和曲线辙叉两类；按构造类型分，有固定辙叉和活动辙叉两类。

② 护轨。护轨是防止车轮在岔心处因轮缘有可能走错辙叉槽而引起脱轨或进错路线而在固定辙叉两侧设置的钢轨。

③ 翼轨。翼轨是在内侧轮轨紧邻岔心处设置的钢轨。翼轨与岔心间形成必要的轮缘槽，引导车轮行驶。

④ 岔心。岔心又称辙叉心，是用来连接两边轨道的钢轨。

2）道岔的组合形式与分类

（1）道岔组合的基本形式。

道岔组合的基本形式有三种：即线路的连接、交叉、连接与交叉的组合。常用的线路连接有各种类型的单式道岔和复式道岔；交叉有直角交叉和菱形交叉；连接与交叉的组合有交分道岔和交叉渡线等。

（2）常用道岔的种类。

① 单开道岔。单开道岔是主线为直线，侧线向主线的左侧或右侧分支的道岔。这种形式的道岔最为常见。如图 2–1 所示。

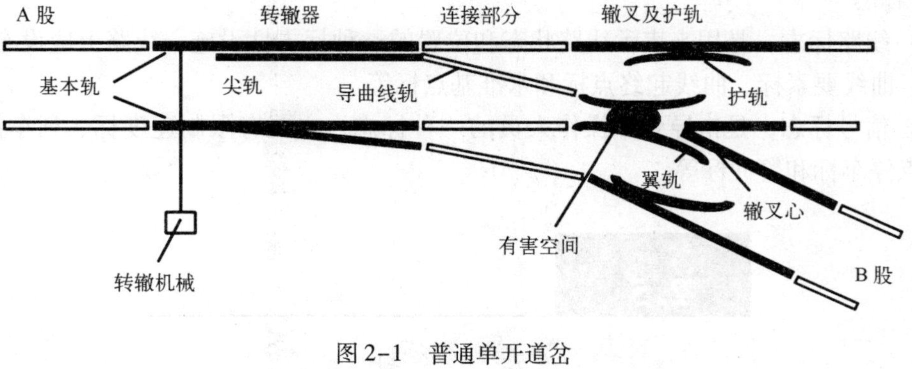

图 2–1　普通单开道岔

② 双开道岔。双开道岔又称对称道岔。为 Y 形，即与道岔相衔接的两股道向两侧分岔。

③ 三开道岔。三开道岔可同时衔接三股道，由两组转辙机械操纵两套尖轨组成。

④ 交分道岔。交分道岔又称多开道岔或复式交分道岔。交分道岔像 X 形，实际上相当于四组单开道岔和一副菱形交叉的组合，如图 2-2 所示。它起到了两个道岔的作用，且占地较短，特别是连接几条平行线路时，比单开道岔连接的长度缩短得更为显著，而且列车通过时弯曲较少、走行平稳、速度较高，瞭望条件也较好。交分道岔的缺点是其构造复杂，零件数量较多，维修较困难。

图 2-2　交分道岔

⑤ 交叉渡线。交叉渡线是将复式交分道岔的 X 形的上面两点和下面两点分别连接起来，由四组单开道岔和一组菱形交叉设备组合而成。它不仅能开通较多的方向，而且占地不多，所以经常在车站采用。

⑥ 菱形交叉。菱形交叉是由两组锐角辙叉和两组钝角辙叉组成，但没有转辙器，所以股道之间不能转线。

3）道岔的代号

道岔各有其代号，比如 9 号道岔、12 号道岔、18 号道岔等。这个代号可不是随便排列的，它实际上代表了辙叉角（α）的余切值。辙叉角 α 越小，道岔号就越大，导曲线半径也越大，列车侧线通过道岔时就越平稳，允许过岔速度也就越高。所以采用大号道岔对于列车运行是有利的。但同时，道岔号数越大，道岔越长，造价自然越高，占地也要多得多。因此，采用什么号数的道岔要因地制宜，因线而异，不可一概而论。

6. 其他附属设备

1）车挡

车挡设置在尽头线末端，用于阻止由于操作不当轨道交通车辆冲出尽头线或撞坏其他构筑物。国外有磁力式车挡、液压式车挡和滑动式车挡等，前两种车挡构成复杂、造价高，后种车挡构造较简单。

2）标志

（1）线路标志，是用来表示线路状态和位置的一种标志性设施。线路上应设有百米标、地度标、曲线要素标、曲线起终点标和水准基点标等。

（2）信号标志，是指导列车操作人员的一种标志，主要有限制速度标、列车停车位置标、终点停车标和警冲标等。

2.5

车　　站

车站是城市轨道交通路网中一种重要的建筑物。它是供旅客乘降、换乘和候车的场所，应保证旅客使用方便、安全、迅速地进出站，并有良好的通风、照明、卫生、防灾设备等，给旅客提供舒适、清洁的环境。车站应容纳主要的技术设备和运营管理系统，从而保证城市轨道交通的安全运行。

1. 城市轨道交通车站的类型

城市轨道交通系统的车站按不同的标准有不同的类型，下面主要按所处位置、运营性质、站台形式和埋深距离等进行分类。

1）按车站所处位置分

按车站所处位置分，可分为地下车站、地面车站和高架车站。

（1）地下车站，位于地面以下的车站。

（2）地面车站，和地面连接的车站，如图2-3所示。

（3）高架车站，位于地面以上的车站，如图2-4所示。

图2-3　地面车站

图2-4　高架车站

2）按车站运营性质分

按车站运营性质分，可分为中间站、区域站、换乘站、枢纽站、联运站、终点站。

（1）中间站（即一般站）。中间站仅供乘客上、下车之用，功能单一，是地铁路网中数量最多的车站。

（2）区域站（即折返站）。区域站是设在两种不同行车密度交界处的车站，设有折返线和设备。区域站兼有中间站的功能。

（3）换乘站。换乘站是位于两条或两条以上线路交叉点上的车站。它除了具有中间站的功能外，更主要的是它还可以从一条线上的车站通过换乘设施转换到另一条线路上的车站。

（4）枢纽站。枢纽站是由此站分出另一条线路的车站，该站可接送两条线路上的乘客。

（5）联运站。联运站是指车站内设有两种不同性质的列车线路进行联运及客流换乘。联运站具有中间站及换乘站的双重功能。

（6）终点站。终点站是设在线路两端的车站，就列车上、下行而言，终点站也是起点站（或称始发站），终点站设有可供列车全部折返的折返线和设备，也可供列车临时停留检修。如线路远期延长后，则此终点站即变为中间站。

3）按车站站台形式分

按车站站台形式分，可分为岛式站台车站、侧式站台车站和岛、侧混合式站台车站。

（1）岛式站台车站，站台位于上、下行行车线路之间，这种站台布置形式称为岛式站台。具有岛式站台的车站称为岛式站台车站（简称岛式车站）。岛式车站是常用的一种车站形式。岛式车站具有站台面积利用率高、能灵活调剂客流、乘客中途改变乘车方向方便、车站管理集中、站台空间宽阔等优点，因此，一般常用于客流量较大的车站。

（2）侧式站台车站，站台位于上、下行行车线路的两侧，这种站台布置形式称为侧式站台。具有侧式站台的车站称为侧式站台车站（简称侧式车站）。侧式车站也是常用的一种车站形式。侧式车站站台上、下行乘客可避免相互干扰，正线和站线间不设喇叭口，造价低，改建容易，但是站台面积利用率低，不可调剂客流，中途改变乘车方向需经地道或天桥，车站管理分散，站台空间不及岛式宽阔，因此，侧式站台多用于两个方向客流量较均匀（或流量不大）的车站及高架车站。

（3）岛、侧混合式站台车站，是将岛式站台及侧式站台同设在一个车站内，具有这种站台形式的车站称为岛、侧混合式站台车站（简称岛、侧混合式车站）。岛、侧混合式车站主要用于两侧站台换乘或列车折返。岛、侧混合式站台可布置成一岛一侧式或一岛两侧式。

图 2–5　岛式站台车站

图 2–6　侧式站台车站

（4）按车站埋深和结构分地下车站按车站埋深可分为浅埋车站和深埋车站。

① 浅埋车站，采用明挖法或盖挖法施工，线路轨道面至地表距离在 20 m 以内。

② 深埋车站，采用暗挖法施工，线路轨道面至地表距离在 20 m 以上。

高架车站按结构可以分为站桥合一结构车站和站桥分离结构车站。

① 站桥合一结构车站，高架车站的结构和站内轨道结构是做在一起的。

② 站桥分离结构车站，站内轨道结构和线路高架桥的结构是连通的。

2. 城市轨道交通车站的组成

轨道交通车站形式上看和“火车站”相似，都是停靠轨道交通车辆，但是设计内涵、理念是完全不同的，而在使用功能上更接近“公共汽车站”。

1）车站的组成

车站由车站主体（站台、站厅、设备用房、管理用房等）、出入口及通道、通风道及地面通风亭（仅地下车站）三大部分组成。

车站主体是列车在线路上的停车点，其作用是供乘客集散、换乘，同时它又是地铁运营设备设置的中心和办理运营业务的地方。

出入口及通道是供乘客进、出车站的建筑设施。

地下车站需要考虑通风道及地面通风亭，其作用是保证轨道交通车站具有一个舒适的地下环境。

2）车站的规模

车站规模主要指车站站台外轮廓尺寸、层数及用房面积的大小等。在进行车站总体布局之前，一般要确定车站规模，而车站规模主要根据本站远期预测高峰客流量、所处位置的重要性、站内设备和管理用房面积及该地区远期发展规划等因素综合考虑确定。其中客流量大小是一个重要因素。

车站规模一般分为三个等级，在大城市中，车站规模按三个等级设置；在中等城市中，其规模可以设两个等级。车站规模等级适用范围见表 2-1。

表 2-1　车站规模等级适用范围

车站规模	适用范围
大型站（甲级站）	适用于客流量大，地处市中心区的大型商贸中心、大型交通枢纽中心、大型集会广场、大型工业区及位置重要的政治中心地区
中型站（乙级站）	适用于客流量较大，地处较繁华的商业区、中型交通枢纽中心、大中型文体中心、大型公园及游乐场、较大的居住区及工业区
小型站（丙级站）	适用于客流量不大的地区

注：客流量特别大，有特殊要求的车站，其规模等级可列为特级站。

2.6

供电系统

城市轨道交通供电系统不仅为城市轨道电动列车提供牵引用电，而且还为城市轨道交通运营服务的其他设施提供电能。城市轨道交通供电系统具有运输能力大，牵引性能好，运用效率高，不污染环境等特点，但系统技术要求高，可靠性和安全性尤为重要，一旦出故障，不仅造成轨道交通的瘫痪，而且危及乘客生命、财产的安全。因此，轨道交通供电系统的技术装备不断朝高度安全性、经济性和可靠性方向发展。

1. 城市轨道交通供电系统的构成

根据功能的不同，城市轨道交通供电系统可分成以下几部分：外部电源、主变电所（电源开闭所）、牵引供电系统、动力照明配电系统、电力监控（SCADA）系统。而牵引供电系统，又可分成牵引变电所与牵引网系统；动力照明配电系统，又可分成降压变电所与动力照明。

牵引供电系统和动力供电系统是城市轨道交通供电系统最主要的组成部分。

1）牵引供电系统

在地铁供电系统中，牵引供电系统由于直接给列车提供动力，占据着举足轻重的地位。该系统的好坏直接影响整个地铁供电系统质量的高低。如果该系统出现问题，小则影响某个变电站、几个供电区间的输送电，大则引起整个牵引供电系统的崩溃，给地铁列车的正常运营造成影响。

（1）牵引供电系统的工作原理。轨道交通电力牵引系统的工作原理就是将电能直接或者经过输送、变换后提供给动车组的牵引电动机，由牵引电动机将电能转换成机械能，从而驱动车辆运行。城市轨道交通系统牵引负荷不同于一般工业和民用的用电，为一级负荷。一级负荷规定有两路独立的电源双边供电，当任何一路电源发生故障中断供电时，另一路应能保证一级负荷的全部用电。

（2）牵引供电系统的组成。牵引供电系统由牵引变电所和牵引网组成，牵引网由馈电线、接触网、轨道回路及回流线组成的供电网络组成。在城市轨道交通牵引供电系统中，电能从牵引变电所经馈电线、接触网输送给电动列车，再从电动列车经钢轨、回流线流回牵引变电所。

各部分功能简述如下。

① 轨道交通牵引变电所：供给城市轨道交通一定区域内牵引电能的变电所。

② 接触网：经过电动列车的受电器向电动列车供给电能的导电器（有接触轨方式和架空接触网两种方式）。

③ 受电器：安装于车辆顶部，从接触网获取电能。

④ 电动车组。

⑤ 轨道：列车行走时，利用走行轨道作为牵引电流回流的电路。在采用跨坐式单轨电动车组时，需沿线路专门敷设单独的回流线。

⑥ 回流线：连接轨道和牵引变电所的导线，通过回流线把轨道中的回路电流导入牵引变电所。

⑦ 电分段：为便于检修和缩小事故范围，将接触网分成若干段称为电分段。

2）动力照明供电系统

动力照明供电系统由降压变电所及动力照明组成。每个车站应设降压变电所，若地下车站负荷较大，一般设于站台两端，其中一端可以和牵引变电所合建成混合变电所；若地面车站负荷较小，可设一个降压变电所。

各部分功能简述如下。

（1）降压变电所：降压变电所将三相电源进线电压降压变为三相380 V交流电，主要向风机、防水照明、通信、信号、防灾报警等设备供电，也可称为动力变电所。

（2）配电所（室）：配电所（室）仅起到电能分配作用。降压变电所通过配电所（室）将三相380 V和单相220 V交流电分别供给动力、照明设备、各配电所（室）对本车站及两侧区间动力和照明等设备配电。

（3）配电线路：配电所（室）与用电设备之间的连接线路。

在动力供电系统设计中，降压变电所一般按每站一个设置，也可以几个车站合设一个，也可以将降压（动力）变电所附设在某个牵引变电所之中，形成一个牵引与动力混合变电所。

2. 城市轨道交通供电系统的功能与作用

城市轨道交通的用电负荷按其功能不同可分为两大用电群体，一个是电动客车运行所需要的牵引负荷，另一个是车站、区间、车辆段、控制中心等其他建筑物所需要的动力照明用电，诸如：通风机、空调、自动扶梯、电梯、水泵、照明、AFC 系统、FAS、BAS、通信系统、信号系统等。

在上述用电群体中，有不同电压等级直流负荷、不同电压等级交流负荷；有固定负荷、有时刻在变化的运动负荷。每种用电设备都有自己的用电要求和技术标准，而且这些要求和标准又相差甚远。城市轨道交通供电系统就是要满足这些不同用户对电能的不同需求，以使其发挥各自的功能与作用。

（1）城市轨道电动车组运行所需电能供应：牵引用电。

（2）城市轨道机电设备运转所需电能供应：风机、水泵、空调、自动扶梯、升降梯、加工设备等。

（3）城市轨道交通信号设备运行所需电能供应。

（4）城市轨道照明及其他生产生活用电供应。

3. 牵引网与接触网

接触网即经过电动列车的受电器向电动列车供给电能的导电网（有接触轨和架空接触网两种方式）。城市轨道交通系统的牵引网是沿线路敷设的专为电动车辆供给电源的装置，是轨道交通供电系统中电动车组供电的直接环节，它由两部分组成，即正极接触网供电和负极走行轨回流。牵引网包括接触网、钢轨回路（包括大地）、馈电线和回流线等。馈电线是连接牵引变电所和接触网的导线，把牵引变电所的电能变换成牵引制式用电能并馈送给接触网。接触网是经过电动列车的受电器向电动列车供给电能的导电网，有接触轨和架空式接触网两种方式。

1）接触轨

接触轨是沿轨道线路在走行轨道一侧平行铺设的附加第三轨，故又称第三轨。在净空受到限制的线路和电压等级较低时多采用接触轨式接触网。

接触轨可以有三种布置方式，即上磨式、下磨式及侧磨式。

（1）上磨式。上磨式接触轨装在专用绝缘子上，底朝下，取流时，接触靴自上向下压向接触轨。上磨式的接触力不由受流器（集电靴）的重要和磨耗情况决定，只受弹簧支座特性的控制，受流平稳，由于端部弯头的过渡作用，能够减少在断电区的电流冲击。

上磨式接触轨因接触靴在其上面滑动，所以固定方便，但不易加防护罩。其施工作业简便，可以在轨头上部通过支架安装不同类型的防护板。北京地铁、纽约地铁都是采用上接触式第三轨。

（2）下磨式。下磨式轨头朝下，通过绝缘肩架、橡胶垫、扣板收紧螺栓、支架等安装在底座上。下接触式的优点是防护罩从上部通过橡胶垫直接固定在接触轨周围，对作业人员安全性好。

(3) 侧磨式。侧面接触式就是接触轨轨头端面朝向走行轨，集电靴从侧面受流。跨座式独轨车辆就采用侧面接触形式，其受流器装在转向架下部，接触轨装在轨道梁上。

2) 架空式接触网

架空式接触网是一种悬挂在轨道上方沿轨道敷设的、与铁路顶轨保持一定距离的输电网。通过电动车组的受电弓（或受流器）和接触网的滑动接触，牵引电能就由接触网进入电动车组，驱动牵引电动机使列车运行。架空式接触网用于城市地面以及地下铁路干线、工矿的电力牵引线路。一般牵引网电压较高时，为了安全和保证一定的绝缘距离，宜采用高架式接触网。

接触轨的主要优点是：使用寿命长，维修量小，敷在地面对城市景观没有影响，适应于电压较低的制式。架空式接触网的主要优点是：安全性较好，适应于电压较高的制式。接触轨和接触网两种供电方式，目前在世界上许多国家同时并存，到底用哪种方式要根据城市自身的特点决定。

2.7 信号系统

城市轨道交通具有高速度、高密度、不间断运营的特点，信号系统作为行车指挥和列车运行的控制设备，在保证行车安全、提高通过能力、节能及改善运输人员的劳动条件等方面起着至关重要的作用。在城市轨道交通中采用先进信号设备是一项事半功倍的措施，世界先进国家的地铁和轻轨运营经验证明，只有高水平的信号系统才能更充分发挥其他技术装备的能力，而且它的水平代表了整个地铁与轻轨技术装备的现代化水平。

计算机和微电子技术突飞猛进，使信号技术经历了一场革命。由于在列车运行调度中心的计算机和列车车载计算机之间建立起了可靠有效的信息、数据交换的通道，调度中心与列车车载计算机之间可以协调工作，使运输效率得以充分发挥。目前，在一些发达国家的城市轨道交通中，最小行车时间间隔已缩短至 100 s 以下。采用先进的信号技术，提高了行车的安全性，使得因人为的疏忽、设备的故障而产生的事故率降至最低，此外，可以避免突然的减速和加速，提高了行车的稳定度，还对节能具有重要的作用。

信号系统是保证列车运行安全和提高线路通过能力的重要设施，根据城市轨道交通高密度、短间隔、站距短和快速的特点，其信号系统从传统的方式，即以地面信号的显示传递行车命令，驾驶员按照行车规则操作列车运行的方式，发展到按地面发送的信息自动监控列车速度和自动调整列车追踪间隔的方式。实现这一方式转变的关键设备是列车自动控制系统（Automatic Train Control System）。该系统是在机车信号和列车自动停车装置基础上发展起来的，后续列车根据与先行列车间的距离及进路条件，在车内连续地显示出容许的速度信号，并按该信号显示自动地控制行车的运行。该系统取消了传统的地面信号，而将机车信号变为主体信号，指示列车应采取的运行速度；系统还能可靠地防止由于驾驶员失误而冒进或追尾等事故的发生。信号的传输方式视轨道交通制式而异，地铁可用钢轨作为传输信道，以此来检测区段内有无列车占用，并由它来传递速度命令；对不敷设钢轨的轨道交通系统，如新交通系统可在线路上另外敷设感应环线，用以连续地检测列车和发送各种命令信息，在连续传递信息的同时，通过地面应答器，向车上传输特殊的点式信息，也可完成车—地间的信息交换。速度模式曲线的控制方式符合列车制动过程，可以缩短列车运行间隔，做到高密度地运行。

信号系统包括信号设备、联锁设备、闭塞设备三部分。轨道交通信号设备指挥列车运行；联锁设备保证轨道交通车站（包括车辆基地）列车运行的安全；闭塞设备则是保证区间列车运行安全的专门装置。

城市轨道交通信号的特点如下。

（1）城市轨道交通行车密度大、站间距离短，故信号的应变速度快、信息量大。

（2）由于城市轨道交通的大多数车站仅有上下客功能，在大多数车站上并不设置道岔，甚至也不设置地面信号机（依靠机车信号及速度监控设备驾驶列车），仅在少数联锁站及车辆段才设置道岔及地面信号机，因而，联锁设备的监控对象远远少于一般铁路客货站。

（3）为了安全可靠地指挥行车，由计算机系统自动地实现速度控制和定位（点）停车控制，容量大、高密度的交通系统将逐步发展为无人驾驶的自动运行系统。

（4）凡敷设钢轨的轨道交通可以以钢轨作为传输信道，连续地传递速度命令等信息；不敷设钢轨的交通系统可敷设感应环线传递信息。为传递特殊信息可增设地面应答器，完成地面与列车间的信息交换。

（5）由于城市轨道交通的线路长度、站间距离都较短，列车种类单一，行车时刻表规律性很强，因此在城市轨道交通的信号系统中，通常都包含有进路自动排列功能，即按事先预定的程序自动排列进路，只有运行图变更时才有人工介入。

对于不同的运行条件，应合理选用信号系统：

（1）列车间隔为 4 min 以上的运营线路，一般采用自动闭塞、车内信号与自动停车以及列车自动监控系统；

（2）行车间隔为 2 ～ 4 min 的运营线路，一般采用列车自动保护系统和列车自动监控系统；

（3）行车间隔小于 2 min 的运营线路，应采用列车自动保护系统、列车自动运行系统和列车自动监控系统；

（4）联锁站（设置道岔的车站）和车辆段应装设联锁设备。

2.8 通 信 系 统

城市轨道交通系统是一个封闭式运转链，与信号设备共同完成系统运转指挥调度的还包括通信设备。除此之外，通信设备还是城市轨道交通系统内部公务业务联系的主要通道，是系统内外联系的通道。因此，通信设备是构成轨道交通系统各个子系统之间紧密联系，实现统一指挥，运行自动化，提高系统运行效率的重要组成部分。

1. 城市轨道交通对通信的要求

（1）对于运行组织而言，能保证将各站的客流情况，工作状况，线路上各个列车运行状况等信息准确迅速地传输到调度控制中心。同时，将调度控制中心发布的调度指挥控制命令与信号及时可靠地传送至各个车站及运行中的列车。

（2）对于系统的组织管理方面，能保证各部门之间，上下级之间，保持畅通有效可靠的信息交流与联系。

（3）能保证本系统与外部系统的联系便捷畅通。

2. 城市轨道交通通信的分类

1）按用途分

（1）城市轨道交通专用通信：系统内部运行组织的通信网络，用于列车运行调度指挥的通信联系，是最主要的业务通信网。

（2）地区自动通信：城市轨道交通系统内部的公务通信网，以及与外界通信网的连通通信网，是主要的公务通信网。

（3）有线广播通信：城市轨道交通系统运行组织的辅助通信网，主要布置在车站、车辆基地。

（4）闭路电视系统：城市轨道交通系统现代化管理的现场监控系统，主要布置在车站、车辆基地及业务管理系统。

（5）无线通信：相对上述有线通信而言，更适用于位置不固定的相同业务工作人员间的联络，作为固定设置的有线通信网的强有力的补充。

（6）其他通信：子母钟报时系统，使整个系统在统一的时间概念下运转；会议系统，提供高效的远程集中会议通信，如电话会议、可视电话会议等；传真及计算机通信系统，提供现代化高技术的通信手段。

2）按传输媒介分

有线通信可分为程控交换系统、光纤传输系统、广播系统、闭路电视监控系统以及无线通信系统。

上述五大系统通过电缆、光缆、漏泄电缆、天线、电磁波等传输媒介，构成一个互相关联互相补充的整体通信系统。

城市轨道交通通信系统是一个既能传输语言声音，又能传输文字、数据、图像等多种信息的综合性数字通信网。

3. 传输系统

城市轨道交通系统通信网采用两条独立的通信传输线，并将通信传输信息（包括语音、数据和图像等）较均匀地分配到两条传输线上。如果基中一条线路发生故障或中断时，就由另一条线路独立承担传输任务，起到备用线的作用，有效地保证城市轨道交通通信的可靠性。

1）传输线的分类

（1）有线通信系统的光缆和电缆；

（2）无线通信系统的漏泄电缆；

（3）广播系统的屏蔽对称电缆；

（4）连接各种设备的射频电缆，对绞电线电缆、电源线、并行总线等。

连接的设备有无线电台、监视器、摄像机、广播喇叭、电话机、维修终端等。

2）传输线的特点

（1）采用阻燃、低毒、低烟性能材料制作电缆外套（尤其是安置在地下隧道的电缆）；

（2）加强屏蔽、接地措施：保证安全接地和防止地下迷流造成侵蚀；

（3）采用易于维护保养的充油填充方式：因为电缆、光缆设置的空间有限（无论是地下隧道，还是高架结构的单轨轨道梁）；

（4）要求具有转换速度快，频带宽，容量大，抗干扰能力强，耐腐蚀等性能，一般均选择光纤传输线。

4. 程控交换网

城市轨道交通通信系统交换网的作用是在车站系统完成各个车站之间的信息汇总传输之后，将信号具体转接到每一个用户（如电话机）。目前，通信用交换机已从步进制交换机、纵横制交换机发展到了体积小、容量大、噪声低、功能强、扩容容易、维护简便的程控交换机，并被普遍采用。城市轨道交通系统是一个现代高技术运输系统，必然选用程控交换机来组成通信交换网。

城市轨道交通系统程控交换网的组成如下。

（1）轨道交通专用电话网：为系统运行设置的专用业务电话网

城市轨道交通专用电话网的作用是为调度控制中心的调度员、车站值班员、车辆基地值班员等运行指挥操作人员提供直线电话服务和组呼功能，为轨旁电话和其他专用内部电话提供自动交换功能。

（2）数字式程控电话网：为系统运转与对外联络设置的公务电话网

程控电话是电子式自动化电话交换机所组成的电话通信。程控电话交换机是由数字电子计算机程序控制接续的交换设备。程控电话交换机主要由话路部分和控制部分组成。

通过程控交换机及光纤传输系统的连接，车站内属于数字式程控交换电话网的用户（话机）间可通过拨号直接通话，也可通过拨号与其他车站或单位的用户通话，还可通过中继模块的转换，与市内电话用户建立联系。

5. 广播系统

城市轨道交通的广播通信系统主要作用有两项：一是对乘客的广播——在正常运行情况下，对乘客进行导向服务，如报告列车进站离站信息，报告相关的安全事项，传播服务信息，或播放音乐等；在运行发现意外情况时，起到安抚、疏导乘客的作用。对乘客的广播播音范围限于站厅和站台。

城市轨道交通的广播系统第二项功能是对工作人员的广播——及时通告信息，组织较大范围的协同工作等，其播音范围包括办公区，隧道内或高架线路区间、站厅、站台、车辆基地等。

6. 闭路电视系统

城市轨道交通运用闭路电视监控系统的作用，是向行车组织管理人员及安全监控人员提供各个要害部位的监视画面，便于管理监控与及时处理。如向列车调度控制中心的调度员，向公安警务指挥中心指挥人员，向车站行车工作人员，向司机，向公司管理监控部门等，提供车站客流状况，列车运行状况，车站安全情况等方面的直观的图像信息。

城市轨道交通闭路电视监控系统分为控制中心设备和车站设备两部分。

1）控制中心电视监控设备

在调度控制中心的总调度台和列车调度台、环境控制调度台均设置有控制键盘和监视器。调度员通过键盘来选择所需了解的某个监视部位，通过监视器来观察了解该部位的现场实况。

2）车站电视监控设备

车站内设有若干台监视摄像机，按需要分别安装在站厅层和站台层，设在站台层的摄像机主要拍摄上下行站台始末端，站厅层摄像机则配备有自动云台，可以上下左右偏转进行摄像。

车站值班室、副值班室内设置监视器和控制键盘，可以对站厅摄像机及图像切换开关单元进行控制，供值班员选择所希望看到的监控部位图像。

2.9 自动售检票系统

自动售检票系统（Automatic Fare Collection System，简称 AFC 系统），是目前世界地铁中广泛采用的一种票务管理模式。随着计算机技术、通信技术的发展，特别是智能卡技术的越趋成熟，自动售检票（AFC）系统在轨道交通领域的应用越来越普及。AFC 与人工售检票相比，具有以下优点：速度快；能处理大量的票务信息，使地铁可推出各种方便乘客选用的票种和实行维护乘客利益的计程、计时票价，以利吸引客流；每天可记存百万以上客流信息，能准确地统计各站及全线的客流量，可获得各站及全线按时分布的客流量表；严谨了票务管理制度，在整个系统运行中，任何不正常的操作都能在中央计算机上记录、显示，既杜绝了员工作弊的可能性，也有效地防止了乘客无票、超站乘车的行为；能有效

图 2-7　自动售检票系统

排除人为因素的影响，维护企业的利益。

AFC 系统集计算机、网络通信、自动控制、非接触智能卡、大型数据库、机电一体化、模式识别、传感器、精密机械等多项高新技术于一体，技术含量高、设备复杂、功能繁多、加工制造工艺复杂。系统对终端设备的安全性、可靠性、稳定性、实时性和耐用性要求苛刻，智能化和信息化程度要求高。

1. 自动售检票系统 AFC 的总体要求

1）AFC 系统的性能要求

（1）开放性。系统应易与城市公共交通“一卡通”联网，满足“一卡通”要求；易与其他相交接的轨道交通线 AFC 系统进行信息交换，实现单程票在付费区直接换乘。

（2）可扩充性。满足将来客流增长时系统设备扩充的需求。

（3）灵活性。系统可根据实际运营的需求灵活配置。

（4）成熟性。选用较为成熟的产品，保证系统的高可靠性和高安全性。

（5）先进性。选用先进技术，提高 AFC 系统自动化管理程度及运营服务水平。

（6）具有足够的数据处理能力，满足初、近、远期最大客流的处理需求。

2）AFC 系统的功能要求

（1）整个系统对 AFC 系统的相关信息进行记录并且能够进行统计和分析；要求具有容错能力和应急处理措施；车站或中央计算机出现系统故障或通信故障时，各终端设备能独立运行和存储信息，在故障恢复后系统能够收集故障期间各设备的运营数据；系统具有应急处理功能，如在紧急情况下出、入站闸机双向常开，确保车站内乘客疏散；各终端设备能存储不少于若干个交易日（具体数量根据实际需求来定，例如 7 天）的业务数据，车站主机能存储不少于若干个交易日（例如 14 天）的业务数据，中心主机能存储不少于一定期间（例如 1 年）的业务数据；AFC 系统每天能处理不少于一定次数（根据设计要求）的交易数据。

（2）整个 AFC 系统应具有抗电磁干扰能力：电缆方面要求采用 5 类以上电缆标准，电线要求采用 3 芯电线，并满足 AFC 设备的功率要求。

（3）系统设备配置的运营能力要满足规定期限内超高峰小时客流量要求，并满足紧急疏散要求。

（4）IC 卡车票有加密和防伪措施，并且系统具有防范伪票和追踪挂失车票能力，中心和车站主机能保留和处理所有挂失名单，有关终端设备能存储和处理不少于一定数量（根据实际需要确定）的挂失名单。

（5）AFC 系统和 IC 卡车票实际要考虑与其他公交互通使用，预留“一卡通”的接口条件。

2. 自动售检票系统 AFC 的组成和功能

AFC 系统的目标就是要建立一个以纸票、磁卡或非接触式 IC 卡等为车票载体的、高度安全、可靠和保密性能良好的自动售检票网络系统，完成车票的检票、计费、收费和统计等全过程自动化管理。该系统集计算机技术、机电一体化技术和模式识别技术等多种高校技术于一体，实现售检票全过程的自动化，是一个大型的综合自动化系统。

1）AFC 系统的功能

AFC 系统的功能是指 AFC 系统为城市轨道交通实际运营提供的各种功能，如售检票功能，业务统计和分析功能、各种特殊处理功能等。AFC 系统按层次来分，可分为中心计算机系统、车站计算机系统和 IC 卡终端设备应用系统，3 层相对独立。此外，培训系统是作为 AFC 系统的一个辅助子系统，具有与以上系统类似的功能集合。

各系统应用软件是跨平台的，即不依赖于任何硬件平台，具有较强的移植性和扩充性。

AFC 系统采用全封闭、“计程 + 计时”的收费模式，它以非接触式 IC 卡为车票介质，通过高度安全、可靠、保密性能良好的计算机网络系统，完成地铁运营中的自动售票、检票、计费、收费、单程票回收、交易稽查、客流和收费统计，售/检票设备监控，车票初始化、个人化、分发、回收、循环、退票、挂失、报废，系统密钥的生成和管理，票务清算等全过程自动化管理。同时具有与城市公共交通或城市公用事业“一卡通”系统的接口。

2）AFC 系统的结构组成

AFC 系统由付费媒介、中央系统、车站系统、通信传输系统和电源系统组成。

AFC 系统在车站现场的终端设备包括：进出站闸机、自动售票机、自动充值机、车站票务系统、自动验票机。由于使用者是广大乘客，设备是否稳定、可靠、易于操作将直接影响 AFC 系统和城市轨道交通的正常运营。

3）车票

传统的人工售检票，付费媒介多为纸票。自动售检票系统采用的付费媒介有以下几种模式：偶尔乘坐城市轨道交通的乘客，使用单程票（SJT）；经常乘坐城市轨道交通的乘客，使用智能卡（CSC）；城市轨道交通公司员工，使用员工卡（Employee CSC）。

3. 自动售检票系统 AFC 的运营流程和特点

1）AFC 运营流程

票务管理是轨道交通日常运营的重要工作，包括车票购入、编码、发售、检票、回收和循环处理等步骤。新发行的车票先通过编码机进行初始化，然后由车站及各售票网点出售；对于回收的车票，经过数据清除之后再循环使用。

车站 AFC 系统对终端设备的运营状态实时监控，及时采集终端设备的交易数据，并定时上传至中心 AFC 系统。同时接收中心下载的黑名单和票价调整等信息。

2）客流分析

在轨道交通规划建设中，客流预测占据极其重要的地位，它决定了线路走向及站址的位置、车辆数量及车站规模，有助于行车计划的编制，为工程可行性经济评估和分析以及为 AFC 系统及其他设备系统的设计提供依据。早期的客流预测包括了初、近、远期的高峰小时进出站客流、全日客流及最大断面通过量，现在的客流预测新增了高峰小时进、出站的分向客流，为详细确定每一个出、入口通道的预测客流提供了方便。

3）AFC 系统与其他系统的接口

① 与城市轨道交通办公自动化系统（OA）的接口。

② 紧急报警和消防报警系统的接口。

③ 与信号系统的接口。
④ 与银行系统的接口。
⑤ 与城市“一卡通”系统接口。

2.10 屏蔽门系统

屏蔽门是新型的轨道交通设备，当列车到达车站和离站出发前，该设备能自动进行活动门的开、关门控制。

1. 屏蔽门技术的应用

地下环境是一个相对封闭的空间，只有出入口、风井及其排风口、隧道洞口与外界连通。站内的常年运行的列车、乘客和运营人员及运行中的设备，是站内的常年热源。同时，隧道及车站周围的土壤具有蓄热能力，在高温季节时，站内环境舒适度降低。此外，地铁是由车站和隧道连接成的系统，当列车高速运行在隧道内时，车辆会在隧道内产生活塞效应，活塞效应生成的风称为活塞风。活塞风一方面可以改善站内空气的流通，另一方面也会降低乘客候车的舒适性和安全性。

由此，轨道交通系统引入了隔离的概念。最初人们想到的是采用喷射气流或风幕进行活塞风的隔离，但事实上这种方式实施起来比较困难，需要对整个站台进行设置，其经济性较差，而且其隔离效果也比较差。后来，人们想到利用固体隔离物把轨行区与站台隔离开来，因此，站台屏蔽门系统开始逐步被应用。新加坡常年气候炎热，故空调运行费高，同时，考虑到乘客乘车的安全性以及系统良好运行的可靠性。于是，1988 年，世界第一套地铁屏蔽门系统安装于新加坡地铁的 NEL 线上。

屏蔽门系统的优势在于安全、节能、降低人工成本、环保、增加候车面积；但与此同时，屏蔽门系统的劣势也表现在建设成本高，意外情况下不利于疏散等方面。

2. 屏蔽门类型

从封闭形式上将屏蔽门分为全高封闭式屏蔽门和半高敞开式安全门。

全高封闭式屏蔽门是一道自上而下的玻璃隔墙和滑动门，全高为 3 m 以上；沿站台边缘和两端头设置，其目的是隔离乘客候车区与列车进站停靠区。全高封闭式屏蔽门的主要作用是增加安全、节约能耗、加强环保，如图 2–8 所示。

半高敞开式安全门是一道上不封顶的玻璃隔墙和滑动门，全高 1.2 ～ 1.5 m，主要起隔离作用，如图 2–9 所示。

从结构上可将屏蔽门分为上部悬吊式屏蔽门和底部支撑式屏蔽门。上部悬吊式屏蔽门系统的重量安全由上部悬挂结构承受，简化了系统的结构设计与安装。底部支撑式则是由立柱和站台底板来承受屏蔽门系统的重量。

图 2-8　全高封闭式屏蔽门

图 2-9　半高敞开式安全门

3. 屏蔽门系统的组成

屏蔽门系统是由门体结构和门机结构组成的。门体结构包括固定门、滑动门、应急门和端门。固定门设置在两扇双扇滑动门之间，结合规定条件进行设置。滑动门分为标准双扇滑动门和非标准双扇滑动门，非标准双扇滑动门一般设置在靠近列车驾驶室相应的屏蔽门。应急门不带动力，在紧急情况下由乘客在轨行区侧手动打开逃生。端门设置在站台两端，列车驾驶员或站务员手动打开，紧急情况可用作乘客疏散通道。门机结构包括门控单元、传动装置、驱动装置、锁紧装置。门控单元是门机系统的核心，具有自诊断功能，并且对滑动门的整个运行过程进行制动和加速控制。传动装置是传动同步（齿形）带。驱动装置中的传动带驱动门挂板实现滑动门开/关。锁紧装置的闸锁上装有 4 个开关，两个锁闭监控安全开关，两个应急安全开关。

4. 屏蔽门系统的运行模式

屏蔽门系统的运行模式包括正常运行模式、非正常运行模式和紧急运行模式。

正常运行模式下，列车停站，驾驶员发出开门指令给信号系统，信号系统经过比对发出命令给屏蔽门门控单元，进行解锁开门。当列车准备发车时，驾驶员发出关门指令给信号系统，信号系统将命令传给屏蔽门主控机，通过门控单元进行关门闭锁操作，然后将信号一直返回给驾驶员，可以发车。非正常运行模式下，可以通过站台端头控制盒进行开与关门操作。紧急运行模式下，站台工作人员用钥匙打开滑动门，或者乘客使用手动解锁把手自行开启屏蔽门。

2.11 环境控制系统

城市轨道交通具有高速、安全、准时、载客量大等优点，是解决现代城市交通问题的有效手段，在当今世界许多大城市中得到广泛应用，但城市轨道交通的隧道和站台多位于地下，其环境与地面建筑有很大不同，需要营造一个良好、舒适的人工环境，以满足众多乘客和城市轨道交通内部工作人员的生理和心理上的要求，这种要求，或者说这种人工环境，实际上是一个多功能、多方面的综合要求，涉及城市轨道交通环境中空气的温度、湿度、气流速度、空气的品质、噪声的控制、环境的色调与照度以及装饰的协调与配合等诸多因素，是一项复杂的系统工程。随着城市轨道交通建设的快速发展，用于环境控制的投资在城市轨道交通建设总投资中所占的比例越来越大，环境控制越来越受到人们的重视。

环控系统是一套可以对环境进行空气处理的系统，其作用是调节指定区域内的空气温度、湿度，并控制二氧化碳、粉尘等有害物质的浓度。环境控制涵盖的地点包括车站站厅、站台、隧道、设备及管理用房等。

1. 城市轨道交通的环境特点

（1）城市轨道交通的地下车站和区间隧道除出入口等极少部位与外界相连通外，基本上与外界隔绝，只有用人工气候环境才能满足乘客的要求。

（2）列车各种设备的运行和高度密集的乘客都将释放出大量的热，如不及时排除，将使车站和区间的湿度上升，使乘客在此环境中难以忍受。

（3）车站内高度密集的人群会释放出大量的异味和二氧化碳，如果没有足够的新鲜空气和有效排出废气的措施，将会使车站内的空气十分污浊。

（4）城市轨道交通系统的地下铁道是一个狭长封闭的地下建筑，列车及各种设备的运行产生的噪声不易消除，对乘客的影响较大。

（5）城市轨道交通列车运行时产生的“活塞效应”，若不能合理利用，会干扰车站的气流组织，使乘客感到不舒适，并影响车站的负荷。

（6）当发生事故，尤其是发生火灾事故时，将导致环境恶化，不易救援，需要采取有效的措施。

2. 环控系统的功能

环控系统的功能包括：保证空气质量，控制空气中污染物的浓度；保证热舒适性，提供适当的温度、湿度和气流速度；提高安全性，当列车阻塞时，提供一定的通风量；进行设备维护，提供必要的温度、湿度和洁净度等条件。

3. 环控系统的分类

环控系统可分为开式环控系统、闭式环控系统和屏蔽门式系统。

开式环控系统是指机械通风或活塞效应使轨道内部与外界交换空气，可以利用外界空气冷却车站和隧道。闭式环控系统则不引入外界空气，站内采用空调系统，区间隧道借助“活塞效应”。屏蔽门式系统是指安装屏蔽门而将站台与隧道隔开，站内安装空调系统，隧道用通风系统（机械通风和活塞通风）。

4. 环控系统的运行模式

（1）正常运行模式：这是一种占主导地位的运行模式，在正常运行期间应考虑最大限度优化环境系统的性能，满足乘客舒适度的要求。

（2）列车阻塞模式：由于延误或运行故障等原因导致列车阻塞在隧道或车站。

（3）紧急情况运行模式：通常是由于运行车辆失灵而引起隧道内一列行驶的列车发生火灾，交通运输中断，要求乘客撤离。

2.12 给排水及消防系统

城市轨道交通给水、排水、消防系统的功能主要是满足城市轨道交通各部门对水质、水量和水压的要求，同时要有因地制宜、畅通易排的排水系统，以排出运营过程中所产生的废水、污水、结构渗水和雨水，并设置有效的灭火装置以满足消防要求。

1. 给水系统

城市轨道交通所在地一般为城区，周围有较完善的市政给水管网，以市政自来水为供水水源。每个车站由2条不同的城市自来水管引入消防和生活、生产给水管。采用生活、生产用水和消防用水分开的给水系统，分别设置水表及阀门井。水压按卫生器具用水要求和生产用水要求确定。车站用水量包括车站工作人员生活用水量、车站冲洗用水量、环控系统所需冷却补充水量。

由城市给水系统引入自来水干线管道到车站、车辆基地，采用直接给水方式分送到用水点，一般共分为三个系统。

（1）厕所及冲洗水栓等：直接给水方式，由城市给水系统引入的一根干线管道，设在站厅顶层和站台层地下。

（2）消防用水：城市给水系统引入的两根干线管道，接入消防泵房，经增压后再供给消火栓、水幕、水喷淋装置等灭火设备。

（3）空调冷却用水：城市供水系统直接供水，由循环水泵、管道、冷却塔和调节水池组成。

2. 排水系统

车站、区间的污水、废水及雨水均应就近排入市政排水系统，污水应按规定达标后排放。地下车站及地下区间应设置废水泵房、污水泵房和雨水泵房。废水系统包括消防废水、地面冲洗废水、事故排水、结构渗漏水等，这些废水均通过线路排水沟汇流集中到线路区段坡度最低点处的废水泵站集水池内。污水系统主要指车站内卫生间生活污水。在折返线车辆检修坑端部、出入口和局部自流排水有困难的场合需设置局部排水泵房，在地铁洞口及敞开出入口处应设雨水泵房。

车站排水系统一般也分为三个系统。

（1）车站废水排放径路：站厅站台的地漏→排水明沟→集水池→立式排水泵→城市雨水管网。

（2）厕所污水排放径路：管道→污水池→潜水泵→城市污水管网。

(3) 车站出入口雨水排放径路：集水池→潜水泵→城市雨水管网。

区间隧道排水泵站设在区间中段低点，由排水明沟汇集，水泵排出。

3. 消防系统

城市轨道交通系统需预防的灾害主要有火灾（包括烟害）、水灾、风灾、雷击、停电、地震、行车事故和人为突发事故等。其中危害最大，发生几率最高的是火灾（包括烟害）。因而，将防火与防烟放在城市轨道交通系统防灾的首位，尤其是对于布置在地下封闭结构的地下铁道车站与隧道，防火与防烟更是至关重要的大事。

1）消防设施

消防设施应该分为灭火、报警、避难设备，以及消防用水与灭火活动中所需设施。

(1) 灭火设备：包括灭火器和简易灭火器具（水桶、水槽、干砂等）、室内消火栓、喷泉式冷却设备、喷雾灭火设备、泡沫灭火设备、二氧化碳灭火设备、粉末灭火设备、消火栓、动力灭火泵等。

(2) 报警设备：包括自动火灾报警设备、煤气泄漏火灾报警设备，漏电火灾报警器、紧急报警器（警钟、手摇式报警器、携带式扩音器）、紧急报警设备（紧急电铃、自动式警鸣器、广播设备）等。

(3) 避难设备：包括滑台、避难梯、救助袋、缓降机、避难桥、紧急出口指引灯以及向导标识等。

(4) 灭火活动所需设施：包括排烟设备、连接洒水送水设备、紧急用插座设备和无线通信辅助设备等。

2）消防监控系统

消防监控系统采用了集散控制系统（DCS）对地铁全线环控设备及其车站机电设备进行集中监控。系统分中央级、车站级、就地级三级对环控设备及其他机电设备进行监控。

3）火灾探测器

火灾探测器可以分为感烟式火灾探测器和感温式火灾探测器。

感烟式火灾探测器是能对可见的或不可见的烟雾粒子响应的火灾探测器，它是将探测部位烟雾浓度的变化转换为电信号以实现报警目的的一种器件。感烟式火灾探测器的主要探测类型如下。

(1) 离子感烟式探测：离子感烟式探测是使局部空气成电离状态，当烟粒子进入电离化区域时，利用空气的导电性，使探测器发出警报。

(2) 光电感烟式探测：光电感烟式探测是利用起火时产生的烟雾能够改变光的传播特性这一基本性质而进行火灾探测。

(3) 激光感烟式探测：激光感烟式探测是通过对警戒范围内某一线状窄条周围烟气参数响应来进行探测。

感烟式火灾探测器的安装原则主要是：适宜安装在发生火灾后产生烟雾较大或容易产生阴燃的场所；不宜安装在平时烟雾较大或通风速度较快的场所。

感温式火灾探测器是对警戒范围中某一点或某一线路周围温度变化时响应的火灾探测器，将温度的变化转换为电信号以达到报警目的。感温式火灾探测器的主要类型有：定温式探测器、差温式探测器、差定温式探测器。感温式火灾探测器的安装原则主要是适宜安装于起火后产生烟雾较小的场所，平时温度较高的场所不宜安装感温式火灾探测器。探测器设置要点为：火灾探测区域一般以独立的房间划分，探测区域内的每个房间内至少应设置一只探测器；在敞开或封闭的楼梯间、消防电梯前室、走道、坡道、管道井、闷顶和夹层等场所都应单独划分探测区域，并设置相应探测器；探测器的设置一般按保护面积确定，每只探测器的保护面积和保护半径的确定要考虑房间高度、屋顶坡度和探测器自身灵敏度三个主要因素的影响。

火灾探测器正常工作的干扰因素有粉尘、潮气、电磁场和高速气流等。排除干扰因素的主要方法是：正确选定火灾探测器的类型；安装位置要合理确定；合理规范布线。

4）防灾报警系统

在城市轨道交通系统中，防灾报警系统一般分为两级管理，三级控制模式。两级管理为在城市轨道交通中央控制中心设置消防指挥中心、在各个车站、车辆段和主变电所等处设置防灾控制室作为车站级消防控制中心；三级控制为主控制级、分控制级和就地级消防控制。

防灾报警系统功能包括中央级功能、车站级功能和现场级功能3个层次。

（1）中央级功能。中央级功能监视全线各车站、区间隧道、控制中心大楼、车辆段和主变电所等下属所有区域的火灾报警、消防联动和故障情况，在火灾发生时承担全线防灾指挥中心功能。

（2）车站级功能。车站级功能主要有监视、报警、控制以及其他系统的连动。

车站级火灾监控与报警控制器随时监控和接受各探测点的报警信号，可发出声光报警信号，并能自动或手动执行对有关消防设施的联动控制。模拟图形显示终端按照车站建筑平面分级、分区显示本站系统的详细信息，并能够实时打印输出各种有关数据报告。视频传输系统在车站站台、站厅等公共场所安装全方位的监视器，实时收集站内的视频信息，并反映到值班室的闭路电视监控器上，由值班人员进行监控和处理。

（3）现场级功能。现场级功能主要是指火灾监控与报警设备的具体功能，这些设备主要有火灾传感器、手动报警器、感温电缆和紧急电话插孔等。

① 火灾传感器：用于对站内设备用房、站厅、站台旅客公共区等进行火灾自动探测。

② 手动报警器：在站内旅客公共区、设备用房区域及列车上安置手动报警器，以便及时通报火灾。

③ 感温电缆：用于对站台层变电所下的电缆夹层，实施火灾自动探测报警。

④ 紧急电话插孔：在站内旅客的公共区以及设备用房区域设置的消火栓箱上，配置紧急电话插孔；对于区间隧道及站内轨道外侧所设的消火栓箱，也应设紧急电话插孔。

5）自动灭火系统

自动灭火系统包括联动相关的消防设备和设置固定式灭火装置。固定式灭火装置主要有消火栓灭火设备、喷洒水设备、卤化物灭火设备、室外消火栓设备、消防泵和管路电动阀等。消火栓灭火系统由于具有使用方便、来源广泛、灭火效果好、价格便宜和适用范围广等特点，是目前建筑物中最基本的灭火设施。

自动喷水灭火系统在火灾初期具有自动喷水灭火、用水量少、灭火成功率高、损失小、无人员伤亡、反应灵敏和灭火迅速等优点；但其建造成本高。

与自动喷水系统相比，气体灭火系统具有事后处理工作量小、控制油气火势蔓延效果好等优点；但其成本较高，也有可能对大气造成污染和对人体造成危害。

从总体上来说，泡沫灭火系统具有水流损失小、灭火效率高、泡沫容易清除等特点。

干粉灭火系统的灭火历时短、效率高、绝缘好、灭火后损失小、不怕冻、不用水、可长期储存。干粉灭火器轻便灵活，使用广泛，对扑灭初期火灾具有显著效果。

灭火系统的选择：根据城市轨道交通不同部位的环境条件、器材安装、设备特点等要求，选择相应的灭火系统和器材。在车站的公共区，要以消火栓系统为主，将整个车站覆盖在消火栓的保护范围下。在车站的设备用房，由于仪器众多，设备复杂，在此类相对封闭的区域要以气体灭火系统为主。自动喷水系统在公共区的作用不是很显著，甚至会造成地滑而影响人群疏散的速度，在车站的公共区可不设置自动喷水灭火系统。在区间隧道中要沿线布设消火栓灭火系统，条件允许时还可在区间隧道中加装移动式灭火系统，移动式灭火系统宜采用泡沫灭火器。

本章小结

城市轨道交通设备与基础设施是城市运输的重要基础，在城市轨道交通中起着不可忽视的作用。城市轨道设施与基础设施包括：线路、车辆、限界、轨道、车站、供电系统、信号系统、通信系统、自动售检票系统、屏蔽门系统、环境控制系统。

城市轨道交通（以地铁、轻轨为例）线路是由钢轨、轨枕、道岔、道床、联结零件和轨道加强设备等组成。它是城市轨道交通列车行车的基础，是城市轨道交通运营的重要设备之一。

车辆作为城市公共交通工具，主要在市内和市郊运行。它的运行条件与干线铁道车辆有种种不同：车辆要在地下隧道、高架和地面轨道运行，站距短，线路曲线半径小，坡度大；客流量大而集中，乘客上下车频繁，高峰时会超载。

限界是指列车沿固定的轨道安全运行所需要的空间尺寸。为保证列车运行安全，各种建筑物及设备均不得侵入限界范围。城市轨道交通工程地下隧道的断面尺寸及高架桥梁的宽度都是根据限界确定的。

轨道是城市轨道交通线路的重要组成部分，它直接承受列车荷载，并引导列车运行，一般由钢轨、轨枕、道岔、道床、连接零件和轨道加强设备等组成。

车站是城市轨道交通路网中一种重要的建筑物。它是供旅客乘降、换乘和候车的场所，应保证旅客使用方便、安全、迅速地进出站，并有良好的通风、照明、卫生、防灾设备等，给旅客提供舒适、清洁的环境。车站应容纳主要的技术设备和运营管理系统，从而保证城市轨道交通的安全运行。

城市轨道交通供电系统不仅为城市轨道电动列车提供牵引用电，而且还为城市轨道交通运营服务的其他设施提供电能。

城市轨道交通具有高速度、高密度、不间断运营的特点，信号系统作为行车指挥和列车运行的控制设备，在保证行车安全、提高通过能力、节能及改善运输人员的劳动条件等方面起着至关重要的作用。

城市轨道交通系统是一个封闭式运转链，与信号设备共同完成系统运转指挥调度的还包括通信设备。除此之外，通信设备还是城市轨道交通系统内部公务业务联系的主要通道，是系统内外联系的通道。因此，通信设备是构成轨道交通系统各个子系统之间紧密联系，实现统一指挥，运行自动化，提高系统运行效率的重要组成部分。

自动售检票系统（Automatic Fare Collection System，简称 AFC 系统），是目前世界地铁中广泛采用的一种票务管理模式。

屏蔽门是新型的轨道交通设备，当列车到达车站和离站出发前，该设备能自动进行活动门的开、关门控制。

城市轨道交通具有高速、安全、准时、载客量大等优点，是解决现代城市交通问题的有效手段，在当今世界许多大城市中得到广泛应用，但城市轨道交通的隧道和站台多位于地下，其环境与地面建筑有很大不同，需要营造一个良好、舒适的人工环境，以满足众多乘客和城市轨道交通内部工作人员的生理和心理上的要求，这种要求，或者说这种人工环境，实际上是一个多功能、多方面的综合要求，涉及城市轨道交通环境中空气的温度、湿度、气流速度、空气的品质、噪声的控制、环境的色调与照度及装饰的协调与配合等诸多因素，是一项复杂的系统工程。

城市轨道交通给水、排水、消防系统的功能主要是满足城市轨道交通各部门对水质、水量和水压的要求，同时要有因地制宜、畅通易排的排水系统，以排出运营过程中所产生的废水、污水、结构渗水和雨水，并设置有效的灭火装置以满足消防要求。

思考题

1. 城市轨道交通的线路种类有哪些？
2. 什么是限界？
3. 道岔有哪几部分构成，种类有哪些？
4. 城市轨道交通信号系统的特点是什么？
5. 屏蔽门如何分类？
6. 城市轨道供电系统的构成是什么？
7. 城市轨道交通通信的分类是什么？
8. 城市轨道环控系统的运行模式是什么？
9. 城市轨道消防系统的消防设施有哪些？

3 第3章 城市轨道交通运营安全保障技术

引　言

城市轨道交通建设对我国国民经济的快速发展和城市综合实力提升有着重要作用，提高城市轨道交通安全建设已日益重要，其运营安全保障技术的建立和完善受到广大人士的关注，本章将着重介绍城市轨道交通运营安全保障技术。

本章学习重点

1. 地理信息系统 GIS 技术；
2. 智能视频监控技术；
3. 仿真技术的特点；
4. 计算机仿真的适用范围；
5. 计算机仿真技术的一般步骤。

3.1 安全保障技术基础

随着我国国民经济的快速发展和城市综合实力的日益增强，城市轨道交通建设正面临前所未有的发展机遇。与此同时，人们对城市轨道交通的安全问题也空前重视，建立城市轨道交通的安全保障技术体系迫在眉睫。

城市轨道交通作为城市中旅客运输的主要载体，其安全一直是人们所关注的焦点，但安全事故仍时有发生，这里拟结合城市轨道交通的特点重点分析容易引发的几方面安全问题。

1. 列车开行密度大，导致列车相撞等运行事故的发生几率增大

如2001年8月美国芝加哥市两辆电气轻轨列车高架铁路上发生追尾，造成141人受伤，当时车上坐满了赶着上早班的乘客。2003年1月英国伦敦发生地铁列车撞站台引发大火事故，至少造成32人受伤。

2. 车站及列车内旅客密度大，旅客流通量大容易引发旅客人身安全问题

列车内过度拥挤，导致旅客容易与列车车体等接触过多容易引发烫伤、触电等问题。旅客人数过多导致上下车过程中非常拥挤，容易发生旅客被踩伤及挤伤的问题。旅客密度大导致车内空气流通差，容易引起呼吸系统生理功能较弱的旅客发生窒息等生理问题，同时也引发传染病在人群中的扩散。旅客密度大直接导致治安问题的出现。在城市轨道交通车站及列车内借拥挤的环境实施偷盗的现象较为严重，同时也出现部分年轻女性受到性骚扰等问题。大量的旅客容易成为恐怖分子袭击的目标。韩国大邱地铁惨案、东京地铁沙林毒气惨案、莫斯科地铁爆炸惨案这一系列恐怖事件都在向人们发出警示：人群密集的城市轨道交通越来越成为恐怖分子的“最爱”。自杀问题越来越严重影响城市轨道交通。根据心理学分析自杀者往往喜欢选择人员较多的地点进行自杀。近年来城市轨道内自杀事件频繁发生。从1995年7月至2003年底，上海轨道交通共发生了65起自杀性伤亡事故，其中只有17人被救起，48人自杀死亡。也就是说，平均每年都有8起地铁自杀性伤亡事故发生。

3. 城市轨道交通特别的地理位置及封闭性的特点容易产生的问题

地铁顶棚及轻轨高架桥比一般运输形式的基础设施更容易受到破坏，并直接影响城市轨道交通安全运行。更容易受到天气状况的影响。恶劣天气对城市轨道交通影响较为严重，如发生大雨、大雪、大风等恶劣天气状况将产生地铁排水问题，轻轨防风、防滑、排水等问题。城市轨道交通封闭性的特点加上基础设施不够完善，如在部分车站没有设置卫生间，将导致旅客一旦进入车站后无法大小便，以至于经常发生旅客跳下站台进入运行区间大小便的事件发生，严重影响城市轨道交通的安全。

由上述分析可以看出，安全问题的产生与繁重的旅客运输任务及城市轨道交通系统自身

的特点紧密相关，而这些又是城市轨道交通系统所无法改变的事实。因此，提高城市轨道交通安全性应以安全事故为对象，从事故的防范、监控、处理三方面全面入手，充分采用 GIS、状态获取、客流预测、列车绝对定位、仿真等技术建立起完善的城市轨道交通安全保障技术体系。

3.2 地理信息系统（GIS）技术

3.2.1 GIS 的概念

地理信息系统（Geographic Information System，GIS）是一门集计算机科学、地理学、环境科学、空间科学、信息科学和管理科学为一体新兴的边缘学科有时也称为资源与环境信息系统是在计算机硬件、软件系统的支持下以地理数据库为基础采集、存储、管理、分析和描述整个或部分地球表面与空间和地理分布有关的数据为地理研究和地理决策服务的空间信息系统。从 GIS 的定义可以看出 GIS 包含有数据输入子系统、数据存储和检索子系统、数据操作和分析子系统以及进行输出显示的报告子系统。各子系统的紧密结合使得 GIS 具有采集、管理、分析、输出地理空间信息；进行区域空间分析和动态预测；在计算机系统支持下完成空间地理数据管理、地理分析、地理决策等功能。

GIS 是 20 世纪 60 年代中期开始发展起来的新技术。它最初为解决地理问题而起至今已成为一门涉及测绘学科、环境科学、计算机技术等多学科的交叉学科。1963 年加拿大测量学家 R. F. Tomlinson 首先提出了地理信息系统这一术语并建成世界上第一个 GIS（加拿大地理信息系统 CGIS）并用于自然资源的管理和规划。不久美国哈佛大学提出了较完整的系统软件 SYMAP。这可算是 GIS 的起步。进入 70 年代以后由于计算机软硬件水平的提高促使 GIS 朝着实用方向迅速发展一些经济发达国家先后建立了许多专业性的 GIS 在自然资源管理和规划方面发挥了重大的作用。如从 1970 年到 1976 年美国国家地质调查局就建成 50 多个信息系统。其他国家如加拿大、德国、瑞典和日本等国了相继发展了自己的 GIS。80 年代后兴起的计算机网络技术使地理信息的传输时效得到了极大的提高，它的应用从基础信息管理与规划转向更复杂的实际应用，并成为辅助决策的工具促进了地理信息产业的形成。到 1995 年市场上有报价的软件已达上千种并且涌现出了一些有代表性的 GIS 软件。

简单地说，地理信息系统就是综合处理和分析地理空间数据的一种技术系统。

3.2.2 GIS 的组成部分

从应用的角度，地理信息系统由硬件、软件、数据、人员和方法五部分组成。硬件和软件为地理信息系统建设提供环境；数据是 GIS 的重要内容；方法是为 GIS 建设提供解决方案；人员是系统建设中的关键和能动性因素，直接影响和协调其他几个组成部分。

硬件主要包括计算机、网络设备、存储设备、数据输入、显示和输出的外围设备等。

软件主要包括以下几类：操作系统软件、数据库管理软件、系统开发软件、GIS 软件等。GIS 软件的选型，直接影响其他软件的选择，影响系统解决方案，也影响着系统建设周期和效益。

数据是 GIS 的重要内容，也是 GIS 系统的灵魂和生命。数据组织和处理是 GIS 应用系统建设中的关键环节，涉及许多问题。

① 应该选择何种（或哪些）比例尺的数据。

② 已有数据现势性如何。

③ 数据格式是否能被已有的 GIS 软件集成。

④ 应采用何种方法进行数据处理和集成。

⑤ 采用何种方法进行数据更新和维护。

方法指系统需要采用何种技术路线，采用何种解决方案来实现系统目标。方法地采用会直接影响系统性能，影响系统的可用性和可维护性。

人是 GIS 系统的能动部分。人员的技术水平和组织管理能力是决定系统建设成败的重要因素。系统人员按不同分工有项目经理、项目开发人员、项目数据人员、系统文档撰写和系统测试人员等。各个部分齐心协力、分工协作是 GIS 系统成功建设的重要保证。

3.2.3 GIS 主要功能

一个 GIS 软件系统应具备五项基本功能，即数据输入、数据编辑、数据存储与管理、空间查询与空间分析、可视化表达与输出。

1. 数据输入

数据输入是建立地理数据库必须的过程。数据输入功能指将地图数据、物化遥感数据、统计数据和文字报告等输入、转换成计算机可处理的数字形式的各种功能。对多种形式、多种来源的信息，可实现多种方式的数据输入，如图形数据输入、栅格数据输入、GPS 测量数据输入、属性数据输入等。用于地理信息系统空间数据采集的主要技术有两类，即使用数字化仪的手扶跟踪数字化技术和使用扫描仪的扫描技术。手扶跟踪数字化曾在相当长的时间内是空间数据采集的主要方式。扫描数据的自动化编辑与处理是空间数据采集技术研究的重点，随着扫描仪技术性能的提高及扫描处理软件的完善，扫描数字化技术的使用越来越普遍。

2. 数据编辑与处理

数据编辑主要包括图形编辑和属性编辑。属性编辑主要与数据库管理结合在一起完成，图形编辑主要包括拓扑关系建立、图形编辑、图形整饬、图幅拼接、图形变换、投影变换、误差校正等功能。

3. 数据的存储与管理

数据的有效组织与管理，是 GIS 系统应用成功与否的关键。主要提供空间与非空间数据的存储、查询检索、修改和更新的能力。矢量数据结构、光栅数据结构、矢栅一体化数据结构是存储 GIS 的主要数据结构。数据结构的选择在相当程度上决定了系统所能执行的功能。

数据结构确定后，在空间数据的存储与管理中，关键是确定应用系统空间与属性数据库的结构以及空间与属性数据的连接。目前广泛使用的 GIS 软件大多数采用空间分区、专题分层的数据组织方法，用 GIS 管理空间数据，用关系数据库管理属性数据。是一个典型的数据分层管理概念模型，其中展示了空间图层及其属性的连接。

4. 空间查询与分析

空间查询与分析是 GIS 的核心，是 GIS 最重要的和最具有魅力的功能，也是 GIS 有别于其他信息系统的本质特征。地理信息系统的空间分析可分为三个层次的内容。

（1）空间检索：包括从空间位置检索空间物体及其属性、从属性条件检索空间物体。

（2）空间拓扑叠加分析：实现空间特征（点、线、面或图像）的相交、相减、合并等，以及特征属性在空间上的连接。

（3）空间模型分析：如数字地形高程分析、BUFFER 分析、网络分析、图像分析、三维模型分析、多要素综合分析及面向专业应用的各种特殊模型分析等。

5. 可视化表达与输出

中间处理过程和最终结果的可视化表达是 GIS 的重要功能之一。通常以人机交互方式来选择显示的对象与形式，对于图形数据，根据要素的信息密集程度，可选择放大或缩小显示。GIS 不仅可以输出全要素地图，也可以根据用户需要，分层输出各种专题图、各类统计图、图表及数据等。

除上述五大功能外，还有用户接口模块，用于接收用户的指令、程序或数据，是用户和系统交互的工具。主要包括用户界面、程序接口与数据接口。由于地理信息系统功能复杂，且用户又往往为非计算机专业人员，因此用户界面是地理信息系统应用的重要组成部分，使地理信息系统成为人机交互的开放式系统。

3.3 智能视频监控技术

智能视频监控（Intelligent Video Surveillance，IVS）技术源于计算机视觉（Computer Vision，CV）技术，作为人工智能（Artificial Intelligent，AI）研究的一个分支，是一项新

兴的安防技术，有着广阔的发展前景。智能视频监控技术是指利用计算机视觉的方法，在不需要人为干预的情况下，通过对视频序列进行实时自动分析，实现对目标的定位、识别和跟踪，并在此基础上进行行为分析，以达到完成日常管理和对异常情况预警的目的。基本智能视频监控系统主要由视频数据采集、视频数据编码、视频数据传输及视频数据分析处理和异常行为报警等部分组成。进入21世纪以来，国际反恐斗争的形势日趋严峻，智能视频监控作为安全防护系统的重要组成部分，广泛应用于各种公共场所和大型活动之中。

3.3.1 智能视频监控技术的产生

传统的视频监控系统与设备虽然在功能和性能上得到了极大的提高，但是仍然受到了一些固有因素的限制，从而导致整个系统在安全性和实用性方面仍然没有达到人们期望。具体的制约因素如下。

1. 人类自身的弱点

在很多情况下，人类并非是一个可以完全信赖的观察者，无论是观看实时的视频流还是观看录像回放，由于自身生理上的弱点，人类经常无法察觉安全威胁，从而导致漏报（False Negatives）现象的发生。

2. 监控时间

除了一些规模较小的监控应用之外，很少有视频监控系统会按照1∶1的比例为监控摄像机配置监视器。这意味着对于那些机场、地铁等大型的视频监控系统来讲，各个监控点并非每时每刻都处于监控当中。

3. 误报和漏报

误报（False Positives）和漏报（False Negatives）是目前视频监视系统中最常见的两大问题。漏报是指在监控点发生了某种安全威胁，但该威胁并没有被监控系统或安全人员发现。误报是指位于监控点的安全活动被误认为是安全威胁，从而产生错误的报警。漏报可能会导致非常危险的后果发生，而误报会浪费人力物力，并且这两种问题都会大大降低人们对监控系统的信任，从而降低监控系统的应用价值。

4. 数据与分析困难

报警发生后对录像数据进行分析通常是安全人员必须要做的工作之一，而误报和漏报现象则进一步加重了进行数据分析的工作负担。另外，安全人员经常被要求找出与报警事件相关的录像资料，找到肇事者、确定事故责任或评估该事件的安全威胁程度。但由于传统视频监控系统缺乏智能因素，录像数据无法被有效的分类存储更不用说其他智能分析，最多只能打上时间标签，因此数据分析工作变得极其耗时，并且很难获得全部的相关信息，而经常发生的误报漏报现象使得无用数据进一步增加有用数据经常缺失，从而给数据分析工作带来了更大的困难。

5. 响应时间长

由于安全威胁的响应速度关系到一个安全系统的整体性能。传统的视频监控系统通常都由安全工作人员对安全威胁做出响应和处理，这对于处理对实时响应要求较低的安全威胁来说可能足够。但是很多情况下，在威胁发生时，需要安全系统的多个功能部分，甚至多个安全相关的部门在最短的时间内协调配合，共同处理危机。这时候，监控系统的响应速度将直接关系到用户的人身或财产的损失情况。

为了解决上述导致视频监控效率低下的问题，人们尝试把计算机视觉中的相关技术引入到视频监控中，从而发展起来的新型视频监控技术——智能视频监控。

3.3.2　智能视频监控的关键技术及优势

所谓智能视频监控，就是指采用智能视频分析算法，利用计算机视觉技术对视野范围内的目标进行行为分析和内容提取，当发现符合某种规则的行为（如越界、游荡、滞留等）发生时，自动发出提示信号，采取特定对应措施（如声光报警、移动监测并记录）或通知监控人员进行人工干预等。作为智能视频监控的关键技术，智能视频分析技术可分为动态视频目标检测定位、动态视频目标跟踪、动态视频目标分类识别、行为理解与描述、异常事件分析等部分。

动态视频目标检测技术是智能视频分析的基础，主要是指通过监控画面识别目标区域的图像变化，从监控场景中将目标提取出来。主要方法是背景减除法、时间差分法、光流法、特征检测法等。动态视频目标跟踪是指结合物体的外表和运动特性，实现对不同形状、颜色、不同背景的目标进行识别的技术。常用的方法有基于运动估计的跟踪、基于特征的跟踪、基于主动轮廓的跟踪等。动态视频目标分类识别包含目标的识别、目标行为模式的分析、目标的状态分析等。行为理解与描述是最具挑战的研究方向，因为观察人的最终目标就是分析和理解人的个人行为、人与人之间及人与其他目标的交互行为等。近年来，利用机器学习工具构建人行为的统计模型方面有了一定的进展，但特征选择和机器学习仍然是行为理解的难点。主要方法是状态空间法和模板匹配方法。异常事件分析报警则是智能视频监控的主要目的，是视频监控智能化的必然要求。智能视频监控系统较于以往的视频监控系统有很大的优势，它在很大程度上弥补了普通智能视频监控系统的缺陷，变被动监控为主动识别。智能视频监控系统的优势很明显，如全天候可靠的视频监控，减少了人为因素造成的误报、漏报，将监控人员从“目不转睛”和主观的分析判断模式中解放出来。通过智能视频分析模块对监控画面的自动分析，实现对异常事件的主动编码、报警和保存。提高报警精度和响应速度，前端设备集成强大的数字图像处理功能，并运行高级的智能视频分析算法，使用户可以更加精确的定义安全威胁的特征，识别可疑活动，在安全威胁发生之前提示监控人员提前做好准备，并根据实际情况驱动预案生成和执行。智能视频监控还可以有效的扩展视频资源的用途，将视频资源应用到非安全领域中，如大型活动的人数统计、重要人物身份识别等。

3.3.3 智能视频监控的应用与发展

智能视频监控系统的应用主要分为两大类：安全相关类应用和非安全相关类应用。安全相关类应用主要是在安防系统中。伴随重大政治、经济、体育活动的增加，恐怖袭击地频繁发生，市场上对此类应用的需求不断增长。主要包括：高级视频移动侦测（Advanced VMD）、物体追踪（Motion Tracking）、人脸识别（Facial Detection）、车辆识别（Vehicle Identification）、非法滞留（Object Persistence）等。目前，智能视频监控系统已经在高端的安防市场有了多年应用，如在地铁、机场、监狱、军事基地和其他大型基础设施中。

以地铁为例，监控人员无法完全监控到所有周界。这时，智能化的监控系统就可以充分展示它的才能了，它能够自动探测在某些特定场所和时间内进入或离开某一区域的可疑物体。

除了安全相关类应用之外，智能视频监控系统还可以应用到非安全相关类应用当中。这些应用主要面向服务和零售行业，可以看作管理和服务的辅助工具，有效提高服务水平和营业额。这类应用主要有：人数统计（People Counting）、人群控制（Flow Control）、注意力控制（Attention Control）和交通流量控制（Traffic Flow）等。例如地铁车站的监控录像可以通过人数统计功能计算客流量；通过人脸识别等功能加强对VIP客户的服务。智能视频监控系统自动识别VIP客户的特征，并通过客服人员及时做好服务工作，有效提高工作效率和工作质量。

3.4 仿真技术

仿真是对现实系统的某一层次抽象属性的模仿。人们利用这样的模型进行试验，从中得到所需的信息，然后帮助人们对现实世界的某一层次的问题做出决策。仿真是一个相对概念，任何逼真的仿真都只能是对真实系统某些属性的逼近。仿真是有层次的，既要针对要处理的客观系统的问题，又要针对提出处理者的需求层次，否则很难评价一个仿真系统的优劣。

计算机仿真技术（Computer Simulation Technology）是利用计算机科学和技术的成果建立被仿真的系统模型，并在某些实验条件下对模型进行动态实验的一门综合性技术。它具有高效、安全、受环境条件约束少、可改变时间比例尺等优点，已成为分析、设计、运行、评价、培训系统（尤其是复杂系统）的重要工具。

3.4.1 仿真技术的特点

计算机仿真技术具有以下特点。

（1）便于重复进行试验；便于控制参数；时间短、代价小。

（2）可以在真实系统建立起来之前，预测其行为效果，从而可以从不同结构或不同参数的模型结果中选择最佳模型。

（3）对于缺少解析表示的系统，或虽有解析表示但无法精确求解的系统，可以通过仿真获得系统运行的数值结果。

（4）对于随机性系统，可以通过大量的重复试验，获得其平均意义上的特性指标。

正是由于计算机仿真技术具备以上特点，计算机仿真技术被广泛的应用于城市轨道交通车务、机务、公务、电务等各个领域。

3.4.2 计算机仿真的适用范围

计算机仿真技术适用于解决以下几类问题。

（1）难以用数学公式表示的系统，或者没有建立和求解数学模型的有效方法。

（2）虽然可以用解析的方法解决问题，但数学的分析与计算过于复杂，这时计算机仿真可能提供简单可行的求解方法。

（3）希望能在较短的时间内观察到系统发展的全过程，以估计某些参数对系统行为的影响。

（4）难以在实际环境中进行实验和观察时，计算机仿真是唯一可行的方法，例如地铁脱轨的研究。

（5）需要对系统或过程进行长期运行比较，从大量方案中寻找最优方案。

3.4.3 计算机仿真技术的一般步骤

计算机仿真分析的一般过程如图3-1所示，可以概括为三个主要阶段：第一阶段是通过调查研究确定生产系统所要解决的主要问题，建立相应的概念模型，并对相关的系统运行规则、系统变量、系统元件关联关系等进行论证；第二阶段根据系统仿真所定义的问题收集与生产系统有关的数据（主要是指生产经营目标、工艺规划、设备数据等），然后对仿真模型进行初始化，并把这些数据作为仿真系统的输入运行，然后收集输出的数据和报表；第

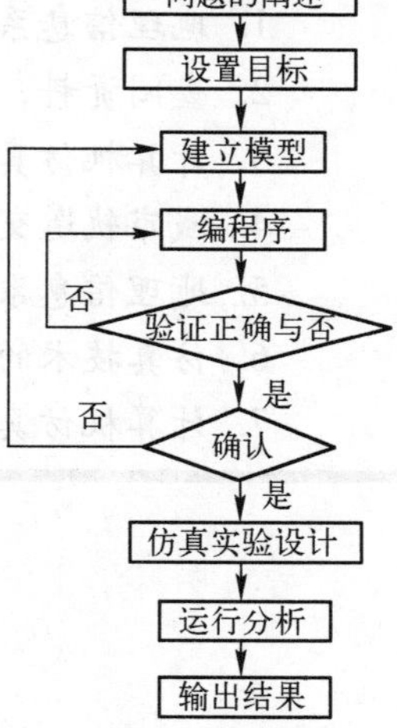

图3-1　计算机仿真技术的一般过程

三阶段主要是对仿真结果进行分析，为系统的设计和改善提供依据。

本章小结

地理信息系统（Geographic Information System，GIS）是一门集计算机科学、地理学、环境科学、空间科学、信息科学和管理科学为一体的新兴边缘学科，有时也称为资源与环境信息系统。

从GIS的定义可以看出，GIS包含有数据输入子系统、数据存储和检索子系统、数据操作和分析子系统以及进行输出显示的报告子系统。

智能视频监控（Intelligent Video Surveillance，IVS）技术源于计算机视觉（Computer Vision，CV）技术，它作为人工智能（Artificial Intelligent，AI）研究的一个分支是一项新兴的安防技术，有着广阔的发展前景。智能视频监控技术是指利用计算机视觉的方法，在不需要人为干预的情况下，通过对视频序列进行实时自动分析，实现对目标的定位、识别和跟踪，并在此基础上进行行为分析，以达到完成日常管理和对异常情况预警的目的。基本的智能视频监控系统主要由视频数据采集、视频数据编码、视频数据传输及视频数据分析处理和异常行为报警等部分组成。

计算机仿真技术（Computer Simulation Technology）是利用计算机科学和技术成果建立被仿真的系统模型，并在某些实验条件下对模型进行动态实验的一门综合性技术。它具有高效、安全、受环境条件的约束少、可改变时间比例尺等优点，已成为分析、设计、运行、评价、培训系统（尤其是复杂系统）的重要工具。

思考题

1. 地理信息系统的主要功能是什么？
2. 查阅资料，分析智能视频监控的应用与发展。
3. 计算机仿真技术的一般步骤有哪些？
4. 城市轨道交通运营安全保障的技术基础有哪些？
5. 地理信息系统的组成部分有哪些？
6. 仿真技术的特点是什么？
7. 计算机仿真的适用范围。

4 第4章 城市轨道交通运营安全保障系统

引　言

目前，我国内地已有十多个城市开通了城市轨道交通系统，先后有多个城市陆续上报了城市快速轨道交通建设规划，我国的城市轨道交通建设已经进入了快速发展时期。但城市轨道交通系统一般都处在地下或高架桥上的半封闭空间，国内外城市轨道交通安全事故时有发生，造成巨大的生命和财产损失，同时也会造成恶劣的社会影响，因此，建立科学可靠的安全保障系统是目前城市轨道交通建设的当务之急。本章从列车与运行控制系统、火灾自动报警系统、综合监控系统及城市轨道交通控制中心系统等方面加以介绍，力图使人们了解城市轨道交通安全保障系统，减少城市轨道交通安全事故的发生，使城市轨道交通真正服务于社会，造福于人类。

本章学习重点

1. 列车与运行控制系统（ATC）；
2. 火灾自动报警系统（FAS）；
3. 综合监控系统（ISCS）；
4. 城市轨道交通控制中心系统（TCC）；
5. 电力监控系统（SCADA）；
6. 乘客资讯系统（PIS）。

4.1 列车运行控制（ATC）系统

目前来说，世界各国的城市轨道交通信号系统都采用了列车自动控制系统（Automatic Train Control，ATC）。列车自动控制系统包括列车自动防护系统（Automatic Train Protection，ATP），列车自动监控系统（Automatic Train Supervision，ATS），列车自动运行系统（Automatic Train Operation，ATO）。

4.1.1 列车自动防护系统（ATP）

列车自动防护系统主要用于对列车驾驶进行防护，对于安全有关的设备或系统实行监控，实现列车间隔保护，超速防护等功能。ATP 的主要工作原理是将信息不断地从地面传到车上，从而得到列车当前允许的安全速度，以此来实现对列车的监督及管理。

城市轨道交通的一个显著的特点就是列车间隔时间短。目前大城市修建的地铁与轻轨，往往都提出 2 min（甚至是 90 s）的列车间隔要求。在如此短的列车间隔条件下，作为确保列车安全的信号系统已经不能以地面信号显示作为控制列车速度的主要手段，而必须有一个高度可靠地、连续不断地实现速度显示和速度监督的防护系统。ATP 系统在城市轨道交通中承担着确保行车安全的重要职责，是 ATC 系统中最重要的一环。在评价 ATP 系统时，总是把可靠性和安全性放在首位。

ATP 系统具有以下功能。

（1）自动连续地对列车位置进行检测，并向列车发送必要的速度、距离、线路条件等信息，以确定列车运行的最大安全速度。提供列车速度保护，在列车超速时提供常用制动或紧急制动，保证前行与后续列车之间的安全间隔，满足正向行车时的设计行车间隔和折返间隔。对反向运行列车能进行 ATP 防护。

（2）确保列车进路正确以及列车的运行安全；确保同一路径上的不同列车之间具有足够的安全距离，防止列车侧面冲撞。

（3）防止列车超速运行，保证列车速度不超过线路、道岔、车辆等规定的允许速度。

（4）为列车车门的开启提供安全、可靠的信息。

（5）根据联锁设备提供的进路上轨道区间运行方向，确定相应轨道电路发码方向。

（6）任何车——地通信中断以及列车的非预期移动（含退行）、任何列车完整性电路的中断、列车超速（含临时限速）、车载设备故障等均将产生安全性制动。

（7）实现与 ATS 的接口和有关的信息交换。

（8）系统自诊断、故障报警和记录。

（9）列车的实际速度、推荐速度、目标速度、目标距离等信息的记录和显示。具有人工或自动轮径磨耗补偿功能。

4.1.2　列车自动运行系统（ATO）

列车自动运行系统主要实现“地对车的控制”，即用地面信息实现对列车驱动、制动控制。由于使用 ATO，列车可以经常处于最佳运行状态，避免过于剧烈的加速和减速，因此可以显著的提高旅客的舒适度，提高列车的准点率及减少轮轨磨损。通过与列车自动再生制动配合，还可以节约列车能耗。此外，ATO 还可以缩短列车间隔，提高线路利用率和行车安全可靠性。

ATO 系统主要具备以下功能。

（1）自动完成对列车的启动、牵引、巡航、惰行和制动控制，以较高的速度进行追踪运行和折返作业，确保达到设计间隔及运行速度。

（2）在 ATS 监控范围的入口及各站停车区域（含折返线、停车线）进行车——地通信，将列车有关信息传送至 ATS 系统，以便于 ATS 系统对在线列车进行监控。

（3）控制列车按照运行图进行运行，达到节能及自动调整列车运行的目的。

（4）ATO 自动驾驶时实现车站站台定点停车控制、舒适度控制及节省能源控制。

（5）根据停车站台的位置及停车精度，自动对车门进行控制。

（6）与 ATS 和 ATP 结合，实现列车自动驾驶、有人或无人驾驶。

4.1.3　列车自动监控系统（ATS）

列车自动监控系统主要是实现对列车运行的监督，辅助行车调度人员对全线列车运行进行管理。它可以显示全线列车的运行状态，监督和记录运行图的执行情况，为行车调度人员调度指挥和运行调整提供依据。如列车偏离运行图时及时做出反应等。通过 ATO 接口，ATS 还可以向旅客提供运行信息通报，包括列车到达时间、出发时间、列车运行方向、中途停靠点信息等。

ATS 系统能够实现以下基本功能。

（1）通过 ATS 车站设备，能够采集轨旁及车载 ATP 提供的轨道占用状态、进路状态、列车运行状态以及信号设备故障等控制和监督列车运行的基础信息。

（2）根据联锁表、计划运行图及列车位置，可自动生成输出进路控制命令，并传送至车站联锁设备，设置列车进路、控制列车停站时分。

（3）列车识别跟踪、传递和显示功能。系统能自动完成正线区段内列车识别号（服务号、目的地号、车体号）跟踪。列车识别号可由中央 ATS 自动生成或调度员人工设定和修改，也可由列车经车——地通信向 ATS 发送识别号等信息。

（4）列车计划与实际运行图的比较和计算机辅助调度功能。能根据列车运行实际的偏离情况，自动生成调整计划供调度员参考或自动调整列车停站时分，控制发车时间。

(5) ATS中央故障情况下的降级处理，由调度员人工介入设置进路，对列车运行进行调整，由ATS车站完成自动进路或根据列车识别号进行自动信号控制，由车站人工进行进路控制。

(6) 在计算机辅助下完成对列车基本运行图的编制及管理，并具有较强的人工介入能力。通过设在车辆段的终端，向车辆段管理及行车人员提供必要的信息，以便编制车辆运用计划和行车计划。

(7) 列车运行显示屏及调度台显示器，能对轨道区段、道岔、信号机和在线运行列车等进行监视，能在行调工作站上给出设备故障报警及故障源提示。

(8) 能在中央专用设备上提供模拟和演示功能，用于培训及参观。能自动进行运行报表统计，并根据要求进行显示打印。

(9) 能在车站控制模式下与计算机联锁设备结合，将部分或所有信号机置于自动模式状态。

(10) 向无线通信、广播、旅客向导系统提供必要的信息。

4.1.4 ATC系统的分类

ATC系统按闭塞布点方式可分为固定式和移动式。固定闭塞方式中按控制方式又可分为速度码模式（台阶式）和目标距离码模式（曲线式）。

1. 固定闭塞ATC系统

固定闭塞ATC系统是指基于传统轨道电路的自动闭塞方式，闭塞分区按线路条件经牵引计算来确定，一旦划定将固定不变。列车以闭塞分区为最小行车间隔，ATC系统根据这一特点实现行车指挥和列车运行的自动控制。固定闭塞ATC系统又可分为速度码模式和目标距离码模式。

1) 速度码模式（台阶式）

如北京地铁和上海地铁一号线分别引进的英国西屋公司和美国GRS公司的ATC系统均属此类系统，该系统属20世纪70—80年代的产品，技术成熟、造价较低，但因闭塞分区长度的设计受限于最不利线路条件和最低列车性能，不利于提高线路运输效率。固定闭塞速度码模式ATC是基于普通音频轨道电路，轨道电路传输信息量少，对应每个闭塞分区只能传送一个信息代码，从控制方式可分成入口控制和出口控制两种，从轨道电路类型划分可分为有绝缘和无绝缘轨道电路两种。

以出口防护方式为例，轨道电路传输的信息即该区段所规定的出口速度命令码。当列车运行的出口速度大于本区段的出口命令码所规定的速度时，车载设备便对列车实施惩罚性制动，以保证列车运行的安全。由于列车监控采用出口检查方式，为保证列车安全追踪运行，需要一个完整的闭塞分区作为列车的安全保护距离，限制了线路通过能力的进一步提高和发挥。能提供此类产品的公司有：英国WSL公司、美国GRS公司、法国ALSTOM公司、德国SIEMENZ公司等。

2）目标距离码模式（曲线式）

目标距离码模式一般采用音频数字轨道电路或音频轨道电路加电缆环线或音频轨道电路加应答器，具有较大的信息传输量和较强的抗干扰能力。通过音频数字轨道电路发送设备或应答器向车载设备提供目标速度、目标距离、线路状态（曲线半径、坡道等数据）等信息，车载设备结合固定的车辆性能数据计算出适合于列车运行的目标距离速度模式曲线（最终形成一段曲线控制方式），保证列车在目标距离速度模式曲线下有序运行。这不仅增强了列车运行的舒适度，而且列车追踪运行的最小安全间隔缩短为安全保护距离，有利于提高线路的通过能力。如上海地铁二号线引进美国US&S公司的ATC系统、明珠线引进法国ALSTOM公司的ATC系统、广州地铁一、二号线引进德国西门子公司的ATC系统均属此类。

2. 移动闭塞ATC系统

移动闭塞方式的ATC系统通常采用无线通信、地面交叉感应环线、波导等媒体，向列控车载设备传递信息。列车安全间隔距离是根据最大允许车速、当前停车点位置、线路等信息计算得出，信息被循环更新，以保证列车不间断收到即时信息。

移动闭塞ATC系统是利用列车和地面间的双向数据通信设备，使地面信号设备可以得到每一列车连续的位置信息，并距此计算出每一列车的运行权限，动态更新发送给列车，列车根据接收到的运行权限和自身的运行状态，计算出列车运行的速度曲线，实现精确的定点停车。实现完全防护的列车双向运行模式，更有利于线路通过能力的充分发挥。

目前国外能提供和应用移动闭塞ATC系统的公司有：阿尔卡特公司交叉感应电缆作为传输媒介的ATC系统，在加拿大温哥华“天车线”和香港KCRC西部铁路等应用。它的技术比较成熟，但交叉感应轨间电缆给线路日常养护带来不便。美国哈蒙公司基于扩频电台通信的移动闭塞应用在旧金山BART线，其系统结构、系统运用尚不成熟。阿尔斯通公司基于波导传输信息的移动闭塞正在新加坡西北线试验段安装调试。

4.2

环境与设备监控（BAS）系统

城市轨道交通具有高速、安全、准时和载客量大的特点，是现代城市解决交通拥塞最有效的手段。城市轨道交通车站及沿线分布着众多各类机电设备，他们为城市轨道交通的安全运营和营造舒适的乘车环境提供了保证。但由于机电设备种类和数量众多，分布广，控制要求复杂，加之地下环境恶劣，因此需要用一套专门的监控系统，采用现代计算机控制和网络技术对城市轨道交通车站的隧道通风系统、空调通风系统、空调水系统、车站给排水系统、车站照明系统、电扶梯系统和车站导向标志系统等机电设备进行自动化管理和控制，通过优化控制实现城市轨道交通的安全高效运行。这套系统就是城市轨道交通环境与设备监控系统，即BAS（Building Automation System）系统。

为统一规范系统命名，明确系统范围和功能，2003年5月，国家质量检验检疫总局和建设部联合发布了国家标准——《地铁设计规范》（GB 50157—2003），标准中对BAS系统的定义为："BAS是对地铁建筑物内的环境与空气条件、通风、给排水、照明、乘客导向、自动扶梯及电梯、屏蔽门、防淹门等建筑设备和系统进行集中监视、控制和管理的系统"。

4.2.1 BAS系统的功能

BAS的控制范围包括车站空调通风及防排烟系统，区间隧道通风及防排烟系统等环控系统及地铁建筑附属机电设备等。

一般来说，地铁BAS由两级（中央级和车站级）管理体系组成，实现三级（控制中心、车站控制室和就地控制面板）控制功能，监控、管理车站和区间隧道的机电设备。按设置功能、系统运行工况、地铁环境标准等要求进行自动化管理，实现程序自动、实时、定时控制开启和关停，监视设备运行状态；采集和处理有关信息，进行运营历史资料管理，检测环境参数和调节环境的舒适度，为地铁乘客创造舒适和安全的乘车环境；正常情况下实现被控对象的节能优化运行，在列车阻塞和火灾等灾害情况下，接受并优先执行防灾报警系统指令，调度相关设备按预定模式运行，创造人员安全撤离必要的环境条件。

BAS完成对车站设备的检测与控制，对设备故障进行检测和报警，接受控制中心发布的监控指令，执行控制中心指定的运行模式，可修改运行参数，自动调整运行工况。车站系统受控于控制中心，但当公共信息网故障时，车站系统可独立运行。接受FAS发送的救灾命令，启动相应火灾运行模式。接受ATC发送的列车阻塞信息，由车调人员确认后，启动相应阻塞运行模式。BAS在满足环境舒适度和功能要求的条件下，实现节能运行。

1. 中央控制中心BAS功能

中央控制中心BAS的主要功能如下。

（1）监视全线各车站各个设备的运行状态并控制设备的运行。

（2）与ATC、GPS等系统进行通信。

（3）存储并处理历史信息。

2. 车站BAS主要功能

车站系统正常运行时受控于中心主控级，在全线系统网络故障时，具备离网独立工作的能力。其主要功能如下。

1）监视功能

① 监视和记录车站、区间各系统受控设备的运行状态及参数。

② 监视和记录车站典型区域测试点的温度、湿度和室外温度、湿度等环境参数。

③ 对风机设备、水垒设备、供水设备、空调设备、PLC设备、给排水设备、扶梯设备、照明设备、导向设备进行实时状态显示，包括设备良好运行情况、流向、走向、名称、布局信息。

2）控制与调节功能

① 车站控制系统具有PID调节控制、逻辑控制和模式控制功能。

② 对车站及所辖区间隧道内的所有被控设备进行有效控制。

③ 对所有被控设备实现单独控制、程序控制和各种模式手动/自动控制。

④ 控制器根据环境参数对空调系统设备进行运行工况的转换，并进行最优化控制，达到节能运行的目的。

3）报警处理功能

① 将车站被控设备运行状态、报警信号及测试点数据及时送至控制中心，并接受中央级的各种监控指令和运行模式。

② 接受车站级FAS的指令，控制车站通风空调及相关设备转入灾害模式下运行，并向FAS反馈执行信息。

③ 当监控站出现故障时，可以通过IBP控制通风排烟设备按灾害模式运行。

④ 车站BAS监控工作站具有声光报警、报警画面自动弹出、报警确认和报警处理等功能。

4）统计分析功能

BAS系统可以对车站的每个设备的信号趋势做统计分析，以点线图的形式表示，例如对温度、湿度、回水压力等进行统计分析。

3. 就地级设备主要功能

就地级控制器通过车站控制网与车站控制机通信，接收控制指令并对现场设备进行就地控制，满足设备的现场调试要求，同时将设备运行状态和参数传送到车站控制机。

就地级控制器（模块箱、远程I/O箱）与被控设备、传感器和执行器连接，实现状态信息的采集、监视和控制信号的传输。

4.2.2 BAS系统的结构

一般来说地铁BAS由设置在控制中心的中央级监控系统、设置在车站控制室的车站级监控系统、以及就地级监控设备形成的三级监控管理系统组成。

系统的网络结构分为车站监控系统局域网、地铁主干通信网和控制中心局域网。车站局域网与控制中心局域网均采用冗余的高速以太网，局域网之间通过主干网进行数据和命令的传输。

车站监控系统由车站控制室BAS监控设备、监控局域网、分布于现场的模块箱、I/O箱组成车站级的分散控制结构，为适应车站环境，车站监控系统亦采用两级网络。

（1）利用通信交换机设备，形成的以太双环网，将车站监控工作站、分散安装于车站两端环控电控室、照明配电室的控制站连接起来，作为车站级的监控主干网。

（2）利用现场控制网，将环控电控室、照明配电室的控制站与通风机房、区间及出入口的I/O站连接起来，形成现场级的控制网络。

（3）由于多数现场站均设置CPU处理器，因此可以真正形成一个集散型控制系统

(DCS)，分解控制任务、降低控制风险并有效地将故障隔离在小范围内。

4.3 电力监控（SCADA）系统

城市轨道交通电力监控系统主要是对城市轨道交通全线各类变配电所、接触网等电力设备运行情况进行分层分布远程实时监视和控制，处理供变配电系统的各种异常事故及报警事件，保障系统的正常运行，同时提升供变配电系统调度、管理及维修的自动化程度，提高供电质量，保证系统安全、可靠地运行。

4.3.1 系统的构成

城市轨道交通电力监控系统经过多年的实践，单条线路基本上按照两级管理、三级控制方式进行使用和管理，与之相适应的监控系统架构考虑城市轨道交通的地域分布特点，监控系统采用分层分布的结构体系。分层分布系统架构在监控系统中属于大型复杂系统的系统结构，适用于跨地域、多层次、分级别的大型自动化系统，这种结构既满足目前城市轨道交通的电力应用需求，也满足今后城市轨道交通横向规模综合和纵向应用综合的两度应用发展对支持系统的基础架构要求。

两级管理分别是中央级和车站级，三级控制分别是中央级、车站级和现场级。它们之间既相互联系又相对独立，分层分布原则确保了层次间的相对独立性，有效分解了系统的复杂度，提升了系统的可实施性；冗余和动态分布原则极大提升了系统的并行度，结合多种软硬件隔离和抗干扰措施，软件支持 $1+N$ 冗余调度，实现系统高可用性。

1. 主站

主站一般设置在城市轨道交通控制中心大楼内。主站系统采用计算机网络技术，客户机服务器模式，主从网络节点方式。配置服务器、调度工作站、系统维护工作站、前置通信处理、行调显示终端设备，设置实时数据、程序、统计报表、画面拷贝等打印机及实时监控供电系统概况的模拟盘或投影仪等设备，重要设备冗余设备，以提高系统可靠性。系统还配备保证系统不供电的不停电电源装置。

系统采用开放式局域网结构，网络系统符合国际网络互联网标准，软硬件采用国际流行、标准化、通用性强的产品。因此，这不仅有利于网络的发展，而且支持网际互联，为将来与各种网络系统及其他所需系统联网，提供了方便。

2. 被控站

被控站设在主变电所，牵引降压混合所，降压变电所。变电所采用分层分布式变电所综合自动化系统，主要有站级管理层设备，所内现场通信网络、间隔设备层单元组成，完成对变电所机器范围内供电设备的保护、控制、信号、测量和自动装置、远程通信的功能。

3. 数据传输通信通道

系统采用通信专用配置的专用数据传输通道，通道结构一般采用点对点式结构。

4. 监控对象

监控对象分为遥控对象、遥信对象和遥测对象。

1）遥控对象

① 主变电所、牵引变电所、降压变电所内 10kV 及以上电压等级的断路器、负荷开关及电动隔离开关。

② 牵引变电所的直流快速断路器、直流电源总隔离开关、降压变电所的低压进线断路器、低压母联断路器、三级负荷低压总开关。

③ 接触网电源隔离开关。

④ 有载调压变电器的调压开关。

2）遥信对象

① 遥控对象的信号位置。

② 高中压断路器、直流快速断路器的各种故障跳闸信息。

③ 变压器、整流器的故障信号。

④ 交直流电源系统的故障信号。

⑤ 降压变电所低压进线断路器、低压母联断路器的故障信号。

⑥ 钢轨电位限制装置的动作信号。

⑦ 预告信号。

⑧ 断路器手车位置信号。

⑨ 无人值班变电所的大门开启信号。

⑩ 控制方式。

3）遥测对象

① 主变电所进线电压、电流、功率、电能。

② 变电所中压母线电压、电流、功率、电能。

③ 牵引变电所直流母线电压。

④ 牵引整流机组电流、电能、牵引馈线电流、负极柜回流电流。

⑤ 变电所交直流操作电源的母线电压。

4.3.2　系统的功能

城市轨道监控应用中心系统通常采用主备冗余系统，它对全线重要监控对象的状态、性能数据进行实时收集和处理，通过各种调度员工作站以图形、图像、表格和文本的形式显示出来，供调度人员控制和监视。同时系统根据一定的逻辑关系自动向分布在各站点的被监控对象或系统发送模式、程控、点控等控制命令，由调度员人工发布控制命令，从而完成对全线供电设备集中监控和调度管理，确保轨道交通的供电质量和供电安全。

车站级电力监控系统对本站供电设备监控对象的状态、性能数据进行实时收集和处理，当中心系统或通信网络发生故障时，该系统可对车站范围内的供电设备进行控制，形成多级冗余。

现场级测控设备与监控系统的中心和车站级均有通信接口。它们位于各监控对象附近，起接口转换、信息采集、传送、汇聚、命令接收、执行和反馈作用。通常采用工业控制网络或现场总线，分散控制结构，自律式控制器保证系统的安全可靠。现场级测控设备通常设置当地/远方功能，为系统的现场维护调试和特殊情况提供现场操作选择。

4.3.3　系统的结构

1. 硬件结构

一般来说，轨道交通供电监控系统分为三大块：设在控制中心的中央电力调度系统、各变电所内的变电所综合自动化系统及通信通道三大部分。大多采用如图 4-1 所示的硬件结构。

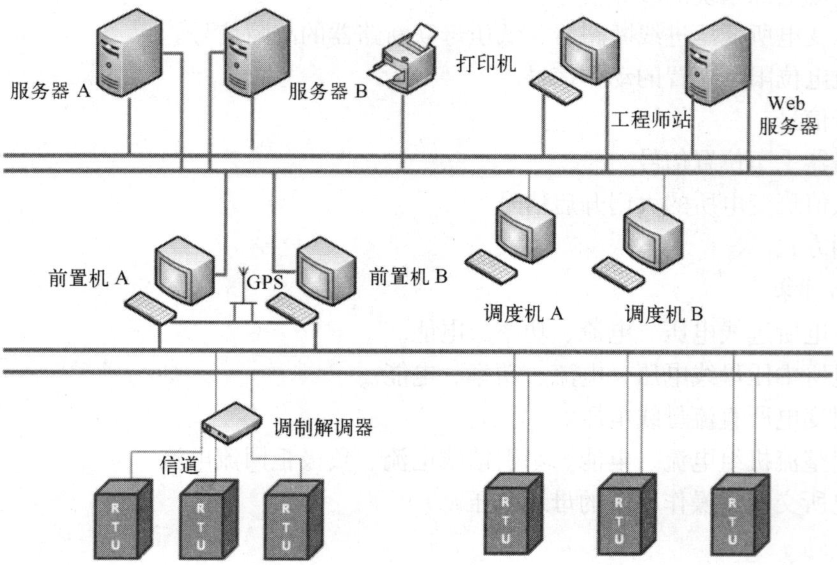

图 4-1　SCADA 系统硬件结构

系统由前置网、后台实时网组成。前置机和现场 RTU（Remote Terminal Unit，远程终端服务器）都连接在实时数据网上。历史服务器、Web 服务器、操作员站、工程师站共用一个后台高速以太网（Ethemet）。

早期采用国外进口的SIEMENS公司的系统，也采用了类似的架构，只是在服务器功能分配上和国内公司的SCADA产品有所不同，它考虑到成本问题，而采用了相对简化的系统架构，但本质上没有什么不同。

2. 软件结构

两台互为热备用的前置机挂在前置网上，构成前置数据采集系统，负责与远方RTU通信，进行规约转换，并直接挂接在实时网上与后台系统进行通信。随着TCP/IP技术和通信技术的发展，现在大多采用具有网络接口的RTU设备直接挂接在前置网上。

实时网组成后台系统，负责与前置数据采集系统通信，完成SCADA的后台应用。根据职责和功能的不同，实时网上可以配置系统维护工作站、调度工作站等，各类工作站的数目可依据实际需要进行配置。另外在实时网上配置了一个WEB服务器，用户通过它可以实现对实时网上数据和画面的浏览。

商用关系数据库系统（Oracle或Sybase）安装在后台服务器上，采用多客户（主、备）-服务器模式，数据库服务器节点由一主一备构成，以提高系统数据的安全性和可靠性。当一台出现故障时，另一台数据库马上接管全部服务。很多情况下，可以采用第三方的cluster集群软件，保证两台服务器的无缝切换，无信息的丢失。SCADA的历史数据库和系统参数数据库使用商用数据库。

为满足实时性的要求，在前置机上安装实时数据库。利用实时库的快速反应性能，对实时数据进行处理。实时数据库、商用数据库之间相互独立，通过软件数据总线实现数据联结，使系统满足调度自动化实时性的要求，同时也充分利用了商用数据库的数据管理能力；两个数据库之间的数据冗余，提高了数据处理的可靠性。数据库访问语言采用满足ANSI标准的SQL查询语言和C/C++语言函数API接口。

4.4 火灾自动报警（FAS）系统

地铁火灾报警系统主要由设置在沿线各车站、区间隧道、控制中心大楼、停车场、主变电站等与地铁运营有关建筑与设施的火灾报警系统设备以及相关的网络设备和通信接口组成，一般由中央级和车站级二级系统组成，采用控制中心的中控级和车站级二级监控管理方式。

4.4.1 FAS系统构成

1. 地铁全线FAS系统构成

地铁FAS系统按两级（中央、车站）管理三级（中央、车站、就地）控制设置全线系统。FAS 系统作为二级管理系统，由设置在 OCC 的环调工作站、车辆段的维修工作站和设置在各车站车控室、车辆段和主变电所等地的消防控制室的火灾自动报警系统及联系两系统的通信网络构成。

车站级火灾自动报警系统采用专用火灾报警控制盘。FAS 系统作为三级控制系统，第一级为中央级，是整个 FAS 集中监控中心，设置于全线控制中心大楼内；第二级为车站级，是 FAS 系统基本结构单元，设置于各车站的综控室以及车辆段等的消防值班室，第三级为现场就地控制级。

2. 中央级系统构成

中央级作为 OCC 管理全线火灾报警系统网络控制工作站，是整个系统的设备、管理和控制中心。它能实现对全线 FAS 系统和联动设备等的完全监视和控制，中央级通过图形和文字方式对全线各站 FAS 系统的智能探测器、手自动转换开关、监视模块、控制模块等设备的报警、故障、屏蔽、复位、反馈、控制等信息进行实时监视和处理。通过中央级工作站实现直接屏蔽、复位设备点、读取智能探测器工作参数、启动/停止联动控制设备等功能。

在中心调度大厅内设置一套火灾自动报警控制器（网络型）、一套互为备用的图形工作站。在控制中心大楼机房内设置主备服务器（视不同品牌的设备而定）、交换机等设备；火灾自动报警控制器（网络型）通过网络接口与全线火灾自动报警网络相连，作为网络的一个节点与各车站级火灾报警控制器（联动型）保持通信。工作站采用主、备机同时在线工作，并互为监视形式。平时备机同样接收并存储网络信息，当主机失效时，备机能无间断替代主机工作，并保持系统记录。FAS 控制中心控制器和图形工作站应预留一定的余量。

中央级设有联动控制台、防灾广播与电视监视切换装置以及防灾调度电话总机、与市消防、防汛、地震预报中心联系的外部电话等，并设置打印机、与相关系统接口等设备。在车辆段设 FAS 维修检测工作站，除具有维修功能外，还具有与系统管理工作站相同的功能。

3. 车站级系统构成

车站火灾报警控制器、图形显示终端、和本管辖区域内的各种探测器、手动报警按钮、电话插孔、消防专用电话、控制联动设备、信号输入和信号输出模块等现场设备构成车站控制级火灾自动报警系统。

车站级（含控制中心大楼）在各车站、控制中心大楼等消防设备室设火灾报警控制器，能对其所辖范围独立执行消防监控管理；其管辖范围除车站外，还包括车站相邻的区间隧道和隧道中间风井。区间隧道和隧道中间风井的火灾报警以区间中心里程为分界点分别纳入紧邻的车站火灾自动报警系统。中间风井并接入相邻车站回路，由车站火灾报警控制器实施报警和联动控制。

车辆段和停车场信号楼控制室设置火灾自动报警器，作为车站级的火灾自动报警系统控制器，并与全线火灾自动报警系统直接联网。视车辆对区域的规模，在车辆段综合楼、运行库的消防控制室或值班室再设置区域火灾报警控制器。附近建筑的火灾报警设备和联动设备均纳入相邻的区域火灾报警控制器中。信号楼、混合变电所、综合楼、检修库及材料总库、运行库联合车库等设备用房及管理用房设置各类探测器。火灾自动报警控制器、图形显示终端、区域火灾报警控制器及管理范围内的所有现场设备共同构成车辆段火灾自动报警系统。

主变电所视站内火灾工况的要求，设置联动型火灾报警器或区域火灾报警器。联动型火灾报警器可作为车站级的火灾报警控制器，并与全线火灾自动报警系统直接联网；区域火灾报警器应接入主变电所相邻车站的火灾报警控制器。区域火灾报警器将主变电所的报警、状态、联动信息按点实时送至车站级火灾报警控制器，再由车站控制级送至控制中心中央级。主变电所区域火灾报警控制器与管辖范围内的各类探测器、手动报警按钮、输入输出模块等现场设备构成主变电所火灾自动报警系统。

换乘车站的火灾自动报警系统，根据车站的共享功能，一般按照一个完整车站，由先行建设的线路，按照整体的环控工艺和火灾联动工况，进行一次系统设计，分阶段实施。本阶段的火灾自动报警控制器应预留与其他线路中央和车站系统的通信接口，以实现信息交换。同时，在共享车站上其他线路需要联动控制时，接受其他线路中央的控制指令，执行相应的火灾工况。之后建设线路在本站部分火灾自动报警系统，由后建线路自行购置，并完成接入本车站火灾自动报警控制器和原来线路的中央系统。

4. 现场级设备构成

各站级火灾报警控制器的下级布设了覆盖范围广、数量庞大的就地级设备，用以及时探测火灾灾情，及时联动相应设备运行到火灾模式。

现场级 FAS 系统主要包括以下设备。

(1) 各类火灾探测器。智能化光电感烟探测器、红外光束感烟探测器、感温探测器、红外火焰探测器、可燃气体探测器和线性感温电缆等，用来实现现场火灾的报警，及时发现火情。

(2) 监测及控制模块。用于对各设备运行状态的检测、报警检测及对各消防设备的控制。

(3) 手动火灾报警按钮、消防电话分机及电话插孔。用于现场人员的人工报警及消防通信。

(4) 警铃及声光报警器。火灾时发出火灾报警。

(5) 消防广播。发布火灾信息，组织现场救灾工作及疏散人群。

4.4.2　系统的主要功能

1. 中央级 FAS 系统功能

FAS 中央级系统负责对地铁全线各车站、主变电所、车辆段、停车场、控制中心大楼的灾情监视、防灾设备的管理和灾害时的组织指挥工作，侧重于上层的救灾指挥和协调功能。

具体功能如下。

（1）监视全线火灾自动报警系统设备的运行状态、接收全线各车站、主变电所、车辆段、停车场、控制中心大楼的火灾报警信息。当发生火灾报警信号时，以地图式画面在综合显示屏上显示报警点、打印报警时间、地点并启动火灾报警的声光报警信号。

（2）记录显示全线所有消防设备的运行状态；当被控设备故障或状态变化时，应发出声音提示并打印、记录所发生的时间、地点。

（3）可对系统、设备、网络进行自检记录，包括设备的离线自动报警、网络的故障报警、存储操作人员的各项操作记录。

（4）存储、打印实时故障等其他各项记录。

（5）可以将历史记录等报告内容进行整理归纳并存储到磁盘，也可随机形成报表打印。

（6）具有可操作权限时，应对各站的控制器进行在线编辑和程序下载功能，修改现场的参数。

（7）火灾自动报警系统可通过相关接口，将火灾信息发送到信号系统。

（8）控制中心级可通过操作电视监控系统（CCTV）的键盘和显示终端确认或在现场的情况。根据火灾的实际情况，向有关区域发出消防救灾指令和安全疏散指令，并通过通信工具来组织指挥救灾工作的开展。火灾工况具有优先权。

（9）控制中心火灾自动报警系统能就收有通信系统提供的主时钟信息，使火灾自动报警系统与主时钟同步。

2. 车站级 FAS 系统功能

（1）监视车站及所辖区间的消防设备的运行状态；接收车站及所辖区间火灾报警及重要系统的报警，并显示报警部位。

（2）接收车站火灾报警信号，显示报警部位，优先接收控制中心发出的消防救灾指令和安全疏散指令。

（3）通过车站的火灾报警控制盘内 RS485 数据接口向机电设备监控系统发出模式指令，由机电设备监控系统启动消防联动设备。FAS 系统发出救灾命令到机电设备监控系统的时间不大于 1 s。

（4）设在车站控制室的火灾报警控制盘内设消防电话，可与车站的消防电话通信。

（5）火灾报警控制盘接收气体灭火系统的 5 个反馈信号，火灾预报警信号、火灾确认信号、系统故障信号、气体释放信号、手动/自动状态信号。

（6）监视车站防火阀的动作，并将信息上传至控制中心。

（7）控制防火卷帘下降，接收其反馈信号，并将信息上传至控制中心。

（8）接收消火栓泵运行信号及故障信号，并按编制的程序控制消火栓泵的启停。

4.4.3　系统的网络结构

根据火灾自动报警系统基本的结构要求和设计形式，火灾自动报警系统按照所采用的火灾探测器、各种功能模块和手报等与火灾控制器的连接方式，可分为多线制和总线制两种应用形式；根据火灾报警控制器进行火灾检测数据的处理和实现火灾模式识别方式的不同，分为集中智能型和分布智能型两种系统应用形式，按各个生产厂的系统实际产品形式，分为中控机、主子机和网络通信系统应用形式。

目前，地铁 FAS 系统采用的多为总线制分布智能型的网络通信系统，站级 FAS 系统是整个地铁 FAS 系统的最基本组成单元，负责本站范围内的火灾探测及消防联动等功能，它是全线 FAS 网络的一个节点单元，通过车站综合控制室火灾报警控制主机（FACP 盘）纳入到全线网络，由控制中心统一管理。

4.4.4　系统的运作模式

系统的运作模式包括监视模式与报警模式。

1. 监视模式

在正常状况下，火灾报警控制器及车站现场设备处于监视状态，车站图形显示终端显示车站各防火分区，防烟分区的平面布置图和车站现场设备状态。

2. 报警模式

报警模式包括自动确认模式、人工确认模式及消防联动模式。

1）自动确认模式

任何一个报警区域，如有一个智能火灾探测器报警，同时有一个手动报警按钮报警，或者两个或两个以上的智能火灾探测器报警，则火灾自动报警系统自动确认报警。火灾确认后，火灾自动报警控制器发出指令、控制相关消防设备并发送指令至设备监控系统，设备监控系统接收并执行指令，按照预先设置的程序使相应的设备投入火灾工况模式运行，指令执行完成之后给火灾自动报警系统一个反馈信号，并传送至控制中心。

2）人工确认模式

如果报警区域为电视监控系统可以监控的区域，可由车站控制室的值班人员将电视监控系统切换到报警区域并确认，如果监视系统监视不到报警区域，则值班人员通过通信工具通知现场值班人员到现场进行确认。经人工确认火灾后，人工启动火灾报警系统进行消防联动，并发送指令至设备监控系统，设备监控系统接收并执行指令，按照预先设置的程序使相应的设备投入火灾工况模式运行，指令执行完成之后给火灾自动报警系统一个反馈信号，并传送至控制中心。

3）消防联动模式

消防联动模式是火灾自动报警系统自动实现火灾探测，火灾报警功能，控制和监视火灾时的排烟、排烟防火阀的动作状态，控制相关消防设施的联动，接受其状态反馈信号，并将信息上报至控制中心。火灾时，火灾自动报警控制器发出指令至设备监控系统，设备监控系统接收并执行指令，按照预先设置的程序使相应的设备投入火灾工况模式运行，火灾自动报警系统指令具有最高的优先级。

4.5 综合监控（ISCS）系统

目前城市轨道交通系统各专业按照自身技术特点，不同程度的应用了计算机技术、网络技术，以实现城轨交通的运营和监控自动化，如电力监控自动化系统（SCADA）可使调度中心实时掌握各个变电站、供电所设备的运行情况，直接对设备进行操作；机电设备监控自动化系统（EMCS）实现整条线路站内机电设备 的集中监控和管理等。火灾自动报警系统（FAS），列车运行自动监控系统（ATS）等也对城市轨道交通系统的自动化和安全起着重要的作用。每个系统之间都是相互联系、相互依赖的，但是事实上每个系统由于各自的特点、不同的安全需要、数据冗余的不同，使各系统都是自成体系的，有各自独立的网络结构、服务器和操作站等，是一个个的自动化孤岛。系统之间的联络比较困难且成本较高，难于实现信息互通、资源共享，要实现地铁运营的协调统一管理，不得不加入人工干预，这样就降低了可靠性、响应性和运营效率。于是，在这样的背景下，提出了面对城市轨道交通的综合监控系统（Integrated Supervision Control System，ISCS）。

4.5.1 综合监控系统结构

城市轨道交通综合监控系统建设的目的是将 SCADA、BAS、FAS 及 ATS 等 系统的功能集于一体。如综合监控系统不仅具有对变电所全所的自动控制、保护功能和对供电设备、车站设备、防火设备等的遥控、遥信、遥测、遥调的功能，而且采取计算机综合监控系统技术，实现相关信息和资源的共享及调度、办公自动化，保证所有监控系统的高效性和紧急事件处理得及时准确。

在城市轨道交通系统现场，各监控系统的控制管理特点基本类似，都是分级控制的：或采用两级控制；或采用三级控制的总体结构。综合监控系统作为各个 系统的信息枢纽，在构建时必须依据现场分级控制的实际情况。为了充分发挥系统的功能和便于系统的管理、维护，将综合监控系统分为中央级与车站级两级管理模式。

中央级综合监控系统位于综合监控中心，直接与各个业务子系统监控中心及车站级综合监控系统相联系，所涉及的交通信息资源来自各个子系统的监控中 心和车站级综合监控系统。数据粒度比较粗，信息资源一般属于较高层次的决策支持的信息，对于细节性数据主要由车站级综合监控系统来组织、存储、处理和 挖掘等。

车站级综合监控系统直接集成车站级各监控系统的信息，使全站的各个系统成为有机整体，并为新建系统提供开放的接口。与中央级综合监控系统互通信息，把收集到的车站中的实时信息传送到中央级综合监控系统，从中央级综合监控平台的集成数据库中读取本系统所需的其他系统数据，并接收中央级综合监控系统的指令和请求。如图 4-2 所示。

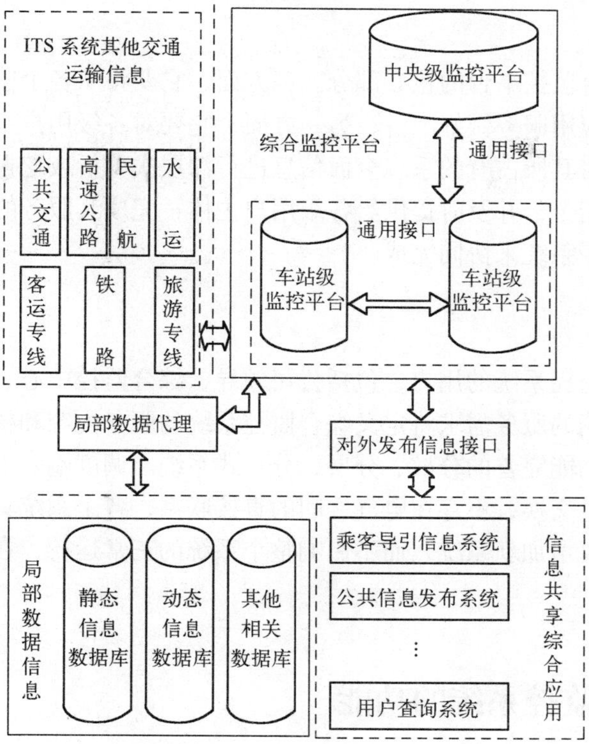

图 4-2　综合监控系统方案示意图

两级综合监控系统虽然涉及的信息内容和系统功能有所不同，但它们的结构是大体相同的。其中车站级综合监控系统是整个综合监控系统的基础。鉴于车站级综合监控系统的重要性，本书在描述综合监控系统的功能模块和具体实现时，重点描述车站级的综合监控系统。

车站级综合监控系统建立在城轨交通监控调度系统相关信息的数据标准层之上，使用符合国际和国家相关标准的数据规范，确保系统为各应用系统提供数据交换的机制和手段；整合不同监控应用系统的监控资源，并对其进行集成、融合和加工处理，成为能够为城市轨道交通综合监控指挥的信息；为部门或公众提供满足交通诱导服务的指挥调度信息，实现各个监控应用系统的无缝连接。城轨综合监控系统包括数据层、系统层、应用层和表示层 4 个层次的主要内容。

1. 数据层

数据层是综合监控系统最基础的一层。包括与原有监控子系统之间的信息接口及一个对数据进行初步存储的数据库服务器。

2. 系统层

系统层是城轨交通综合监控系统的支撑环境，位于数据层之上，是应用需求中逻辑部分的详细表达，它提供数据仓库支撑环境和界面整合工具等，是应用和数据共享的中间环节。

3. 应用层

应用服务层是综合监控平台的核心部分。一方面，它要将从各个监控子系统中提取的信息进行二次处理，为应用服务做好准备；另一方面，它要对各级用户主体的服务需求做出响应，同时可以主动地对其所占有的系统全面信息进行深层次分析或挖掘，提出适合于不同用户主体的服务信息或指令，并及时提供给各级用户主体，完成其服务的功能，其主要由若干个支撑、服务、管理子系统来协同完成。

4. 表示层

表示层面向综合监控系统的用户，包括公司领导、综合监控中心、各监控子系统操作人员及专业人员等，他们的服务需求将定义综合监控系统的服务内容和核心过程。

整个系统是一个功能完善的分散、分层、分布式系统。调度端、工作站、服务器等间隔终端之间只有通信信息交换，不存在电气之间的直接联系，各个系统具有高度的自治性。可以根据系统的实际需要增加新系统，而不影响整个系统的正常运行，在改扩建系统时可以减少工程投资。

4.5.2　综合监控系统的功能

1. 基础数据管理功能

监控平台需要集成现有 SCADA 系统、BAS 系统、FAS 系统、CCTV 监控系统、ATS 系统等，在该平台上可查看城市轨道交通各业务子系统所产生的信息、查看交通控制类业务子系统中的设备及其管理状态，同时可以对这些设备进行控制、查看远程数据采集系统的设备状态及所采集数据的统计信息，同时还可以向交通信息发布类业务子系统提供需要发布的信息。

2. 可视化监控调度的功能

平台负责在日常工作和管理过程中出现异常事件时，实现对相关监控资源的调配和指挥。根据整体系统集成化要求，具体提供如下功能：实时对所辖各个设备和系统状态进行监控和分析；迅速、准确、可靠地下达监控子系统具有的各种控制命令；在紧急状态（阻塞或故障状态）发生时启动相应的预案，提高指挥的效率。如预案库中尚无对应的处理方案，则由综合指挥系统的决策支持分析功能完成对事件的统计和分析生成新的处理预案，并保存到预案库中。

3. 查询、统计和分析及必要的决策支持的功能

综合监控平台集中全部监控数据，在实时监控功能中，需要参照设备运行状态、事件发

生情况、客流状态预测和相应的决策支持等相关信息。具体决策支持功能包括如下几个方面。

（1）基于对各个监控系统运行状况的分析，迅速对系统运行态势进行准确判断。

（2）基于相关子系统当前和历史数据，运用 OLAP、DM 和 AI 等技术对整个系统将来的运行进行科学预测。

（3）根据事故的响应和处理情况，制定切实可行的紧急事件处理预案，以备在事件发生时选择并采用优化方案付诸实施。

（4）提供支持决策分析能力帮助车站工作人员在各种工作环境下，实现对各种系统运行特殊情况的处理和分析，从而实现对车站所辖各种设备和车辆运行状况的有效控制和管理。

4.6 乘客资讯（PIS）系统

乘客资讯系统（Passenger Information System，PIS）利用在地铁列车内的液晶显示屏和沿线地铁站台的大型等离子显示屏发布各种信息，准确预报运营车辆到站时间、沿线车站、人文景观等资讯，为乘客提供人性化的乘车服务。正常情况下，提供乘车须知、服务时间、列车到发时间、列车时刻表、政府公告、赛事直播、广告等实时动态的多媒体信息；在火灾、阻塞及恐怖袭击等非正常情况下，提供动态紧急疏散提示。这也是为什么我们将它归纳进城市轨道交通运营安全保障系统的范畴。

乘客资讯系统作为一种服务载体，现已在很多运营的地铁线路上设置，许多在建地铁线路在设计中就包含了该系统并在工程中实施。

4.6.1 乘客资讯系统的结构

按照乘客资讯系统提供的空间环境不同，可以分为站外乘客资讯系统、站内乘客资讯系统和车载乘客资讯系统。站外乘客资讯包括路线、运营计划、票价等信息，这些信息可支持乘客做出初步的出行计划；站内乘客资讯系统为乘客提供实时的交通信息，包括列车的到达时间、列车的离开时间、列车车次信息等；车载乘客资讯系统为列车上的乘客提供信息服务，乘客可以通过列车内的显示和通信设备获得线路换乘、进站时间、离站时间、实时新闻和其他相关信息。

乘客资讯系统从逻辑层次上分三层结构：第一层是 OCC 运营控制中心的子系统，第二层是车站子系统，第三层是车载子系统。各系统各自独立，各系统之间接口良好并具有高稳定性、可靠性、可扩展性。具体逻辑结构如图 4-3 所示。

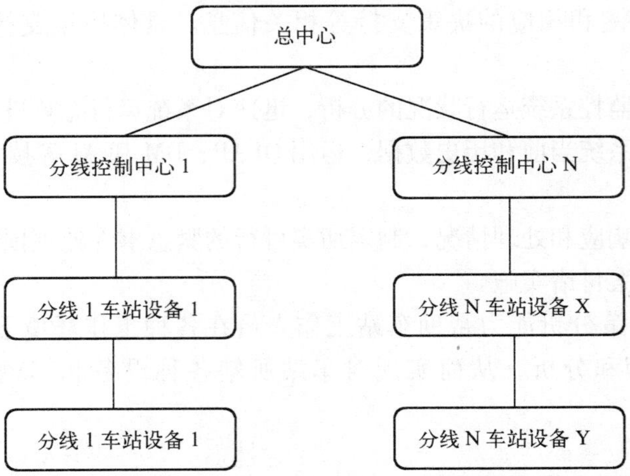

图 4-3　PIS 逻辑结构图

PIS 从功能结构上可划分为 5 个子系统：中心子系、车站子系统、车载子系统、网络子系统（可把网络子系统再分为有线网络子系统和无线网络子系统）、节目制作中心子系统。PIS 从控制功能上分为 4 个层次：信息源、中心播出控制层、车站播出控制层和车站播出设备，如图 4-4 所示。

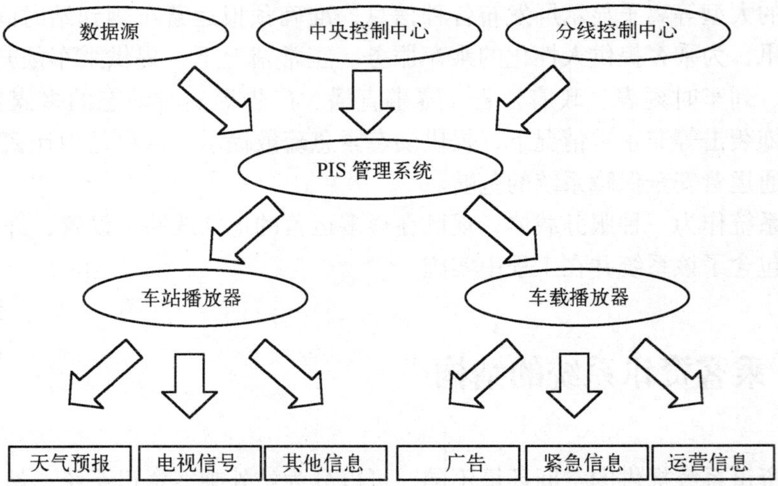

图 4-4　PIS 系统示意图

4.6.2　PIS 系统的子系统及其功能

1. 中心子系统

中心子系统主要设备有中心服务器、中心视频流服务器、中心播控工作站、中心操作员工作站和网管工作站等。

该子系统能够实现的功能：集中管理整个PIS系统、实时监控整个PIS系统、外部视频信息源的导入、外部系统数据的导入和导出、中心公共信息的编辑保存、中心集中发放信息、中央集中控制终端显示设备的显示模式开关、中心发放实时网络视频流数据等。

2. 车站子系统

车站子系统主要由站台设备、站厅设备和机房设备构成。站台层设备包括中继服务器、媒体控制器、分屏器、AP设备、PDP等离子显示终端、电源配电盘、UPS、交换机等。站厅设备主要包括分屏器、PDP等离子屏、吸顶喇叭等。机房设备主要包括媒体控制器、光交换机、车控室维护终端等。

该子系统负责实现集中监控、管理车厢内的乘客资讯系统设备；接收中心子系统的数据并分发至车站乘客资讯系统的显示终端；外部系统数据的导入和导出；控制车站内显示终端播放指定信息；站内的站务信息的编辑和保存等功能。

3. 车载子系统

车载子系统主要由两部分设备组成，一部分是车载信息显示系统设备，另一部分是车载监控系统设备（一般属于安防系统实施）。PIS负责的车载设备主要由车载控制器、无线网络车载接入设备（含天线）、LCD播放控制器、分屏器、LCD显示屏、交换机、摄像机、视频记录服务器、视频显示器（带触摸控制功能）等设备组成。

该子系统主要负责接收从控制中心传输的各种信息，包括数据量小的文本信息和数据量大的媒体文件信息，并有选择的在车厢内的LCD上播放出来。同时还要向车站及控制中心上传驾驶室和车厢内的视频信息，以便能够实现车—地之间保持实时的通信，确保行车安全。

4. 节目制作子系统

节目制作子系统主要包括：图像存储服务器（可无限扩容）、非线性编辑设备（用于节目的串编）、视频合成工作站（用于高端广告、形象片的制作）、数字编辑摄像机、网络系统、合同管理软件以及屏幕编辑预览系统。

该系统实现的功能：广告节目的编辑和保存、时间表的编辑和保存、屏幕布局的编辑和保存、集中控制发布播放时间表至显示设备、节目播放日志的报表显示和打印等。

5. 网络传输子系统

网络传输子系统逻辑上可以分为三级。

第一级：连接控制中心、各个车站的环型或星形光纤骨干网。

第二级：车站局域网，车站播控设备通过自适应以太网相连或其他能达到同等功能要求的网络。

第三级：车载无线系统，车载播控设备通过无线网络接口与站台无线接入点连接。网络要满足列车与车站的高速率数据传输，以确保车载系统的数据更新。

车载无线传输系统主要存在两种技术实现方式：一种是基于网络流媒体技术；一种是基

于数字视频广播（Digital Video Broadcast，简称 DVB）技术。

随着科学技术的发展，这两种技术也相互吸收对方的长处，不断扩展各自的应用领域。

（1）网络流媒体技术

网络流媒体技术是伴随着现代计算机技术、网络技术发展起来的，随着网络速度和计算机运算能力地不断提高，使得远程实时播放视频文件成为可能。在车载乘客资讯系统中，车载计算机通过无线以太网从远程服务器实时下载视频文件、播表、导乘信息，经过软件对上述信息进行合成，再通过计算机的图形显示卡以 VGA 方式输出到终端显示屏上。

采用这一技术方式好处在于：一是系统可控性强，可以根据不同列车来播放不同的节目、信息；二是可以充分利用已建好的车站乘客资讯系统的中央服务器、终端计算机和以太网传输平台，造价低廉。但是在系统设计时无线以太网传输技术水平比较低，数据信息量少，更新效率较低。

目前网络流媒体技术主要有基于 WLAN（无线局域网）的解决方案，WLAN 遵循 802.11 a/b/g 协议，提供地面与列车的通信手段；其设备包括在车辆段和沿轨道设置的无线接入点（AP）、设置在车站或运行控制中心的漫游控制设备，以及车载无线单元和天线，如图 4-5 所示。

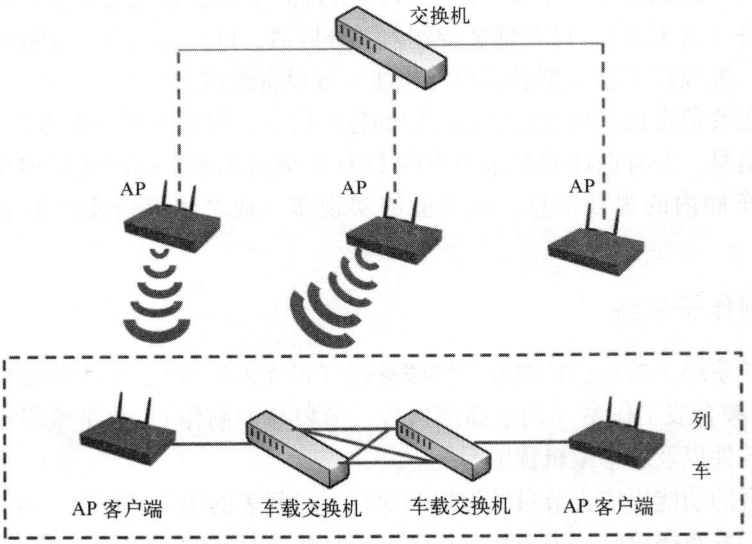

图 4-5　WLAN 解决方案

（2）数字电视广播

数字视频地面广播（Digital Video Broadcasting - terrestrial，DVB - T），是 DVB 一系列标准中较新的一个标准，用于地面开路数字电视系统，采用国际标准的 MPEG - 2 编码，COFDM（编码正交频分复用）调制方式。在采用该技术的系统中，地铁列车在运行过程中连续不间断地接收到由泄漏电缆或地面发射基站发射的实时信号，通过数字机顶盒进行解码，并转换为模拟复合视频和音频信号，再经过视音频分配器输出到终端显示屏上。

采用这一技术方式好处在于：一是系统实时视频节目播放质量高，新闻时效性高，娱乐性强；二是可利用已建好的地铁光纤网络和隧道信号泄漏系统。但是由于 DVB - T 是广播方式发送信号的，虽可以通过加扰器和CA（身份认证）卡做到针对某一列车发送定制信息，但信息量小，且需要通过电视台发送，所以无法做到地铁信息实时远程播控。

数字电视广播技术的一般解决方案为漏缆技术，向列车发送视频信号。由于较低频率的信号在隧道中衰减较大，需要采用漏缆实现覆盖。该方案施工相对简单，隧道内设备环境耐受力较强，如图4-6所示。

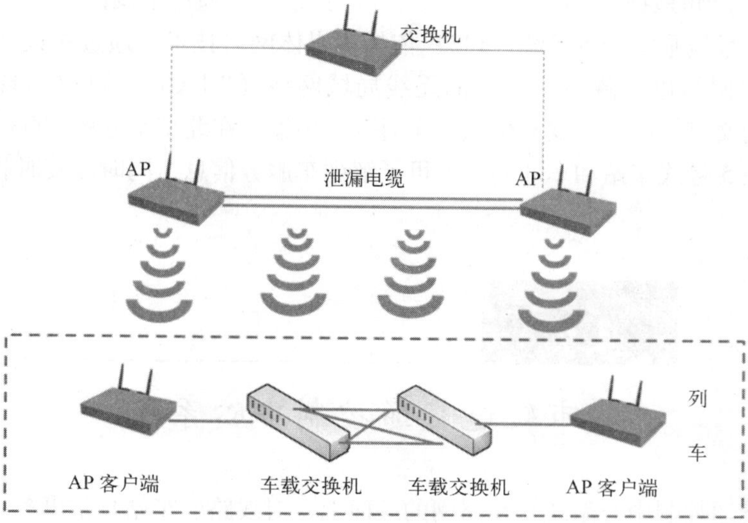

图4-6　漏电缆解决方案

乘客资讯系统的无线传输系统作为有线网络的补充和列车等广播信息的主要途径，同时也是主播运营、安防反恐信息，适当地插播地铁公益广告、天气预报、新闻、交通信息，内容主要以多媒体信息为主。乘客资讯系统的无线传输网络，就是为PIS系统提供无线传输信息的基础平台，为信息流从控制中心，再到各线车站，各线列车提供高速、稳定、可靠的传输服务。在地铁全线设置移动宽带无线传输网设备和天线，在控制中心设置移动宽带无线传输网的无线交换机，管理和控制移动宽带无线传输网的工作，以达到在全线范围内，实时、无缝地完成车——地间的图像和数据传递。

4.6.3　PIS系统的应用情况

在国内，上海地铁一、二、三、四号线已经开通了PIS系统，但车——地视频传输是采用准实时方式，即利用列车进站或回库的时间将事先录制好的视频信息通过无线集群的方式发送给列车，待列车在隧道内行驶时向旅客播放。该方式技术含量低、实施简单，信息实时性和灵活性较差，且不能实现列车车厢视频信息的上传。

深圳地铁一期工程实施了一套完整的PIS，并已于2004年12月顺利开通使用。工程新设一套移动视讯系统，从电视台敷设光缆至控制中心，利用地铁内公共通信网将闭路电视的信息传送至车站，每个车站设发射机，通过多系统合路平台（POI）送到区间漏缆上，列车在隧道及站内行驶时，车上接收装置可实时接收有线电视台发送的信号，在车上播送新闻、广告片、风光片等，替代乘客资讯车载设备。移动视讯系统由深圳有线电视台出资，地铁公司利用资源参股方式建设，利益共享。投入运营后成为深圳地铁的一大亮点。

南京地铁1号线在设计中根据实际情况采用基于IP的数字电视广播技术（Digital Video Broadcasting，DVB），有效实现了PIS系统的既定功能。

2005年底，广州地铁3、4号线上安装了PIS系统，并通过了调试。

北京地铁5号线乘客资讯系统（PIS）依托多媒体网络技术，通过布设从线路控制中心到各车站的有线网络以及隧道区间内的无线局域网络（WLAN），可以实现控制中心—车站—列车之间的文字、图像、视频信息的实时双向传输。在北京举办的2008年第29届奥运会期间，乘客在5号线车站和车厢内不但可了解列车服务信息，同时能实时收看到奥运赛事直播。

4.7 城市轨道交通控制中心系统

城市轨道交通控制中心系统是在路网的层面上，对线路、车站日常事务、行车调度、应急指挥的管理。现在，只有北京和上海建成了基于路网层面上的城市轨道交通控制中心系统，广州目前正在建设。不同城市的城市轨道交通控制中心系统名称不同，在北京城市轨道交通控制中心系统称为TCC，在上海称作COCC，在广州称作线网运营指挥中心。

4.7.1 控制中心系统设计原则

1. 先进性原则

系统设计从整体上具有高起点，采用了先进并具有发展前景的技术和产品，并且具有良好的系统扩展功能，使系统在一定时期内保持世界领先水平。

2. 安全可靠性原则

指挥中心系统是指挥中心统一管理、信息共享、应急指挥的重要信息传输通道。为确保这些功能，考虑建立系统的安全机制，从网络结构、技术选择、关键环节备份、软硬件配置、对非法用户或计算机病毒入侵的抵御能力等多方面保证系统的安全性。主要设备采用冗余设计，网络采用双网方案。

3. 可扩展性原则

根据线路的建设周期，并充分考虑既有线路的技术改造和未来轨道交通的建设发展，方案具有可持续性和可扩展性，并能分阶段实施。

在系统结构和设备的选择方面，具备了良好的可扩充能力，可以根据需要对系统进行必要的调整和扩充，这包括存储容量和网络规模等方面的扩充。在全面升级的情况下，能够最大限度保护现有投资。

通过硬件升级及软件参数的调整，指挥中心可监管到多条线路，以满足轨道交通网持续发展的需求。

4. 开放性、兼容性原则

轨道交通指挥中心系统所采用的设备必须支持符合国际标准和工业标准的相关接口，能够与其他相关系统或业务部门实现可靠的互联；在支持标准的应用开发平台方面，系统软硬件平台应具有良好的移植能力，在硬件升级后保持兼容性；在网络协议的选择方面，选择广泛应用的标准协议，确保今后的网络扩展和业务发展需要。

5. 可维护性原则

系统便于维护和维修，提供方便的维护手段，维护维修工作不会导致整体系统停机或中断。

应用系统设计充分考虑方便用户，简化用户操作，提供友好的人机界面和丰富的实用软件，最大限度地满足用户需求。

4.7.2 控制中心系统功能

控制中心负责进行日常监督、管理、运营调整和调度指挥，并为不同的运营主体提供公共服务，在突发事件下组织、协助抢险救援。控制中心系统总体功能包括：日常业务、客流、列车和设备监视/协调、应急处理、辅助决策、统计分析和共享信息。

1. 日常业务

指挥中心工作人员经常使用的例行业务包括以下几个。

(1) 交接班日志：对今天的工作进行交接，注明注意事项。

(2) 工作日志：对当天的工作做详细的记录，以便查询。

(3) 电话簿：可以查询、新建所有工作人员的联系电话和通话记录。

(4) LED 配置器：对 LED 显示屏上要显示的信息进行设置。

(5) 天气预报：新建当天的天气情况，查询历史天气情况。

(6) 班次与人员管理：对班次和人员进行安排。

2. 客流、列车、设备监视/协调

指挥中心代表政府/业主，监视/协调各轨道交通运营主体的运营情况。

1）客流监察

客流监察可分别针对路网、换乘站和线路进行客流量的监察。

（1）客流数量：可以对15分钟的出入站客流数，当日累计的出入站客流进行统计分析，并对它们进行趋势分析。

（2）实时摄像：可以实时调出每个车站的每个摄像头的拍摄画面，对当前客流进行直观的查看。

（3）客流流向：在线路层面上，对客流流向进行标示，并且显示客流的大小情况。

2）列车监察

列车监察主要以线路为单位进行监察。对当前列车的行驶情况、线路情况进行实时显示。

（1）列车情况：显示列车的车次、位置和晚点信息。

（2）供电情况：显示列车所在线路的供电系统的运行状态。

（3）线路情况：显示列车所在线路的工况信息，详细的标出线路的线性、离心率、线路区间长度等。

3）设备监察

设备监察主要对路网总的关键设备设施进行状态的监察，显示它们的使用状况，当有故障发生时及时发出报警信息。

（1）设备运行状况：以不同的颜色表示设备当前的运行情况，一般绿色为正常运行、红色为故障。

（2）设备位置：对每个设备进行编号，可以根据编号定位，或者在车站的平面图中显示设备位置。

3. 应急处理

当轨道交通运营发生突发事件时，各运营主体应立即将简要情况上报，并迅速核实初步情况。在特别重大、重大事故及紧急情况下和一般轨道交通运营突发事件发生时，各运营主体应立即启动应急预案并进行处置，并随时报告突发事件的后续情况。

4. 辅助决策

类似于文档管理器的功能，对系统中用到的文档进行存储，以供查询、编辑和使用，对决策提供文件支持。

5. 统计分析

对工作报表、发生的事件进行统计和分析。

（1）工作报表：导入/导出工作汇总表、下载/导入工作报表模板，并且可以对工作汇总表进行编辑和预览。此外，对已经导入的报表，可以进行查询（包括报表的名称、类型、上报人员、修改日期、上次执行时间和执行次数）。

（2）报警管理：对报警信息进行统计，统计后可按照需求查询历史报警信息。

（3）事件管理：对事件的处理信息进行统计，统计后可按照需求查询历史事件处理信息。

6. 共享信息

（1）提供客户服务平台与各线共享，产生规模效应，带来较好的经济收益。如：气象、新闻、大型活动及其他交通方式的信息。

（2）线路的运营信息。如向A线发布B线列车运营信息，向各线发布A线某车站已紧急关闭的信息。

（3）提供共用系统，如时钟、数据网络交换平台、无线通信系统转接平台等。

（4）提供统一的资讯，如天气预报及新闻信息。

（5）指挥中心作为北京市轨道交通网内所有线路与其他公共交通系统接口。其他公共交通系统通过指挥中心与各条线进行信息沟通，免去与多个运营主体联络的麻烦。

控制中心的六种功能相互关联，完成指挥中心的指挥、协调及应急处理的责任监视协调，是从集中信息功能中获取基础数据，以及视频信息，进行统计分析，并对线路进行监视，出现问题时协调解决。应急处理，根据获取的基础数据、现场视频信息及相关预案，由调度人员发出应急指令。共享信息，向线路发送运营和商务信息，并向其他部门发布相关信息，是整个系统的信息出口。

4.7.3 系统组成

1. 调度指挥系统各子系统的构成

轨道交通指挥中心（控制中心）作为轨道交通路网的中央协调角色，负责协调各条线路的控制中心及各运营主体。它具有综合监视、多轨道线路多交通系统运营协调、应急指挥及信息共享等职能。

除了建设主指挥中心外，还建设后备指挥中心，作为灾害情况下（如恐怖袭击、地震、火灾等）或指挥中心故障或失效时的应急指挥中心，实现异地救灾，并通过后备系统完成异地数据备份功能。

轨道交通指挥中心与各条线路的控制中心级接口，采用统一的人机界面和操作方式，监视并协调各条线路的运营。

控制中心系统采用C/S结构和B/S结构的混合结构，以及TCP/IP协议的设计。软件采用了模块化设计，易扩展和完全冗余，并具有自动热备份故障切换，所以有高度的可用性和可靠性。系统还设有开发及测试平台，以实现开发、测试和培训的功能。各子系统构成如图4-7所示。

2. 调度指挥系统设备构成

1）指挥中心调度指挥系统设备构成

（1）指挥中心控制中心系统由服务器、存储设备、工作站，以及测试平台系统、闭路电视系统、网络和大屏幕系统组成。

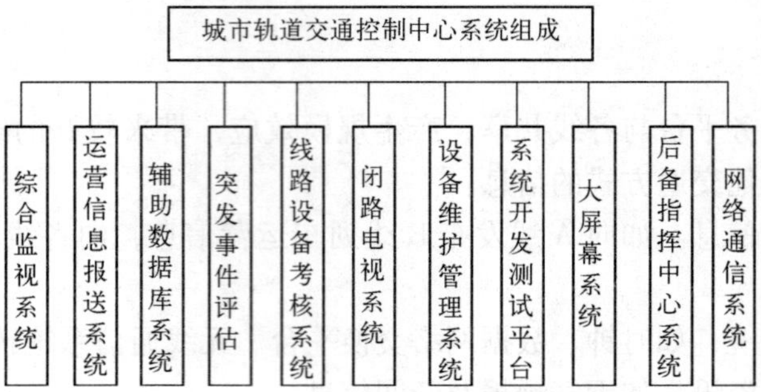

图 4-7　控制中心系统子系统构成

（2）控制中心系统采用双以太网、双应用服务器、双数据库服务器结构，保证系统运行的可靠性，增强系统的容错能力。同时设置一套 SAN 系统，实现数据的存储。

（3）控制中心系统设置相应的工作站，实现对线路的综合监视、网络管理及视频控制等功能。

（4）控制中心系统设置开发测试平台，用于进行控制中心系统的测试、修改、开发与培训工作。测试平台由开发测试服务器、数据服务器、工作站、前置处理器、打印机、接口系统模拟器及测试平台交换机等组成。

（5）控制中心系统在中心设置闭路电视系统（CCTV）。CCTV 系统用于实现控制中心系统对各线路 CCTV 系统的集中监视与控制，系统由视频服务器、视频操作/监视终端、视频编码器、数字硬盘录像机和 CCTV 交换机等组成。

（6）控制中心系统网络由主干网络交换机、网络管理服务器、网络时间服务器、核心网络交换机、防火墙等组成。主干网络是控制中心系统内部设备相互交换信息的通信平台，所有控制中心系统设备都连接到主干网络上；核心网络则是 控制中心系统与外部设备相互交换信息的通信平台，与控制中心系统接口的外部设备都连接到核心网络上；主干网络与核心网络之间，以及核心网络与外部系统网络之间，均设置有防火墙以隔离保护控制中心系统内部设备。指挥中心通过以太网三层核心交换机与后备指挥中心系统连接，完成数据通信功能。

（7）控制中心系统还设有大屏幕系统。大屏幕系统是由 39 面显示单元、大屏控制器及大屏控制终端等组成。

2）后备指挥中心调度指挥系统设备构成

（1）后备指挥中心系统采用双以太网、双应用数据库服务器结构，保证系统运行的可靠性，增强系统的容错能力。应用/数据服务器提供监控系统的运行平台，并负责处理系统的实时数据，将实时数据转发各操作站。

（2）应用/数据库服务器配置磁盘阵列作为外部数据存储介质。

（3）由于后备指挥中心为降级条件下的运行模式，因此只设置电调操作站与行调工作站，对电力、行车信息进行监视。

（4）后备指挥中心通过以太网三层核心交换机与小型指挥中心系统连接，完成数据通信功能。

控制中心系统的设备构成如图 4-8 所示。

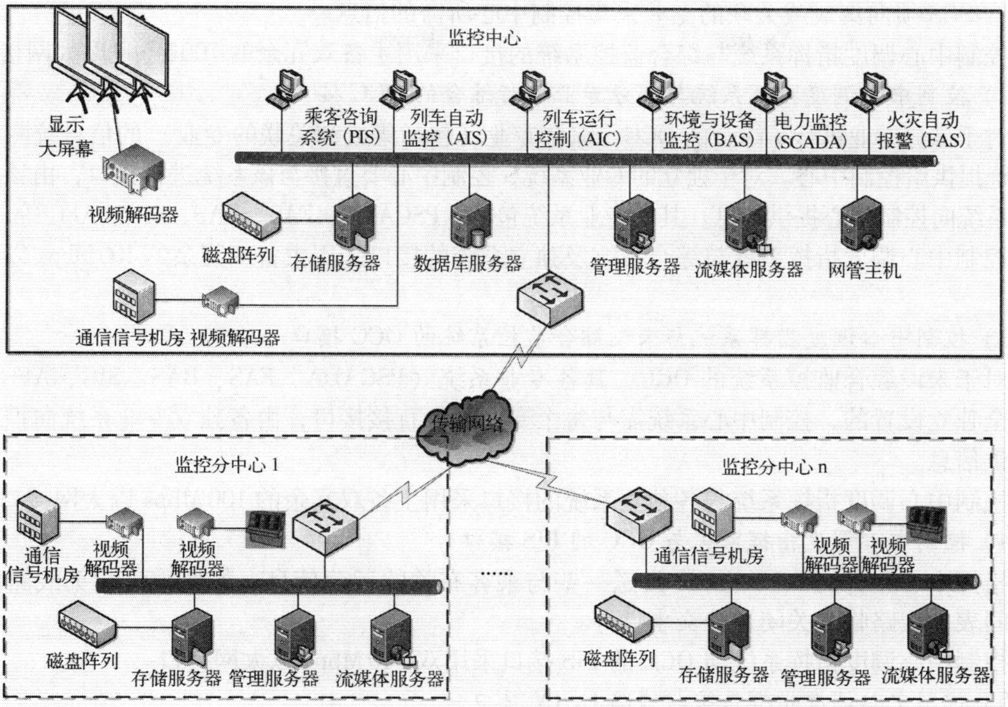

图4-8 控制中心系统的设备构成

4.7.4 系统接口

为了实现控制中心调度指挥系统对线网运营监管、信息收集与发布等功能，控制中心调度指挥系统需要通过与线路控制中心各个系统进行接口，采集线路设备运行信息、所有在线运行列车的位置等信息，监督线网内的各线的运营状态。所涉及的控制中心的专业系统有：供电系统（PSCADA）、信号系统（SIG）、环控系统（BAS）、防灾系统（FAS）、自动售检票系统（AFC）和主控系统（ISCS）。同时，通过CCTV视频监控系统循环监视线网中各车站公共区域、站台、出入口等区域的客流。另外，控制中心还将向OCC的乘客信息系统（PIS）发送一些与乘客有关的运营信息。

因此，为了完成控制中心调度指挥系统的相关功能，控制中心调度指挥系统需要与线路控制中心的PSCADA、SIG、BAS、FAS、AFC、CCTV、PIS及ISCS等专业系统进行接口。

目前，线路控制中心（OCC）的系统有三种模式。

(1) 有综合监控系统（ISCS）。

(2) 没有综合监控系统（ISCS），各系统完全独立。

(3) 仅有部分专业进行了综合，其他专业独立。

针对三种不同的情况，有三种不同的接口方式。

1）控制中心与OCC综合监控系统（ISCS）接口

OCC综合监控系统（ISCS）将相关专业系统（PSCADA、FAS、BAS、SIG及AFC等）进行了集成或关联，所以控制中心所需要的相关专业的全部信息通过综合监控系统（ISCS）

获得，ISCS 须向集成或关联的专业采集控制中心所需的信息。

控制中心调度指挥系统与综合监控系统的接口采用主备双冗余的 100 Mbps 以太网接口。

2）控制中心调度指挥系统与部分专业进行综合的 OCC 接口

对于部分专业进行了综合的 OCC，综合专业（包括集成和关联的专业）的信息统一由综合系统提供给控制中心。对于独立的专业系统，控制中心要直接与该系统进行接口，由该独立专业系统向控制中心提供信息。其中专业系统包括：PSCADA、FAS、BAS、SIG、AFC 等。

控制中心调度指挥系统与综合系统及独立系统的接口采用主备双冗余的 100 Mbps 以太网接口。

3）控制中心调度指挥系统与未设综合监控系统的 OCC 接口

对于未设综合监控系统的 OCC，其各专业系统（PSCADA、FAS、BAS、SIG、AFC 等）是完全独立设置的，控制中心系统需与每个专业进行直接接口，由各独立专业系统向控制中心提供信息。

控制中心调度指挥系统与各独立系统的接口采用主备双冗余的 100 Mbps 以太网接口。

4）控制中心调度指挥系统与 OCC 的 PIS 接口

指挥中心还将向 OCC 的 PIS 发送一些与乘客有关的运营信息，如换乘站相关线路的列车时间表、线路临时关闭及公交事件等。

控制中心调度指挥系统与 OCC 的 PIS 接口采用双 100 Mbps 以太网接口。

5）控制中心调度指挥系统与线路 CCTV 接口

控制中心调度指挥系统与线路 CCTV 接口有两种：一种是视频信号接口；一种是控制信号接口。

视频信号：每条线路向控制中心提供 8 路模拟视频信号。

控制信号：采用 100 Mbps 以太网接口。

本章小结

城市轨道交通运营安全保障系统主要包括列车与运行控制系统、火灾自动报警系统、综合监控系统、城市轨道交通控制中心系统等。列车自动控制系统主要用于对列车驾驶进行防护，对于安全有关的设备或系统实行监控，实现列车间隔保护，超速防护等功能；实现“地对车的控制”；实现对列车运行的监督，辅助行车调度人员对全线列车运行进行管理。这个系统的运用，避免了不必要的过于剧烈的加速和减速，显著地提高旅客的舒适度，提高列车的准点率，减少轮轨磨损。还节约了列车能耗，提高线路的利用率和行车安全可靠性。它可以显示全线列车的运行状态，监督和记录运行图的执行情况，为行车调度人员的调度指挥和运行调整提供依据。

城市轨道交通具有高速、安全、准时和载客量大的特点，是现代城市解决交通拥塞最有效的手段。而车站及沿线分布的众多各类机电设备，为城市轨道交通的安全运营和营造舒适的乘车环境提供了保证。但由于机电设备种类和数量众多、分布广、控制要求复杂，加之地下环境恶劣，因此需要用一套专门的监控系统，采用现代计算机控制和网络技术对城市轨道交通车站的隧道通风系统、空调通风系统、空调水系统、车站给排水系统、车站照明系统、电扶梯系统和车站导向标志系统等机电设备进行自动化管理和控制，通过优化控制实现城市轨道交通的安全高效运行，而城市轨道交通环境与设备监控系统就很好地解决了这一问题。

城市轨道交通电力监控系统主要是对城市轨道交通全线各类变配电所、接触网等电力设备运行情况进行分层分布远程实时监视和控制，处理供变配电系统的各种异常事故及报警事件，保障系统的正常运行，同时提升供变配电系统调度、管理及维修的自动化程度，提高供电质量，保证系统安全、可靠地运行。

地铁火灾报警系统主要由设置在沿线各车站、区间隧道、控制中心大楼、停车场、主变电站等与地铁运营有关建筑与设施的火灾报警系统设备及相关的网络设备和通信接口组成，一般由中央级和车站级二级系统组成，采用控制中心的中控级和车站级二级监控管理方式。FAS中央级系统负责对地铁全线各车站、主变电所、车辆段、停车场、控制中心大楼的灾情监视、防灾设备的管理和遇灾害时的组织指挥工作，侧重于上层的救灾指挥和协调功能。目前，地铁FAS系统采用的多为总线制分布智能型的网络通信系统，站级FAS系统是整个地铁FAS系统的最基本组成单元，负责本站范围内的火灾探测及消防联动等功能，它是全线FAS网络的一个节点单元，通过车站综合控制室火灾报警控制主机（FACP盘）纳入到全线网络，由控制中心统一管理。

目前城市轨道交通系统各专业按照自身技术特点，不同程度的应用了计算机技术、网络技术，以实现城轨交通的运营和监控自动化，如电力监控自动化系统(SCADA)，可使调度中心实时掌握各个变电站、供电所设备的运行情况，直接对设备进行操作；机电设备监控自动化系统（EMCS），实现整条线路站内机电设备的集中监控和管理等。火灾自动报警系统（FAS），列车运行自动监控系统（ATS）等也对城市轨道交通系统的自动化和安全起着重要的作用。每个系统之间都是相互联系、相互依赖的，但是事实上每个系统由于各自的特点、不同的安全需要、不同的数据冗余，使各系统都是自成体系的，有各自独立的网络结构、服务器和操作站等，是一个个的自动化孤岛。系统之间的联络比较困难且成本较高，难于实现信息互通、资源共享，要实现地铁运营的协调统一管理，不得不加入人工干预，这样就降低了可靠性、响应性和运营效率。而城市轨道交通的综合监控系统将SCADA、BAS、FAS及ATS等系统的功能集于一体。不仅具有对变电所全所的自动控制、保护功能和对供电设备、车站设备、防火设备等的遥控、遥信、遥测、遥调的功能，而且采取计算机综合监控系统技术，实现相关信息和资源的共享及调度、办公自动化，保证所有监控系统的高效性和紧急事件处理得及时准确。

乘客资讯系统利用在地铁列车内的液晶显示屏和沿线地铁站台的大型等离子显示屏发布各种信息，准确预报运营车辆到站时间、沿线车站、人文景观等资讯，为乘客提供人性化的乘车服务。

城市轨道交通控制中心系统则负责进行日常监督、管理、运营调整和调度指挥，并为不同的运营主体提供公共服务，在突发事件下组织、协助抢险救援。具有集中信息、监视协调、应急处理和共享信息等功能。

思考题

1. 列车自动控制系统包括哪些子系统？
2. 火灾自动报警系统的主要功能是什么？
3. 综合监控系统的结构是什么？
4. 城市轨道交通控制中心系统的功能有哪些？
5. 电力监控系统的结构是什么？
6. 乘客资讯系统的子系统及其功能是什么？

5 第5章 城市轨道交通危险源识别与控制

引　言

随着科技的发展，城市轨道建设技术水平越来越高，建设质量也越来越好，因此，完全因轨道而发生的交通事故所占比例不大。但几乎每条城市轨道线路都不同程度地存在事故危险。这些事故一般由多种危险源导致，既有物理性危险源、化学性危险源、生物性危险源，又有心理或生理性危险源、行为性危险源、其他危险源。因此，能够识别城市轨道交通危险源并进而能控制其危险是十分重要的。本章从城市轨道交通危险源识别，城市轨道交通系统主要危险因素及分级，城市轨道交通运营安全控制三大方面加以介绍，力图让人们能够预防和减少事故的发生。

本章学习重点

1. 危险源的定义与分类；
2. 危险源的识别方法；
3. 城市轨道交通系统的主要危险因素；
4. 城市轨道交通安全控制。

5.1 城市轨道交通危险源识别

5.1.1 危险源的识别

1. 基本概念

危险源：危险源是指可能造成人员伤害、职业病、财产损失、作业环境破坏或这些情况组合的根源或状态。

危险源识别：危险源识别是确认危险源的存在并确定其特性的过程，实质是找出组织中存在的人的不安全行为、物的不安全状态、作业环境中存在的危害因素及管理缺陷。

2. 危险源类别

危险源的主要类别有：物理性危险源、化学性危险源、生物性危险源、心理或生理性危险源、行为性危险源、其他危险源六个方面，见表 5–1。

表 5–1　危险源分类表

危　险　源	主 要 内 容
物理性危险源	设备、设施缺陷（强度不够、刚度不够、稳定性不良、外露运动件等）
	防护缺陷（无防护、防护装置和设施缺陷、防护不当、防护距离不够等）
	电危害（带电部位裸露、漏电、雷电、静电、电火花等）
	噪声危害（机械性噪声、电磁性噪声、流体动力性噪声等）
	振动危害（机械性振动、电磁性振动、流体动力性振动等）
	电磁辐射（电离辐射：X 射线、γ 射线、α 粒子、β 粒子、质子、中子、高能电子束等；非电离辐射：紫外线、激光辐射、超高压电场等）
	运动物危害（固体抛射物、液体飞溅物、反弹物、岩土滑动、气流卷动等）
	明火
	能造成灼伤的高温物质（高温气体、高温固体、高温液体等）
	能造成冻伤的低温物质（低温气体、低温固体、低温液体等）
	粉尘与气溶胶（不包括爆炸性、有毒性粉尘与气溶胶）
	作业环境不良（基础下沉、安全过道缺陷、有害光照、通风不良、缺氧、空气质量不良、给排水不良、气温过高、气温过低、自然灾害等）
	信号缺陷（无信号设施、信号选用不当、信号不清、信号表示不准等）
	标志缺陷（无标志、标志不准、标志不规范、标志位置缺陷等）
	其他物理性危险源

续表

危　险　源	主 要 内 容
化学性危险源	易燃易爆性物质（易燃易爆性气体、易燃易爆性液体、易燃易爆性固体、易燃易爆性粉尘与气溶胶等）
	自燃性物质
	有毒物质（有毒气体、有毒液体、有毒固体、有毒粉尘与气溶胶等）
	腐蚀性物质（腐蚀性气体、腐蚀性液体、腐蚀性固体等）
	其他化学性危险源
生物性危险源	致病微生物（细菌、病毒、其他致病微生物）
	传染病媒介物
	致害动物
	致害植物
	其他生物性危险源
心理、生理性危险源	负荷超限（体力负荷超限、听力负荷超限、心理负荷超限等）
	健康状况异常
	从事禁忌作业
	心理异常（情绪异常、冒险心理、过度紧张等）
	辨识功能缺陷（感知延迟、辨识错误、其他辨识功能缺陷等）
	其他心理、生理性危险源
行为性危险源	指挥错误（指挥失误、违章指挥等）
	操作失误（误操作、违章作业等）
	监护失误
	其他错误
	其他行为性危险源
	其他危险源

3. 危险源的识别方法

1）应关注的三种状态

（1）常规状态。正常生产过程中的危险源的存在方式。

（2）非常规状态。非常规状态可以分成以下三种情况。

① 异于常规、周期性或临时性的作业活动。

② 偶尔出现、频率不固定，但可预计出现的状态。

③ 由于外部的原因（如天气）导致的非常规状态，如启动、关闭、试车、停车、清洗、维修、保养等。

（3）潜在的紧急情况。

① 往往不可预见其后果的情况。

② 后果是灾难性的，不可控制的情况，如火灾、爆炸、严重的泄漏、碰撞及事故。

2）识别危险源的步骤

（1）识别准备。

① 确定分工。

② 收集识别范围内的资料。

③ 列出识别范围内的活动或流程涉及的所有方面。

（2）分类识别危险源。从厂址、厂区平面布局；建（构）筑物；生产工艺过程；生产设备、装置；作业环境及管理措施六个方面进行分类识别。

（3）划分识别单元。识别单元是分类识别危险源的细化，可以按照工艺、设备、物料、过程来细化；同类的过程或设备可以划为一类识别对象；识别对象不宜过粗或过细。

（4）危险源的识别。先找出可能的事故伤害方式，再找出其原因。

（5）填写危险源登记表。

5.1.2 城市轨道交通危险源的识别

城市轨道交通危险源的识别涉及员工的健康与安全、行车安全、设备安全、消防安全、交通安全、乘客及相关方安全、财产损失和列车延误等范畴。

1. 危险源识别范围

危险源识别范围包括城市轨道交通覆盖内工作区域及其他相关范围内的生产经营活动、人员、设施等。根据城市轨道交通管理及其他活动情况，可分成以下类别：

（1）按地点划分：轨道交通沿线各车站、车辆段、OCC（控制中心）大楼、办公楼等。

（2）按活动划分：常规活动、非常规活动、潜在的紧急情况。各活动所包含的主要内容见表5-2。

表5-2 各活动的主要内容

活动类别	主要内容
常规活动	运营服务活动：依据运营时刻表组织列车运营、客运服务过程
	设备设施的设计、安装、调试、验收、接管、使用过程
	公共活动：相关部门均有的活动，包含办公，电梯、叉车、消防设施、空调、空压机、抽风机使用，化学物品搬运储存、废弃等
	间接活动：为运营服务活动提供支持的活动，主要包括物资部仓库管理、检验、物料采购以及物料的使用管理、食堂管理等
非常规活动	设备设施维护保养，消防及行车疏散演习，因公外出，合同方在总部的活动（如工程施工、维修、清洁等）
潜在的紧急情况	如火灾、爆炸、化学物品泄漏、中毒、台风、雷击、碰撞等事故事件（潜在的紧急情况的危险辨识需考虑紧急情况发生时和发生后进行抢险救援过程中存在的危险）

2. 确定危险源事故类型

在进行危险源识别前必须把危险源事故类型确定下来，以防止危险源识别不清晰、不全面，通过借鉴国标《企业职工伤亡事故分类》（GB 6441—1986）及分析城市轨道交通运营过程可能产生的行车事故/事件、列车延误及财产损失等事故类别，确定了危险源事故类型表，见表 5–3。

表 5–3　危险源事故类型

类别编号	事故类别名称	备　注	类别编号	事故类别名称	备　注
01	物体打击	伤害事故	015	噪声聋	职业病
02	车辆伤害（指马路车辆）		016	尘肺	
03	机械伤害		017	视力受损	
04	起重伤害		018	其他职业病	
05	触电		019	健康受损	健康危害
06	淹溺		020	财产损失（2 000 元及以上）	无伤害事件/事故
07	灼烫		021	列车延误	无伤害的列车延误事件
08	火灾		022	行车事件/事故	含人员伤亡的行车事件/事故
09	高处坠落		023	可能引发行车事件/事故的设备缺陷事件和行为事件	这里是引发行车事件/事故的危险源
010	坍塌		024	其他事件/事故	无伤害事件/事故
011	容器爆炸				
012	其他爆炸				
013	中毒和窒息				
014	其他伤害				

表 5–3 中“可能引发行车事件/事故的设备缺陷事件和行为事件”及“行车事件/事故”这两个事故类型是一种从属的关系。即“可能引发行车事件/事故的设备缺陷事件和行为事件”事故类型的风险属于“行车事件/事故”事故类型风险的危险源。涉及这种从属关系的事故类型可把运营过程中可能发生的重要风险所涉及的危险源划归到相关部门进行控制。

3. 划分危险源识别对象

在各部门列出识别范围内的活动或流程所涉及的所有方面后，选用合适的设备分析法、工艺流程分析法或其他划分方法，根据事故类型划分危害事件，并根据以下内容划分危险源识别对象。

（1）对车辆设备大修的活动，可按照其工艺流程分析法划分识别对象。

（2）对设备维护及保养的活动，可按照以设备分析法为依据划分的设备作为危险源识别对象，并结合活动实施过程划分。

（3）使用设备时可根据具体操作过程划分。

（4）根据采购、存放、检测设备的过程划分。

（5）根据行车组织、客运组织过程划分。

（6）针对每一危险源辨识对象，参考危险源事故类型表，识别可能存在的事故/事件，并登记在表 5-4 所示的危险源辨识及风险评价登记表中的“危害事故/事件”栏以及“事故类型”栏内。

表 5-4　危险源识别与风险评价登记表

序号	部门/地点	活动	设备/设施/物料	危害事故/事件	事故类型	危险源	危险源类别	风险评价			风险级别	控制措施	备注
								风险发生的可能性	事故后果严重程度	风险值			

5.2

城市轨道交通系统主要危险因素及分级

1. 城市轨道交通系统的三种运营模式

一般而言，城市轨道交通系统存在三种运营模式：正常运营状态、非正常运营状态和紧急运营状态，如图 5-1 所示。

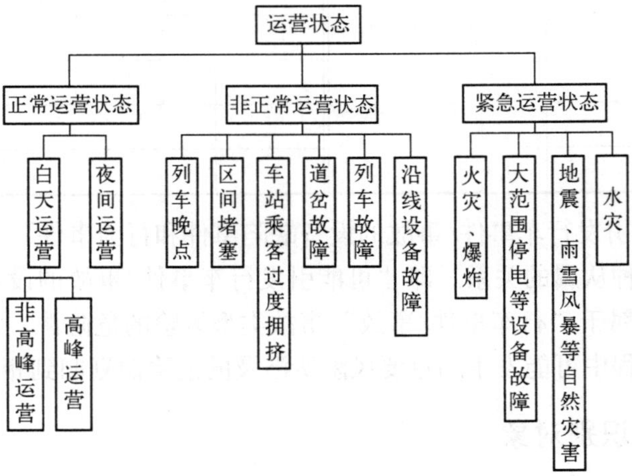

图 5-1　城市轨道交通运营安全模式图

（1）正常运营状态指列车白天和夜间的运营状态与运行图基本相符的状态。正常运营状态又分为高峰时段和非高峰时段运营。针对这两种运营状态，城市轨道交通系统又采取了不同的客运行车组织方案和运行管理模式。

（2）非正常运营状态指因各种原因造成了列车晚点、区间堵塞、车站乘客过度拥挤、道岔故障、列车故障、沿线设备故障等影响到正常的运营秩序的情况。经行车指挥系统按照应对方案及时进行调整，可在较短时间内使运营恢复正常，不会对乘客的人身安全造成影响。

（3）紧急运营状态指发生火灾、爆炸、水灾、地震以及雨雪风暴等自然灾害、设备故障导致大范围停运等，致使部分区间或全线无法运营的情况。在这种状态下，有可能出现人员伤亡的严重后果，必须采取紧急事故抢险措施自救、减灾和抢险。

2. 城市轨道交通运营系统主要危险因素分析

城市轨道交通系统的运营事故受两大方面因素影响，即内部因素和外部因素。内部因素主要是指设备设施故障或人为误操作等；外部因素主要是指恐怖袭击、乘客携带违禁物品、自然灾害、外界事故（如停电，水、气管道破裂）等。

1）火灾危险因素分析

（1）内部火灾危险因素分析。车站、隧道以及列车内存在大量的电气设备等火灾危险因素；车站、列车内的建筑装饰材料、广告牌等为可燃材料，遇火可能会发生火灾危险；车辆、供电设备、机电设备等若处在超期服役状态，一旦发生故障，也可能导致城市轨道交通系统火灾事故。

（2）外部火灾危险因素分析。乘客违章携带危险物品、吸烟和吸烟后烟蒂随处乱扔等不当处置引起的火灾危险；人为因素（如恐怖袭击、投毒、纵火等）、意外明火引起的火灾危险；地铁车站站厅乘客疏散区、站台和疏散通道内违规设置的商业网点存在发生火灾的危险，且可能会引起连锁火灾事故。

2）列车脱轨危险因素分析

列车脱轨主要是由城市轨道交通系统内部危险因素导致的。

（1）线路设计或铺设不合格，道岔伤损、轨枕伤损、道床伤损、接触轧伤损、钢轨断裂等均可能导致列车脱轨危险；

（2）列车超速，列车走行部件发生故障，可能导致列车脱轨危险；

（3）地铁列车、线路设备等存在老化现象，均处在超期服役状态时，这些设备一旦发生故障，可能导致列车脱轨事故。

此外，轨道周边物体侵入运营线路，如电缆伪装门坠落、抹灰层脱落等，异物侵限可引起列车损坏、列车倾覆、列车脱轨等重大、特大安全事故。

3）地铁拥挤踩踏危险因素分析

地铁发生拥挤踩踏事故有两方面原因：一是车站内人员负荷过大、车站疏散通道或疏散楼梯设置不合理，车站站台、集散厅及疏散通道内有妨碍疏散的设施或堆放物品，车站出入口存在缺陷或有突发事件发生时，都可能造成人员拥挤踩踏；二是其他原因，如地铁列车故障、火灾或其他危险状况等紧急情况发生时，也可能发生乘客挤伤、踩踏等危险。

4）列车撞车危险因素分析

处于高速移动状态的列车，也伴随着高风险。一旦出现瞬间的设备异常或人员违章操作，可能造成撞车事故。撞车危险包括与第三方相撞、迎向相撞、迎面相撞等。

5）地铁中毒和窒息危险因素分析

包括中毒、缺氧窒息、中毒性窒息。在火灾事故情况下，可能产生大量烟气，存在中毒和窒息的危险。

地铁发生火灾后会产生大量的烟雾，如果通风设施故障，可能造成中毒和窒息的危险。人为恐怖袭击可能使用的有害气体等也能造成中毒和窒息。

6）其他危险因素分析

城市轨道交通系统内部的电动车辆、变电所、配电室、电缆、第三轨以及风机、水泵等设备，由于设备缺陷、设计不周、防护不当等技术原因可能导致触电伤害危险。此外，由于人为的违章作业、违章操作也可能造成触电伤害危险。

乘客使用扶梯时，可能造成碰撞、夹击、卷入等伤害。扶梯正常运行状态下的乘客违章乘梯，可能造成严重的乘客摔伤。

列车车厢内灯管爆裂、内侧玻璃意外脱落等均可能导致机械伤害。此外，列车在紧急启动、制动时具有很大的惯性，可能导致乘客摔伤危险。

乘客手扶车门、上下车时机选择不当或地铁列车设备故障等可能导致车门夹人等机械伤害。

3. 城市轨道交通系统事故影响危险度分析

1）危险因素等级划分——危险度

城市轨道交通系统运营安全在世界上是非常突出且备受关注的问题，统计分析国内外城市轨道交通发生的各类事故，针对事故发生的次数、危害后果，可以对城市轨道交通存在的主要危险因素划分出等级——危险度。

$$危险度 = 严重性 \times 概率$$

危险度的计算要同时考虑：① 严重度大小；② 造成某种损失或损害的难易程度，损害发生的难易性一般用某种损害发生的概率大小来描述。

首先，根据国内外城市轨道交通事故发生情况的分析，确定严重度取值标准和危害概率取值标准，详见表5-5和表5-6。

表5-5 严重度分级取值标准

严重度分级	表 现 特 征	取　值
灾难性的	具有紧急的危险，能引起大范围的死亡及伤病的危害能力	9～10
严重的	危害能引起严重的疾病、伤亡、设备及财产损失	6～8
临界的	危害能引起疾病、伤害及设备损失，但不是严重的	3～5
可忽略的	危害不会引起严重的疾病、伤害，伤害可能极小，伤害程度不需急救处理	1～2

表5-6 危害概率分级取值标准

危害概率分级	表 现 特 征	取　值
可能发生	有可能立刻发生或短期内会发生	9～10
有理由可能发生	一段时间内会发生	6～8
可能性小	一段时间内可能发生	3～5
可能性极小	不太可能发生	1～2

其次，按事故后果严重程度分析所得严重度分级赋值，结果如表5-7；按事故发生频次分析所得危害概率赋值，结果如表5-8。

表 5-7　国内外发生各类事故损失后果及其严重度赋值（S）

损失 类别	死亡人数	伤亡人数	设备损失	严重度分级	取　值
火灾事故	809	575	68 辆车被毁	灾难性的	10
人为纵火恐怖袭击	328	818	11 辆车被毁	灾难性的	10
列车脱轨事故	9	272	—	严重的	8
列车撞车事故	10	232	—	严重的	8
拥挤踩踏事故	55	—	—	严重的	6
中毒窒息	12	5 000	—	灾难性的	10
其他事故	只是中断运营，无伤亡				2

表 5-8　国内外发生各类事故频率情况及其危害频率赋值（P）

损失 类别	发 生 次 数	表 现 特 征	取　值
火灾事故	20	一段时间内会发生	8
人为纵火恐怖袭击	23	一段时间内可能会发生	7
列车脱轨事故	7	一段时间内会发生	8
列车撞车事故	4	一段时间内可能不会发生	6
拥挤踩踏事故	2	一段时间内可能不会发生	5
中毒窒息	1	一段时间内可能不会发生	5
其他事故	6	短期内有可能发生	9

最后，通过这个不完全统计，我们根据国内外事故的种类、发生的次数和后果损失情况，对影响城市轨道交通运营的危险因素等级情况进行划分，如表 5-9 所示。

表 5-9　危险因素等级划分（危险度）

事 故 种 类	$R=S\times P$	等 级 序 号	备　注
火灾事故	$10\times 8=80$	1	
人为纵火、恐怖袭击等意外事故	$10\times 7=70$	2	
列车脱轨事故	$8\times 8=64$	3	
中毒和窒息事故	$10\times 5=50$	4	考虑二次事故后窒息情况
拥挤踩踏事故	$8\times 6=48$	5	
列车撞车事故	$6\times 5=30$	6	
其他事故	$2\times 9=18$	7	

通过对城市轨道交通危险因素危险度分析可知，火灾事故的危险度值最高，人为纵火、恐怖袭击等意外事故在国外发生的次数比较多。由于我国城市轨道交通历史相对较短，虽然截止目前有些事故尚未发生过，但不能排除其发生的可能性。

2）城市轨道交通系统预先危险性分析

根据国内外城市轨道交通事故危险度分析结果，可以对城市轨道交通系统存在的主要危害因素进行预先危险性分析，其结果见表 5-10。

表 5–10　城市轨道交通主要危险危害因素预先危险分析汇总表

<table>
<tr><th>危险因素</th><th>可能发生位置</th><th>可能原因</th><th>事故后果</th><th>危险等级</th></tr>
<tr><td rowspan="4">火灾、爆炸</td><td>列车上</td><td>车辆电路短路等列车故障；车厢内可燃物着火；未熄灭的烟头；人为纵火</td><td>设备损失、中断运营、人员伤亡</td><td>IV</td></tr>
<tr><td>车辆段</td><td>维修设备时违章作业；电气火灾</td><td>设备损失、人员伤亡</td><td>IIV</td></tr>
<tr><td>车站</td><td>车站内的电气设备故障；乘客携带危险品、吸烟和吸烟后烟蒂随处乱扔等处置不当；人为纵火：站厅和通道内违规设置的商业网点发生火灾引起连锁火灾等</td><td>设备损失、人员伤亡、中断运营</td><td>IV</td></tr>
<tr><td>隧道</td><td>隧道电缆着火；隧道内电气设备故障起火；隧道内可燃物着火</td><td>设备损失、人员伤亡、中断运营</td><td>IIV</td></tr>
<tr><td>列车脱轨危险</td><td>列车运行中或试车作业时</td><td>车辆故障：列车超速；钢轨断裂、道岔伤损；异物侵界；驾驶员误操作</td><td rowspan="2">设备损失、人员伤亡、中断运营</td><td>IV－IIV</td></tr>
<tr><td>列车撞车危险</td><td>列车运行中或试车作业时</td><td>车辆故障、列车超速；驾驶员误操作；错办进路</td><td>III－IV</td></tr>
<tr><td rowspan="2">拥挤踩踏危险</td><td>列车上</td><td>紧急情况下疏散不利</td><td rowspan="4">人员伤亡、中断运营</td><td rowspan="2">IV－IIV</td></tr>
<tr><td>车站站台</td><td>人员密集或突发事故时疏散通道有障碍物；紧急情况下疏散不利</td></tr>
<tr><td rowspan="2">中毒窒息危险</td><td>车站</td><td rowspan="2">火灾情况下，燃烧后产生有毒有害物质；人为投毒或恐怖袭击</td><td rowspan="2">IV－IIV</td></tr>
<tr><td>列车上</td></tr>
<tr><td rowspan="7">其他危险</td><td>列车上</td><td>车厢内灯管爆裂；内侧玻璃意外脱落等；乘客手扶车门、上下车时机选择不当夹人</td><td>可能掉线或人员伤害</td><td rowspan="2">I－II</td></tr>
<tr><td>站台</td><td>扶梯夹人</td><td>人员伤害，不会影响运营</td></tr>
<tr><td>三轨</td><td>一路进线失压，母联未自投、开关跳闸；整流器故障；变压器故障；走行轨异物短路；走行轨同时接地短路；水淹三轨</td><td rowspan="2">运营中断，可能导致人员伤亡</td><td>III</td></tr>
<tr><td>外部</td><td>外部大范围停电</td><td>III</td></tr>
<tr><td>车站</td><td>动力照明停电</td><td rowspan="3">可能运营中断</td><td>I</td></tr>
<tr><td>车站、车辆、三轨等处</td><td>车辆、变电所、配电室、电缆、三轨以及风机、水泵等设备由于设备缺陷、设计不周防护不当等</td><td>I－II</td></tr>
<tr><td>车站</td><td>暴雨、车站入口无防水设施</td><td>I－II</td></tr>
</table>

通过预先危险性分析，可知城市轨道交通火灾、爆炸、列车脱轨、拥挤踩踏等危险因素均可能导致灾难性或严重事故。

5.3 LEC 评价法

1. 概述

LEC 评价法是对具有潜在危险性作业环境中的危险源进行半定量的安全评价的方法。该方法采用与系统风险率相关的三个方面指标值之积来评价系统中人员伤亡风险大小。这三方面分别是：*L* 为发生事故的可能性大小；*E* 为人体暴露在这种危险环境中的频繁程度；*C* 为一旦发生事故会造成的损失后果。

风险分值 $D=LEC$。*D* 值越大，说明该系统危险性大，需要增加安全措施，或改变发生事故的可能性，或减少人体暴露于危险环境中的频繁程度，或减轻事故损失，直至调整到允许范围内。

2. 量化分值标准

对上述三个方面分别进行客观的科学计算，得到准确的数据是相当烦琐的过程。为了简化评价过程，采取半定量计值法。即根据以往的经验和估计，分别对这三方面划分不同的等级，并赋值。具体分别见表 5-11，表 5-12 和表 5-13。

表 5-11　事故发生的可能性（*L*）

分 数 值	事故发生的可能性
10	完全可以预料
6	相当可能
3	可能，但不经常
1	可能性小，完全意外
0.5	很不可能，可以设想
0.2	极不可能
0.1	实际不可能

表 5-12　暴露于危险环境的频繁程度（*E*）

分 数 值	暴露于危险环境的频繁程度
10	连续暴露
6	每天工作时间内暴露

续表

分 数 值	暴露于危险环境的频繁程度
3	每周一次或偶然暴露
2	每月一次暴露
1	每年几次暴露
0.5	非常罕见暴露

表 5-13 发生事故产生的后果（*C*）

分 数 值	发生事故产生的后果
100	10 人以上死亡
40	3～9 人死亡
15	1～2 人死亡
7	严重
3	重大，伤残
1	引人注意

3. 风险分析

根据公式：风险 $D=LEC$ 就可以计算作业的危险程度，并判断评价危险性的大小。其中的关键还是如何确定各个分值，以及对乘积值的分析、评价和利用，见表 5-14。

表 5-14 风险域值对应表

D 值	危险程度
>320	极其危险，不能继续作业
160～320	高度危险，要立即整改
70～160	显著危险，需要整改
20～70	一般危险，需要注意
<20	稍有危险，可以接受

根据经验，总分在 20 以下是被认为低危险的，这样的危险比日常生活中骑自行车去上班还要安全些；如果危险分值达到 70 ～ 160 之间，那就有显著的危险性，需要及时整改；如果危险分值在 160 ～ 320 之间，那么这是一种必须立即采取措施进行整改的高度危险环境；分值在 320 以上的高分值表示环境非常危险，应立即停止生产直到环境得到改善为止。

值得注意的是，*LEC* 风险评价法对危险等级的划分，一定程度上凭经验判断，应用时需要考虑其局限性，根据实际情况予以修正。

5.4 城市轨道交通运营安全控制

5.4.1 城市轨道交通运营安全预先控制

1. 安全运营风险评估及预警

1）安全运营风险评估

城市轨道交通企业应定期或不定期对运营情况进行危险源辨识和安全评估，及时掌握当前的安全运营状况和潜在的风险，做到安全管理工作心中有数；根据安全评估的结果，及时调整安全工作的重点；对潜在的风险，制定风险的防范措施，变被动安全为主动安全。对影响安全运营的设施设备难点问题进行专题研究，不断提高设施设备完好率。同时应学习国内外运营安全风险评估体系的先进做法，建立符合运营实际的风险评估体系，并将其作为长效管理手段。

安全运营风险评估工作应确保每年发展一次，遇年度新线投入运营前，应进行开通前的试运营风险评估。安全运营风险评估工作可采用专家组或评估小组的方式进行。

2）预警工作

应建立反应灵敏的预警机制，通过危险源的辨识，变事后补救为事先预防，通过建立设施设备的信息化管理手段，增强设施设备的状态监控；通过安全检查、业务考核等手段，增强从业人员的业务素质，并消除人为隐患；通过采用先进的监控技术，减少灾害天气和突发事件对轨道交通运营的影响；应通过强化预警机制的功能，及早发现隐患，力争将事故消灭在萌芽状态。

2. 规范新线接管程序、把握关键点

1）规范新线接管程序

我国已进入城市轨道交通建设的快速发展阶段，顺畅高效的接管程序是确保新线顺利接管、按时开通的重要保障。因此，应建立和完善新线接管程序，规范建设、运营的接管节点和职责，可明确新线部与相关部室、分公司的各自职责，确保新线接管安全顺畅。为此要从设计、施工、设备调试、验收等环节介入，不断进行安全评估，并进行总联调。

2）强化新线接管关键节点的施工安全

在新线接管过程中，随着运营方的逐步介入，会存在主要设备临时代管、施工计划代管、线路运行权交接等关键节点，这些阶段存在着设备处于调试阶段、施工人员多、调度条件不成熟等不利因素，易发生设备、人身安全事故，因此，必须针对新线接管的关键节点制定严密的规章制度。

5.4.2 城市轨道交通运营安全过程控制

城市轨道交通运营安全过程控制就是对轨道交通运营工作流程的全过程进行控制，从运营计划和运行图的制定、调度指挥实施、车站客流组织和客运服务、设施设备的保障等各个环节进行全过程控制，通过各个环节有效的监控和正常运转，来实现轨道交通各组成部分的联动有效运转。建立和强化安全运营“过程控制”。采取积极有效的措施，将事后补救变事前预防，真正体现“安全生产、预防为主”的原则。

1. 行车安全控制

城市轨道交通行车安全是运营安全工作的重点，因此必须强化行车安全控制，及时消除行车安全中的各种设备和人为隐患，严格执行行车岗位标准化、规范化操作。

1）确保运营安全规章的有效性、适应性、覆盖性

为保障城市轨道交通安全运营工作，必须根据行车工作的特点和设备、设施的技术条件要求，建立以安全管理制度为统领，包括安全操作规程手册、事故处理规程、应急处置预案等在内的安全规章体系，以制度来规范安全管理各个环节，以规范化保证安全，确保事事有章可循，严格落实安全规章制度才是运营安全的保证，各类安全规章制度体系如下：

① 操作类安全规章；

② 设备操作类安全规章；

③ 设备保障单位安全运营管理规章；

④ 事故预案；

⑤ 安全管理规章。

2）确保行车岗位人员操作的标准化、规范化

建立规范全面的运营规章后，要通过经常性的规章制度培训和学习，让员工理解规章，通过经常检查督促，让员工严格执行规章；通过经常分析事故苗头、事故隐患、事故后果，让员工认识到遵章守纪的重要性。

2. 设施、设备保障

运营设施、设备质量的好坏，直接关系到列车运营安全与否，因此必须采用先进的检测手段，及时发现设施、设备的隐患，建立维修管理信息化系统，不断提高设备的质量。按照设备管理控制体系的要求，科学地进行设备管理工作，提高设备完好率和运营保障力度。

1）完善设备科学化管理、信息化管理机制

设施、设备的维修，不仅要保证质量，还要体现速度。要采用先进的设备检测技术和工具，快速检测设备状态，查找故障点，为及时、准确地掌握设备质量状态，处理设备故障提供了保证。

在设施、设备维修管理上，要采用维修管理信息化系统，对维修工程中工时、物料、定额、检修规程等，进行全面监控，保证维修计划的落实，提升设施、设备维修管理水平，提

高维修水平。

对设施、设备的维修管理，做到精简细修、突出重点。在设备的日常维修保养中，特别抓好车辆、接触网等设备的巡视、检测，以小防大，杜绝大故障或事故的发生。同时，集中技术力量解决经营中出现的故障或技术难题，要组织跨专业的技术攻关，从设施、设备运营质量角度为确保运营安全奠定坚实的基础。

2）完善设施、设备规程

标准与规程是设施、设备管理工作开展的依据。由于城市轨道交通设备种类多，且更新较快，因此要求规程也要不断修改完善。

3. 完善监控手段，提高应急处置能力

（1）进一步加强运营时段现场管理，使之成为确保轨道交通运营始终处于可控状态的重要手段，深入运营一线，靠前指挥，抓小防大，安全观前移，提高现场处置能力。

（2）加强信息管理，提高突发信息传递速度。为提高应对突发事故（件）处置能力，减少事故发生对运营的影响，要规范信息传递制度，理顺信息传递渠道。同时，运营企业可发挥快速有效的信息传递系统的作用，提高短信群发系统的稳定性，使各级领导、技术骨干能在第一时间掌握各类运营信息。

（3）坚持和完善运营交接班会议制度。利用运营交接班制度，能及时将安全运营月的运营情况进行分析，协调解决运营中的实际问题，并能随时掌握运营安全状态，做到运营安全天天受控。

（4）坚持和完善月度运营例会制度，有利于及时分析安全运营状况和形势，把握安全动态，制定有效应对措施。

4. 开展安全培训和演练，提高安全素质

（1）制定安全教育制度，明确安全教育内容和要求，通过各种途径和手段加强宣传教育和培训，增强员工安全防范意识，提高安全技能。对新员工落实“三级”安全教育制度，使员工在上岗前符合岗位安全知识、技能、等级的要求。其次，根据安全运营的实际需要，评定运营系统中的各个岗位的安全等级，制定各个等级的安全知识和安全技能要求，对员工进行分层培训、考核，实行安全关键岗位持证上岗，同时结合运营实际和国内外同行业的事故事件，通过编制《事故案例》等手段教育员工，不断强化员工的安全意识。

（2）在完善事故处置预案的基础上，组织制订公司演练计划，定期、不定期组织进行各层级的、切实有效的各种演练，不断提高各级员工对各种预案的熟练程度，以及应急应变的能力。

（3）充分发挥车站和列车广播等宣传方式，进行广泛的安全宣传教育，提高市民对城市轨道交通安全意识的强化和掌握。

5. 安全检查

安全检查是安全工作落实的重要一环。通过查隐患、查整改、查落实，控制人的不安全行为、车辆设备的不安全状态和环境不良因素对安全运营的影响。同时，各单位仍要坚持日常检查

和定期检查相结合，专项检查和综合检查相结合，及时发现各类隐患，并认真抓好整改工作。

5.4.3 城市轨道交通运营安全事后控制

1. 完善抢险救援动作机制

为了能快速、有效处置运营突发事件，运营企业可成立抢险救援中心，负责整个轨道交通系统设施设备紧急抢修和灾害等抢险救援，实行准军事化管理，全天候待命。抢险救援中心设立3个抢险车辆备勤点，抢险车均统一安装GPS卫星定位系统。同时还要进一步完善抢险救援中心的运作机制，特别是应考虑如何从网络化运营的高度来合理设置抢修点，以增强应急抢修的反应能力。

2. 建立事故处理的规范程序

针对城市轨道交通发生的事故，对事故苗头和安全隐患进行分析和处理，坚持从管理上找原因、查漏洞、定措施，通过分析查找原因、整改隐患、完善规章、改进管理，防止同类事故重复发生。

认真落实“预防为主”的方针，在管理人员中树立安全管理责任意识，切实做到事事有人负责。

3. 安全整改

对于日常运营中暴露的安全隐患，以开展“安全隐患整治月”等活动，对影响安全运营的设施、设备各类隐患进行排查，确保设施、设备处于正常运营状态。同时，应针对运营过程中暴露出的设备系统问题，组织技术力量进行技术攻关，不断优化设备系统。

4. 完善考核和责任追究制度

（1）以员工手册作为员工考核的依据。

（2）月度经济责任制考核制度。

（3）领导干部安全责任追究制度。

（4）运营主业单位安全责任风险抵押金制度。

本章小结

危险源是指可能造成人员伤害、职业病、财产损失、作业环境破坏或这些情况组合的根源或状态。危险源主要有物理性危险源、化学性危险源、生物性危险源、心理或生理性危险源、行为性危险源、其他危险源。对危险源的识别是确认危险源的存在并确定其特性的过程，实质是找出组织中存在的人的不安全行为、物的不安全状态、作业环境中存在的危害因素及管理缺陷。识别危险源应关注三种状态，即：常规状态、非常规状态及潜在的紧急情况。而城市轨道交通危险识别涉及员工的健康与安全、行车安全、设备安全、消防安全、交通安全、乘客及相关方安全、财产损失和列车延误等范畴。危险源识别范围包括城市轨道交通覆盖内工作区域及其他相关范围内的生产经营活动、人员、设施等。所以要确定危险源事故类型，并根据事故类型划分危害事件，根据过程划分危险源识别对象。

城市轨道交通系统的运营事故受两大方面因素影响，即内部因素和外部因素。内部因素主要是指设备设施故障或人为误操作等；外部因素主要是指有恐怖袭击、乘客携带违禁物品、自然灾害、外界事故（如停电，水、气管道破裂）等，其中火灾事故的危险度值最高，人为纵火、恐怖袭击等意外事故在国外发生的次数比较多。

根据国内外城市轨道交通事故危险度分析结果，可以对城市轨道交通系统存在的主要危害因素进行预先危险分析，可知城市轨道交通火灾、爆炸、列车脱轨、拥挤踩踏等危险因素均可能导致灾难性或严重事故。城市轨道交通企业应定期或不定期对运营情况进行危险源辨识和安全评估，及时掌握当前的安全运营状况和潜在的风险，做到安全管理工作心中有数，并及时调整安全工作的重点，对潜在的风险制定风险的防范措施，变被动安全为主动安全。对影响安全运营的设施设备难点问题进行专题研究，不断提高设施设备完好率。同时应学习国内外运营安全风险评估体系的先进做法，建立符合运营实际的风险评估体系，并将其作为长效管理手段。

建立反应灵敏的预警机制，通过危险源的辨识，变事后补救为事先预防，通过建立设施设备的信息化管理手段，增强设施设备的状态监控；通过安全检查、业务考核等手段，增强从业人员的业务素质，并消除人为隐患；通过采用先进的监控技术，减少灾害天气和突发事件对轨道交通运营的影响；通过强化预警机制的功能，及早发现隐患，力争将事故消灭在萌芽状态。

我国已进入城市轨道交通建设的快速发展阶段，顺畅高效的接管程序是确保新线顺利接管、按时开通的重要保障。因此，应建立和完善新线接管程序，规范建设、运营的接管节点和职责，明确新线部与相关部室、分公司的各自职责，确保新线接管安全顺畅。要从设计、施工、设备调试、验收等环节介入，不断进行安全评估，并进行总联调。在新线接管过程中，随着运营方的逐步介入，会存在主要设备临时代管、施工计划代管、线路运行权交接等关键节点，这些阶段存在着设备处于调试阶段、施工人员多、调度条件不成熟等不利因素，易发生设备、人身安全事故，因此，必须针对新线接管的关键节点制定严密的规章制度。

城市轨道交通运营安全过程控制就是对轨道交通运营工作流程的全过程进行控制，从运营计划和运行图的制定、调度指挥实施、车站客流组织和客运服务、设施设备的保障等各个环节进行全过程控制，通过各个环节有效的监控和正常运转，来实现轨道交通各组成部分的联动有效运转。建立和强化安全运营“过程控制”，采取积极有效的措施，将事后补救变为事前预防，真正体现“安全生产、预防为主”的原则。

如果事故发生，就要做好交通运营安全事后控制，要完善抢险救援运作机制，建立事故处理的规范程序，坚持从管理上找原因、查漏洞、定措施，通过分析查找原因，整改隐患，完善规章，改进管理，防止同类事故重复发生，切实做到事事有人负责。要加强安全整改，对于日常运营中暴露的安全隐患，以开展“安全隐患整治月”等活动，对影响安全运营的设施、设备各类隐患进行排查，确保设施、设备处于正常运营状态。同时，针对运营过程中暴露出的设备系统问题，组织技术力量进行技术攻关，不断优化设备系统。进一步完善考核和责任追究制度。

思考题

1. 危险源如何分类？
2. 危险源的识别方法有哪些？
3. 城市轨道交通运营的主要危险因素有哪些？
4. 城市轨道交通运营模式如何划分？
5. 城市轨道交通危险源的识别范围是什么？
6. 城市轨道交通运营安全控制过程是什么？

6 第6章 城市轨道交通运营安全事故分析

引　言

随着城市交通的建设，城市轨道交通逐渐成为人们日常工作生活的出行工具，轨道交通的伤亡事故也随之增加，严重影响城市轨道交通运营的安全与可靠性。而城市轨道交通安全问题，贯穿于设计、施工、运营等全过程，对城市轨道交通运营安全事故分析，越来越受到人们的重视，它不仅为安全设计和有针对性地加强轨道交通系统应急能力建设，改进相应的设施，预防事故的发生提供了有效的依据，还对总结经验教训，提出事前预防、事故过程控制时的意见和建议，防止事故发生、阻止事故扩大以及挽救人民生命财产有着重大的意义。

本章主要从城市轨道交通运营安全常见事故及其特征，城市轨道交通运营安全事故致因分析，城市轨道交通运营安全事故演化分析三大方面加以阐释。

本章学习重点

本章通过列举历年来城市轨道交通运营安全事故，将已发生的历史事故分为火灾事故、水灾事故、停电事故、自然灾害、列车事故、恐怖活动、公共安全事故七类，分别其进行了定性的描述。再从“人员－机器－环境－管理”四个方面对事故发生的原因进行归纳，并通过故障树、事故树等方法举例说明了事故分析的常见方法。事故演化分析是研究事故另一个重要的方向，归纳事故“潜伏－渐进－临界－突变”演化阶段，通过对使用网络模型和系统动力学知识研究事故演化情况的引用和举例，较好地说明了事故的演化阶段和演化方式。

事故致因及演化分析，不仅可以为城市轨道交通事故分析提供参考，还可以提出事前预防、事故过程控制时的意见和建议，为防止事故发生、阻止事故扩大以及挽救财产和人民生命有着重大的意义。

6.1 城市轨道交通运营安全常见事故及其特征

6.1.1 城市轨道交通运营安全事故概况

近年来，我国在铁路和高速公路事故故障统计、分析方面进行了较多的研究，而城市轨道交通在我国发展时间较短，事故故障信息的积累和统计分析相对较少。而城市轨道是很多城市缓解交通问题的首选方案，近年来全球地铁事故不断，我国的北京、上海、广州等城市地铁也先后发生事故，城市轨道交通的安全性受到了人们越来越多的关注。因此，统计、分析城市轨道交通的事故是对其进行安全管理、控制、预警等的重要前提。

城市轨道交通运营安全事故及灾害，是指在运营过程中发生的人员伤亡、财产损失或系统运营受到影响的事件。由于城市轨道交通系统内部环境的复杂性和外部环境的不确定性，其运营事故和灾害的表现形式为多种多样，且大的灾害往往随一种或几种次生灾害同时产生，使其危害性更大，更难于防范。因此，城市轨道交通运营事故及灾害是安全设计中关注的风险对象，而大的事故也是运营安全风险防范工作的重中之重。

6.1.2 城市轨道交通运营安全事故分类及特征

城市轨道交通线路走向一般沿城市建成区的主干道铺设，线路沿线房屋密集、高楼林立、商业繁华、客流量大。城市轨道交通事故按照是否建成可以分为施工期间事故和运营期间事故，本书主要讨论的是城市轨道交通在运营期间发生的事故。

城市轨道交通运营安全事故，根据事件性质可以分为火灾事故、水灾事故、停电事故、自然灾害、列车事故、恐怖活动、公共安全事故等七类事故。

1. 火灾事故

火灾事故是对城市轨道交通运营安全造成的影响最为严重，危害最大的一类事故。导致起火的原因有很多，如电路故障、设备故障、操作不当、人为纵火，或者其他灾害衍生出来的次生灾害，都有可能导致火灾。

1986 年 11 月 18 日傍晚，英国伦敦国王十字地铁站发生了重大火灾，造成 32 人死亡，100 多人受伤，经济损失严重。地铁站的自动扶梯是古老的木质电梯，极为陈旧，大火便是从自动扶梯的底部开始烧起来的。大火的火势迅速蔓延，浓烟滚滚，当时在地铁站候车的乘客乱作一团，中央售票大厅到处是混乱奔跑的人。地上横七竖八地躺着人，有的人已被烧得面目全非，受惊人们夺路而逃。地铁站的大火烧了4个小时才被扑灭。

新千年地铁火灾并没有消失。2010年4月29日晚10点之后，美国波士顿地铁发生火灾，大火产生的浓烟造成大批乘客被迫撤离并导致数条线路关闭，20人因为吸入浓烟而感到呼吸不畅。虽然大火很快得到控制，但产生的浓烟仍蔓延至多个车站，阻碍了列车正常出行。

2. 水灾事故

城市轨道交通水灾事故主要是指由于自然降雨、台风，或地下结构破坏渗水等导致的水淹事故，致使设备损害、运营中断等后果的事故。

2007年8月8日美国纽约因下暴雨导致地铁运输系统瘫痪，在早上的上班高峰期，每条进入曼哈顿的地铁线路都不同程度受到洪水影响，到下班时间，纽约人仍面临着大部分地铁服务被延误或取消的情况。2005年4月，南京地铁河南中路站因不明原因渗水，水从站厅墙面与地面连接处渗出，乘客纷纷踮起脚跟淌水进站，或是改走其他入口进站。受站厅积水的影响，下层候车站台上的部分地方开始漏水。站厅内，售票间、自动售票机以及部分地铁商铺也受水灾"困扰"，由于事发时正处清晨，各地铁商铺还未开张，来不及抢救。

3. 停电事故

城市轨道交通停电事故主要是指由于灾害或者供电系统损坏导致的城市轨道交通站点、列车断电停运等造成运营瘫痪甚至人员受伤的事故。

2008年5月24日下午3点09分，广州地铁一号线一辆列车运行时，突然发生供电设备故障，导致农讲所站至长寿路站的线路停电，故障一度造成一号线停运时间共89分钟，导致大量乘客拥堵在内，乘客情绪紧张。

4. 自然灾害

对城市轨道交通系统造成影响的自然灾害主要包括：地震、大风、雷击、洪水、雨雪、冰冻等。相对而言发生比较多危害比较大的是地震和雨水倒灌。

2008年6月14日7点43分，日本岩手县内陆南部发生里氏7.0级强烈地震，日本首都东京有震感，仙台市地铁全线停运。2008年7日16时起至8日10时许，南京遭遇本年度第一场灾害性大暴雨，南京地铁一号线小行站供电设备被雷电击中，导致中胜至安德门站区间地铁停运1小时37分钟。

5. 列车事故

城市轨道交通列车事故主要是指运营过程中发生的列车相撞和脱轨事故，还包括列车追尾、列车颠覆等，易造成人员伤亡、运营中断、瘫痪等严重后果。

2005年4月25日上午，日本兵库尼崎市一列载有580多名乘客的列车发生出轨事故，列车7节车厢中有3节出轨，并在强大惯性作用下冲进路边公寓楼底层，事故造成107人死亡，417人受伤。这是日本历史上最严重的列车出轨事故，也是城市轨道交通运营安全史上最为严重的事故之一。2009年12月22日，上海地铁一号线发生电力故障，一辆列车与增援列车相撞、多名乘客受伤，车体受损，一号线全线停运，大量旅客疏散。

6. 恐怖活动

城市轨道交通中的恐怖活动主要形式为爆炸、投放毒气等。

2005 年英国伦敦地铁发生了举世瞩目的恐怖连环爆炸案。当地时间 2005 年 7 月 7 日 8 点 51 分，利物浦街地铁站附近隧道发生爆炸，7 人死亡；上午 8 点 56 分，King's Cross 地铁站和 Russell 广场地铁站间的隧道发生爆炸，21 人死亡；上午 9 点 17 分，地铁在进入 Edgware 路站的时候发生爆炸，7 人死亡。2001 年 9 月 2 日晚 11 点 30 分，蒙特利尔市中心地铁车站发生罕见的催泪毒气袭击乘客事件。事件中有 42 人被送到医院接受治疗，还有许多人躺在车站地面上接受紧急处理。有 65 个地铁车站的蒙市地下交通系统全部停止运行。

7. 公共安全事故

城市轨道交通公共安全事故主要是指由乘客造成的事故或对乘客人身安全造成直接影响的公众性质的事故，如踩踏事故、坠轨事故等，由于车站人数过多拥挤，或是乘客蓄意，或是公共设施故障等都容易造成此类事故，导致财产损失、运营中断甚至人员伤亡。

2010 年 12 月 14 日 8 时 50 分，我国广州深圳地铁国贸站 5 号扶梯故障，主机固定螺栓松脱，其中一个被切断，使主机支座移位，造成驱动链条脱离链轮，上行的扶梯在乘客重量的作用下下滑，扶梯出现逆行，导致 25 名乘客受到挤压并擦伤。

根据历史数据，全世界范围内自从城市轨道交通建成投入运营以来，世界各地共发生重大事故：火灾事故约 39 起，水灾事故约 6 起，停电事故约 3 起，自然灾害约 6 起，列车事故约 22 起，恐怖活动约 14 起，公共安全事故约 1 起。根据事故类型，可绘制出图 6 – 1 所示的事故分布图。

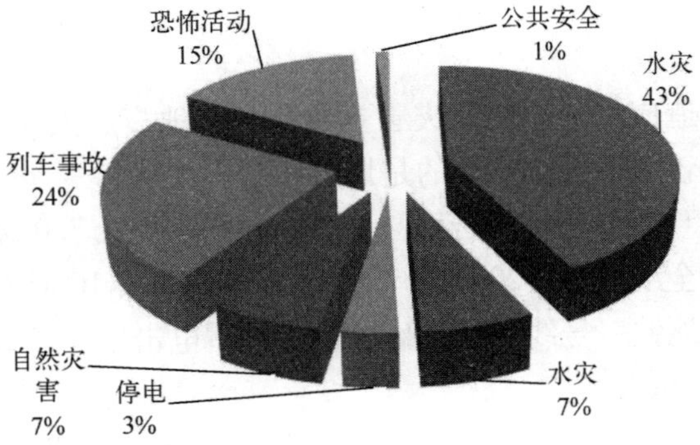

图 6–1 城市轨道交通事故分布图

除了这七类主要事故，还有一类事故非常重要：停运事故。城市轨道交通停运事故主要是指由于各种原因造成的线路停运甚至扩大到整个路网瘫痪的事故。在这七类事故的发生后，可能导致财产损失、人员伤亡，但是最常导致的后果就是列车停运、瘫痪，这对城市轨道交通运营来说，也是不小的损失。

城市轨道交通运营安全事故还有其他分类方法：

① 按照事故导致后果的程度，分为一般事故、较大事故、重大事故、特别重大事故；按照事故紧急和轻重程度分为一般事件、突发事件、突发事故、重大事故等。

② 按照城市轨道交通物理设备、性质，可分为设备事故、工伤事故（人员受伤等）、消防事故（火灾事故）、行车事故等。

城市轨道交通运营安全事故的分类，是为存储事故数据、事故分析以及预警做基础，因此，找到合适的分类方法和各自类别的特性非常重要，且不同的分类方法在不同的途径中有着不一样的作用。也可以同时利用多维度的分类方法，使事故特征更加明显，更容易进行下一步分析工作。

6.1.3　城市轨道交通运营安全历史事故

以下表格记录了全世界 2000—2010 年城市轨道交通运营安全事故的主要案例，发生的时间、地点，以及部分产生原因和结果，如表 6-1 所示。

表 6-1　2000—2010 年城市轨道交通运营安全重大事故统计表

事故发生时间	事故发生地点	事故产生原因及后果
火灾事故		
1991 – 4	瑞士苏黎世	地铁机车电线短路，58 人受伤
1994 – 6	中国台北	变电室火灾，3 名消防员受伤
1995 – 10	阿塞拜疆巴库	机车电路故障，300 多人死亡，200 多人受伤
2001 – 7	英国伦敦	列车撞击月台起火，32 人受伤
2003 – 2	韩国大邱	人为纵火，198 人死亡，147 人受伤
2004 – 1	中国香港	人为纵火，14 人受伤
2006 – 7	美国芝加哥	脱轨起火，152 人受伤
水灾事故		
2001 – 9	中国台北	台风带来的暴雨和洪水，18 座车站淹水，地铁瘫痪
2003 – 7	中国上海	施工隧道渗水，造成一幢民房坍塌，附近防汛墙开裂
2005 – 4	中国上海	管道破裂渗水，导致一个出入口封闭超过 2 小时，部分商铺受影响
2007 – 8	美国纽约	暴雨导致地铁运输系统瘫痪
2008 – 3	中国上海	泡沫塑料堵塞下水道，通道地面严重积水，4 部电梯停运，影响正常运行超过 2 小时
2008 – 7	中国北京	雨水倒灌入车站，停运 3 小时
停电事故		
2003 – 8	英国伦敦	停电后，2/3 列车停运，25 万人被困在地铁中，许多地铁站被迫暂时关闭
2007 – 10	日本东京	东京地铁大江户线突然停电，进而造成全线停止运行，1300 人被困在列车中，10 人因身体不适被送医院治疗
自然灾害		
2001 – 9	中国台北	台风，台北捷运高架线路长时间停运
2003 – 5	日本仙台	地震，仙台地铁全线停运
2007 – 7	中国重庆	雷击，供电设备损坏，部分区间断电，部分线路停运达 7 小时
2008 – 4	中国上海	10 级大风，上海轨道交通 3 号线限速运营 0.5 小时
列车事故		
2000 – 3	日本东京	列车出轨，3 人死亡，44 多人受伤

续表

事故发生时间	事故发生地点	事故产生原因及后果
2000 - 6	美国纽约	列车出轨，89 人受伤
2003 - 1	英国伦敦	列车出轨，32 人受伤
2003 - 10	英国伦敦	列车出轨，7 人受伤
2004 - 11	美国华盛顿	列车相撞，20 人受伤
2005 - 1	泰国曼谷	列车追尾，140 多人受伤
2005 - 4	日本兵库尼崎	列车出轨，107 人死亡，400 多人受伤
2006 - 7	西班牙巴伦西亚	列车脱轨颠覆，41 人死亡，47 人受伤
2006 - 10	意大利罗马	与停站列车追尾，1 人死亡，236 人受伤
2007 - 7	委内瑞拉	列车追尾，1 人死亡，多人受伤
2009 - 6	美国华盛顿	列车相撞，9 人死亡，76 人受伤
2009 - 9	日本东京	列车相撞，29 万乘客受影响，停运约 6 小时
2009 - 10	法国巴黎	列车脱轨，36 人受伤
2009 - 12	中国上海	列车相撞，50 万乘客受影响，停运约 4 小时
恐怖活动		
2000 - 11	德国杜塞尔多夫	车站炸弹袭击，9 人受伤
2001 - 8	英国伦敦	地铁爆炸意外，6 人受伤
2001 - 9	加拿大蒙特利尔	毒气袭击，40 余人受伤
2004 - 2	俄罗斯莫斯科	自杀式爆炸袭击，40 人死亡，134 人受伤
2004 - 8	俄罗斯莫斯科	爆炸袭击，8 人死亡，10 人受伤
2005 - 7	英国伦敦	连环爆炸袭击，52 人死亡，700 余人受伤

相比 2000 年前发生的事故，2000 年至 2010 年间，公共安全事故例如踩踏事故少有发生，而列车事故、火灾事故和水灾事故依然是发生较为频繁，影响较为严重的事故，恐怖活动在新千年也时有发生，也是构建城市轨道交通运营安全体系时必须要重点考虑的事故。

事故发生的原因尤其受到人们的关注。细究每一类事故的发生原因会有不同的发现。例如，在火灾事故中，有由于电气电路故障引起的火灾，有因为列车撞击脱轨造成的火灾，也有人为纵火。虽然最终后果的表现形式为火灾，但是起因却不尽相同，这就引导我们思考下一个问题：引起城市轨道交通事故的原因都有哪些？它们是怎么引起重大安全事故的？

6.2 城市轨道交通运营安全事故致因分析

6.2.1 城市轨道交通运营安全事故原因

城市轨道交通运营系统和很多现实的社会系统一样，是一个涉及“人 - 机 - 环 - 管”

四大因素的大系统，如图 6-2 所示。

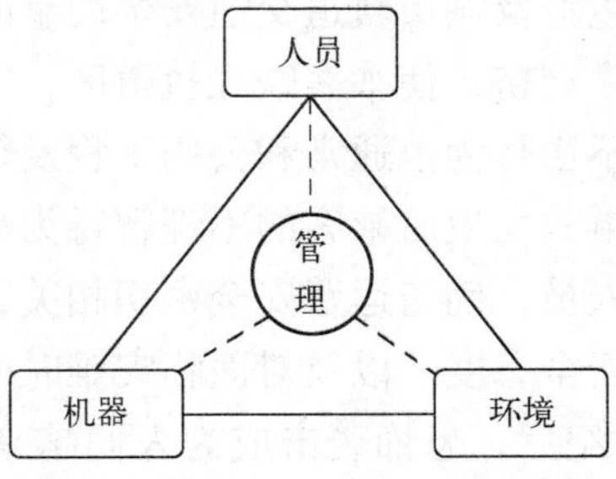

图 6-2　城市轨道交通“人 - 机 - 环 - 管”因素

- 人员：包括乘客、工作人员、社会机构等与城市轨道交通有关的人员和机构；
- 机器：包括列车、控制系统等所有机器设备、系统；
- 环境：包括城市轨道交通内部环境以及影响城市轨道交通的外部环境，如自然、社会、政治环境等；
- 管理：主要指对城市轨道交通运营产生管理控制效果的管理规章制度、管理控制手段等。

城市轨道交通的安全事故原因分析，通常遵循以上的要素进行，把其视为基础要素，进而分析事故原因，并且对原因进行分类。另外，城市轨道交通运营系统又是一个车站之间系统高度重复的综合系统，考虑事故原因分析时，有时也需要把车站间、路线间及路网内的影响考虑进去。

众多学者通过致因分析方法（如故障树分析、事故树分析）得出的主要结论为：城市轨道交通重大运营事故及灾害发生的原因主要可以分为人员因素、系统因素、环境因素、管理因素四个方面，以下从每个方面细究其根本原因。

1. 人员因素

人员因素主要包括两个方面：涉内人员和涉外组织。其中涉内人员是指活动在城市轨道交通系统内的人员，例如乘客、工作人员和恐怖分子等；涉外组织则是指和城市轨道交通系统有着密切关联的组织，如相关政府部门、消防部门、医疗部门等社会机构和组织。

1）涉内人员

（1）工作人员的不当操作。例：2009 年 6 月 22 日，华盛顿两辆 6 节车厢的地铁发生追尾事故，造成 7 人遇难，76 人受伤。这是华盛顿 33 年以来最为严重的轨道交通事故，专家分析可能是由于驾驶员误看信息导致。

工作人员违反安全操作流程、规范的行为以及无意间的操作失误等。要保证城市轨道交通运营系统的安全，需要对工作人员提出要求，有必要时要进行培训，提高其业务技术素质、心理素质、团队合作能力、反应能力等。

（2）乘客的不当行为。例：2011 年 2 月 18 日，一名女子在南京地铁一号线跳轨，一辆列车从该女子身上碾过，女子因伤重抢救无效死亡。跳轨事件发生后，一号线列车因此延误

38 分钟。

乘客自身和乘客群体会发生危及城市轨道交通安全的事故。例如，乘客擅自携带明令禁止的物品；站台上乘客过多产生拥挤，使乘客跌入轨道区；以及由于个人精神失常而无法自我控制的破坏举动等。乘客的不当行为也通常和公用工程及辅助设施有关。例如乘客对运营设施设备的不当使用，以及在事故发生后乘客的不理智行为等。

乘客属于运营系统以外的人员，确与运营安全密切相关，我们应该通过各种途径直接或间接地提高乘客的安全意识、安全态度，以及对面临灾难时的应急措施进行宣传教育。

（3）恐怖袭击。进入 21 世纪后，恐怖袭击成为人们越来越关注的部分。城市轨道交通是客流集中的地方，很容易成为恐怖分子袭击的目标。根据历史记载，恐怖分子已制造了多起爆炸、纵火、毒气事件，其后果非常严重，往往造成大量的人员伤亡。

面对恐怖袭击的严重后果，我们一定要有预防为主的理念，安全检查、危险物品排查等工作都不容忽视，应该视为日常工作来处理。

2）涉外组织

涉外组织和城市轨道交通运营安全的主要联系通常发生在事故发生后，尤其是消防部门、医疗救护部门等负责参与处理事故的部门。与这些部门保持良好畅通的联系，及时提供城市轨道交通的地形、设备设施布置等信息，尽力辅助这些部门救护工作的进行是安全事故发生时和发生后的重点之一。

2. 系统因素

主要指基础设备自身故障。设施设备老化、使用不当等因素不可避免地会造成系统自身的不可控故障。基础设备主要包括固定设备和移动设备，固定设备如线路设备、车站设备、信号设备，移动设备如车辆设备、通信设备等。而在城市轨道交通运营系统中，设备根据它们的用途可以被分为电气系统、车辆系统、通风/排烟系统、给/排水系统、通信/信号系统、计算机控制系统、公用工程及辅助设施等七类，这也是在城市轨道交通运营安全设施中较为常见的分类方式。

1）电气系统

变电所、配电室中的电气设备由于短路、过载等情况，照明、电热器具安置或使用不当、违章作业等均会引起电气火灾、触电事故；杂散电流则会给地铁以外的金属管道、金属结构造成电蚀危害；列车内的高压电器设备损坏时也可能引起人员伤亡事故。此外，城市轨道交通的隧道、列车中都存在有各种电气设备和线路，由其漏电等原因可以引发火灾。

2）车辆系统

车辆失控或故障引发列车脱轨或相撞事故；轨道损伤或断裂、线路设计和施工缺陷也可能导致列车脱轨；地铁车门的安全标志不清造成机械伤人事故；地铁列车内材料发生火灾后产生有毒烟气，加重事故后果；车辆段蓄电池间、检修间等车间易产生有毒气体对工作人员健康造成影响等。

3）通风/排烟系统

发生火灾后，若通风系统故障或操作不当，火灾产生的致命烟气难以消散，进入人的呼吸系统导致窒息，严重危害在场人员的生命安全，是导致火灾事故人员伤亡的重要原因之一。

4）给/排水系统

隧道内排水系统不完善，隧道防水设计等级过低，导致涝灾或地表水侵入，轻则影响环境卫生，重则造成水灾；给、排水管道的防腐，绝缘效果不佳发生的泄露现象；地面车站的地坪高度低于洪水设防要求等，这些都为增加水灾影响埋下了安全隐患。

5）通信/信号系统

通信系统的电源发生故障或通信设备本身发生故障等问题时，不能保证各种行车信息及控制信息不间断地可靠传输，从而引起事故的发生。

6）列车运行控制系统、计算机系统

在计算机信息科学技术发达的今天，计算机信息系统在城市轨道交通中的应用十分普遍，其中列车运行控制系统是提高运输效率的核心部分。它包括车载和地面两部分。车载部分包括车载计算机控制系统以及与地面系统进行信息交换的设备。地面部分包括列车控制中心与通信网络和轨旁轨道电路、信标、应答器等。车载计算机控制系统通过与地面系统交换信息来控制列车的安全运行。

美国首都华盛顿当地时间 2009 年 6 月 22 日 17 点 02 分，两辆地铁列车在华盛顿东北部相撞，造成了华盛顿 30 多年来最严重的事故。华盛顿地铁列车事故死亡人数上升至 9 人，受伤者为 80 人。据调查人员的测试结果，由于列车运行控制系统中的轨道电路等轨旁设备及其“地—车”之间通信传输系统出现问题，列车控制系统始终没有检测到停在前面的测试列车，导致车距太近而事故发生。

7）公用工程及辅助设施

车站疏散通道或疏散楼梯设置不合理，或疏散路径上存在阻碍物体，是导致拥挤踩踏事件发生的原因之一。自动扶梯运行可能发生梯级下陷等故障，车站地面材料防滑效果不明显、地下车站站厅乘客疏散区等相连的公共场所布局不合理等存在发生连锁火灾的危险。

在城市轨道交通运营安全系统中，还有一类设备也是非常关键的，即运营安全技术设备，这一类设备是专为运营安全检测、安全隐患排查而准备的，如安全监控设备、安全检测设备、报警设备、事故救援装备等。而且这类设备的故障，也可能导致不能及时发现安全隐患而无法阻止事故发生。所以从事故发生的角度来讨论，它并不是主要原因和根本原因，所以暂且不论。

3. 环境因素

环境因素的影响主要来自于外部环境和内部环境两部分。

1）外部环境

（1）台风。台风对沿海城市的轨道交通特别是高架桥部分破坏程度较高。另外，台风引起的降水、暴雨或者其他气象灾害，对城市轨道交通影响也更为直接。

（2）水灾。地铁工程的车站和隧道大都处于地面标高以下，一方面受到洪涝灾害积水回灌危害，另一方面受到岩土介质中地下水渗透浸泡危害，可以使装修材料霉变，电气线路、通讯元件受潮浸水损坏失灵，造成工程事故；地下水积存，使地铁内部潮湿度增加，使进入车站的乘客胸闷不舒适。

2005 年 8 月 8 日，因台风造成的 6 小时高强度降雨致使上海部分路面积水倒灌入地铁一号线常熟路站至徐家汇站之间的隧道，导致地铁列车因大量积水无法正常运行。

（3）地震。一般认为地震对地下结构影响较小。但 1995 年日本阪神大地震中，地铁车站及其区间隧道等结构的大量大型地下结构出现严重的破坏，引起世人震惊，使人们对地下结构的抗震安全性产生了怀疑。初步研究表明，地下结构具有不同于地面结构的抗震性能和破坏特征，在某些情况下，同样会发生严重甚至强于地面结构的破坏。

此外，气候因素、季节因素、时间因素和沿线地形地貌等，也都有可能对行车安全造成影响。

2）内部环境

主要指人为形成的系统环境条件，包括周围的空间和一切运营设施构成的人工环境。城市轨道交通地下区间隧道、地下车站设备用房等场所的常年阴暗潮湿环境和虫鼠害等，极易造成关键设施设备的故障。另外，站厅内商业区域的可燃物较多，而且餐厅内还有燃气、明火等，增加了发生火灾的危险性。

4. 管理因素

城市轨道交通运营安全管理，是指管理者按照安全运营的客观规律，对运营系统的人、财、物、信息等资源进行计划、组织、指挥、协调和控制。管理因素包括：安全管理办法；安全法制；检测与维修；安全教育与培训；安全组织等。

城市轨道交通重大运营事故中的列车脱轨、列车相撞以及重大设备故障等各类事故，究其深层原因都存在运营管理不善的情况。由于本章侧重点在于事故发生的客观原因和阶段，而管理因素影响范围极其深广，且不易控制和辨识，本章不作过多讨论。

5. 因素相互影响分析

从以上四个因素分析，以及本章所提到的各个事故例子中，都可以看出，每起事故的发生，基本都不是因为单一因素造成的，以经典的伦敦火灾为例，除了明显的木质楼梯（公用工程和辅助设施）引起火势蔓延的原因外，还可以探究别的因素，例如通风/排烟系统是否完好、火灾应急预案是否完善、公众疏导（管理因素）是否妥当等。

人员与人员之间：从工作人员的角度来看，城市轨道交通运营是由多部门、多层次人员分工与协作来实现的，同事之间、管理者与被管理者之间的合作、影响和制约，对于防范事故发生过程有着关键的影响，人与人之间的配合，甚至可以组织或引导事故发展的方向。工作人员和乘客、社会人员的配合也十分重要，在紧急时刻，乘客能够配合工作人员的疏导、听从工作人员的指挥，将会将事故带来的损失减小。

人员与机器之间：在这两者的关系中，人是操纵机械的主体，人的态度、注意力、技能等直接影响着机器的正常运转。同时，在信息技术迅速发展的今天，部分智能机器也能为人提供决策支持、自动报警、纠正误差等功能，减少由于人的疏忽带来的损失。

人员与环境之间：人与环境的关系也是相互的。一方面，人生活在环境中，受到环境条件的影响和制约，例如天气炎热可能会引起工作人员和乘客的燥热情绪，从而导致公共安全事件例如冲突的发生而有安全隐患等。另一方面，人在不断地从环境中获取信息，从而控制环境、改造环境，如实时观测天气，在自然灾害到来前增强内部环境的防御能力。

机器与环境之间：机器与环境之间也是相互作用的。随着时间推移，机器的工作效率会不可避免地降低，机器处在环境中，受到环境的影响开始了慢性变化，例如受潮、磨损、生锈，从而影响机器工作的效率，埋下安全隐患；而环境也会受机器的影响，尤其是内部环境，如果机器故障，发生气体、液体泄漏或者不能及时排出有害物质时，内部环境就会因此变得危险。

四大因素之间的关系如图6-3所示。

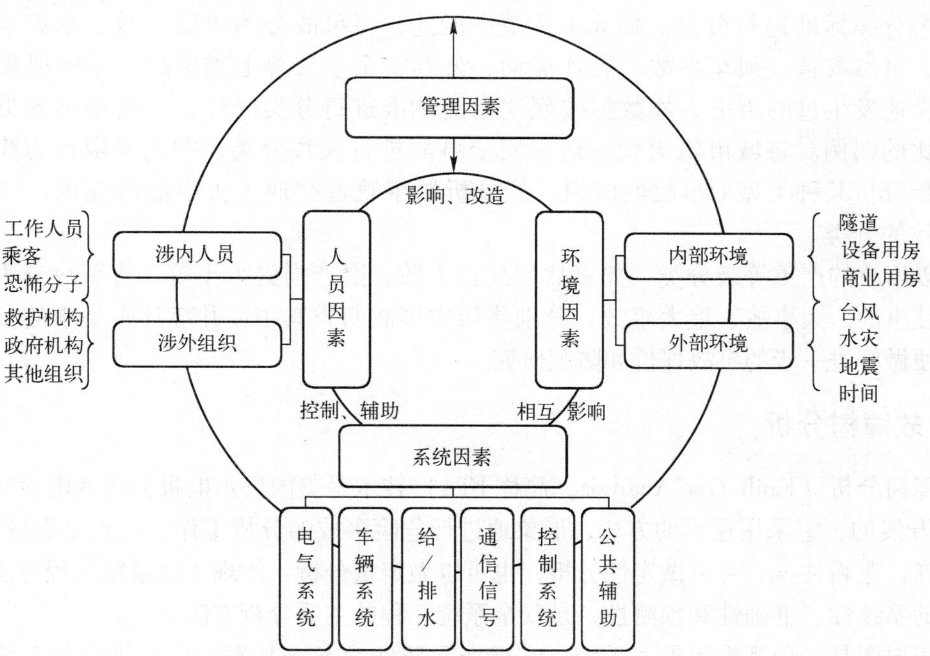

图6-3 “人-机-环-管”四个因素的关系

6.2.2 城市轨道交通运营安全事故分析方法

1. 事故统计分析

在城市轨道交通运营安全事故分析中，最为常用的便是事故的统计分析。统计分析是指运用统计方法及与分析对象有关的知识，从定量与定性的结合上进行的研究活动。它是统计设计、统计调查、统计整理之后的一项十分重要的工作，是在前几个阶段工作的基础上通过分析从而达到对研究对象更为深刻的认识。系统、完善的资料是统计分析的必要条件，这也是统计分析的优点，能站在历史数据的角度上对事故致因进行合理归纳和分析。

1）数据预处理

对任何现象进行统计分析之前，必经之路便是搜集真实的历史数据，并对数据进行预处理，城市轨道交通的事故数据也不例外。要研究城市轨道交通运营安全事故，首先要尽可能真实、全面地搜集全世界发生过的各种运营安全事故，并利用数据表格，将事故的各种属性分解全面。例如，将事故以“事故名称、时间、地点、主要原因、其他原因、伤亡结果、影响程度”这几维属性进行归纳，这样，不论是统计事故的原因，还是事故发生的地点等，都一目了然，为下一步的研究工作打下了基础。

2）分类统计

分类统计是事故统计中最常用的统计方法。事故的原因、后果的严重程度等，都可以被作为分类标准进行分类。例 6.1.2 节中所述，将事故分为火灾事故、水灾事故、停电事故、自然灾害、列车事故、恐怖活动、公共安全事故等七类事故，并将搜集到的城市轨道交通发生过的历史事故数据按照这七类标准进行分类统计，最终得出各类事故所占百分比的图例。将城市轨道交通运营安全事故进行大致分类，类别界限较为简单，如要进一步分析某种类型的事故的成因，如分析城市轨道交通火灾事故的成因，又需进行更为细致的分类。

或以事故的严重等级分类，如事故的死亡人数、财产损失大小等，将事故分为一般事故、险性事故、大事故、重大事故，分别将历史事故归类其中，并统计每类事故发生的概率，以便做好进一步的事故评价和防范研究。

2. 故障树分析

故障树分析（Fault Tree Analysis，简称 FTA）技术是美国贝尔电报公司的电话实验室于 1962 年开发的，它采用逻辑的方法，形象地进行危险事故的分析工作，特点是直观、明了，思路清晰，逻辑性强，可以做定性分析，也可以做定量分析。体现了以系统工程方法研究安全问题的系统性、准确性和预测性，是安全系统工程的主要分析方法之一。

故障树图是一种逻辑因果关系图，它根据元部件状态（基本事件）来显示系统的状态（顶事件）。一个故障树图是从上到下逐级建树并且根据事件而联系，它用图形化“模型”路径的方法，使一个系统能推导出一个可预知的或不可预知的故障事件。路径的交叉处的事件和状态，用标准的逻辑符号（与、或等）表示。在故障树图中最基础的构造单元为门和事件。

以城市轨道交通的车辆走行部为例，其系统中含有轮对轴箱装置、构架、弹簧悬挂装置、中央牵引装置、基础制动装置、驱动装置等。

步骤一：事故分析

以轮对轴箱装置为例可能出现的故障有：

1）车轴故障

车轴的故障主要包括车轴裂纹、折损、磨伤及弯曲等，这些故障能导致切轴故障，进而造成车辆脱轨、颠覆事故。尤其是车轴发生横裂纹时其危害更大。

（1）车轴裂纹及折损。车轴在运用中出现裂纹而导致断裂折损的一般有两种类型：

① 一次断裂。车轴一次断裂多发生在严重的燃轴事故之后；

② 逐渐断轴（疲劳断裂）。大多数车轴断裂都是由于疲劳裂纹逐渐发展的结果。

（2）车轴磨伤。

① 轴身磨伤；

② 轴颈磨耗：轴颈偏磨超过限度将造成轴瓦锥形接触面，容易破坏油膜的形成，进而造成燃轴事故。

（3）车轴弯曲。造成车轴弯曲的原因主要有两个：一是轮对在工厂组装时车轴与车轮不垂直，造成车轴弯曲；二是车辆脱轨时，使车轴受到剧烈的振动，从而造成车轴弯曲变形。车轴弯曲能引起车轴发热、轮缘偏磨，甚至产生车辆脱轨事故。

2）轮对故障

常见的车轮故障主要有轮缘磨耗、轮缘缺损、踏面圆周磨耗、踏面擦伤与局部凹下、踏面剥离和车轮裂纹等，这些故障直接威胁着行车安全。

（1）轮缘磨耗。

① 轮缘厚度减小，进而造成轮缘缺损，影响行车安全；

② 轮缘垂直磨耗，造成车辆脱轨掉道；

③ 轮缘顶部形成锋芒，造成脱轨。

（2）轮缘缺损。

（3）踏面圆周磨耗。引起车辆出轨，甚至造成颠覆事故。

（4）踏面擦伤与局部凹下。踏面擦伤及局部凹下超限时，会使车轮滚动圆周不圆，加剧振动、冲击，造成车辆配件损伤以及导致燃轴等。

（5）踏面剥离。踏面剥离超限时，会使车辆振动加剧，造成车辆配件损伤以及导致燃轴事故。

（6）车轮裂纹。车轮裂纹后，对车辆运行有着极大的危害，因为车轮裂纹会造成车轮破碎，造成行车重大事故。

3）滚动轴承主要故障原因分析

车辆在运用中，滚动轴承一些零部件会发生磨耗、松弛、变形、腐蚀、裂纹、折损等现象，重者可能造成车辆脱轨及列车颠覆等重大行车事故。

① 滚子破裂、缺损；

② 内圈破裂；

③ 轴承内外圈滚道及滚子表面剥离；

④ 套圈和滚子滚道表面划痕、压痕；

⑤ 保持架裂损、铆钉折断；

⑥ 滚动轴承“电蚀”。

4）轴承座的主要故障

轴承座的主要故障是裂纹、磨耗，会导致滚动轴承的损坏，从而影响行车安全。

步骤二：故障树分析

分析好轮对轴箱装置的各种可能导致事故的故障后，便可以依照故障树的标准绘制一下轮对轴箱装置的故障树总图，如图 6-4 所示。

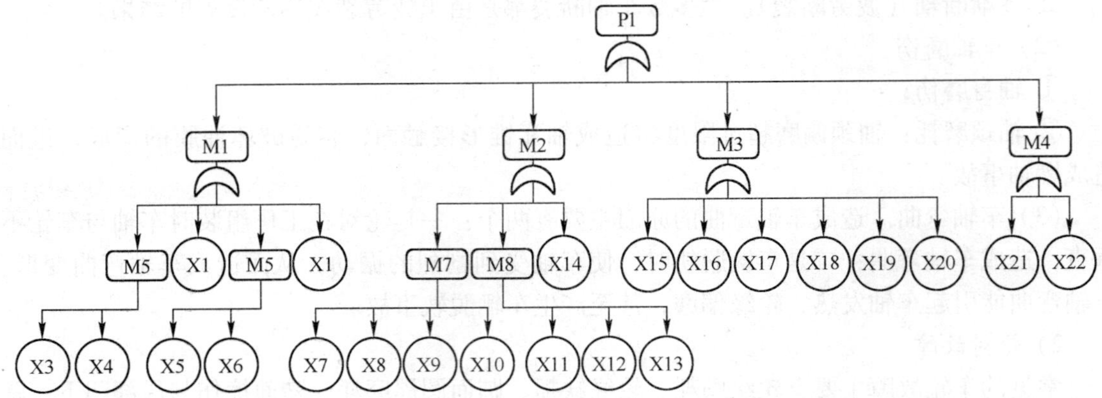

图 6-4　轮对轴箱装置故障树

图中编号所代表的实体和事件名称如表 6-2 所示。

表 6-2　轮对轴箱装置故障树图标注

P1	轮对轴向装置	X8	轮缘垂直磨耗
M1	车轴	X9	轮缘顶部形成锋芒
M2	轮对	X10	轮缘缺损
M3	滚动轴承	X11	踏面圆周磨耗
M4	轴箱	X12	踏面擦伤局部凹下
M5	车轴裂纹	X13	踏面剥离
M6	磨伤	X14	车轮裂纹
M7	轮缘磨耗	X15	滚子破裂缺损
X1	折损	X16	内圈破裂
X2	弯曲	X17	轴承内外圈滚道及滚子表面剥离
X3	横裂纹	X18	套圈和滚子滚道表面划痕压痕
X4	纵裂纹	X19	保持架裂损铆钉折断
X5	轴身磨伤	X20	滚动轴承电蚀
X6	轴颈磨耗	X21	轴箱裂纹
X7	轮缘厚度磨耗	X22	轴箱磨耗

步骤三：单项分析

当需要分析其中一项时，便可以单独将其故障树抽离出来分析，如分析轮对故障，这样更为清晰、具体如图 6-5 所示。

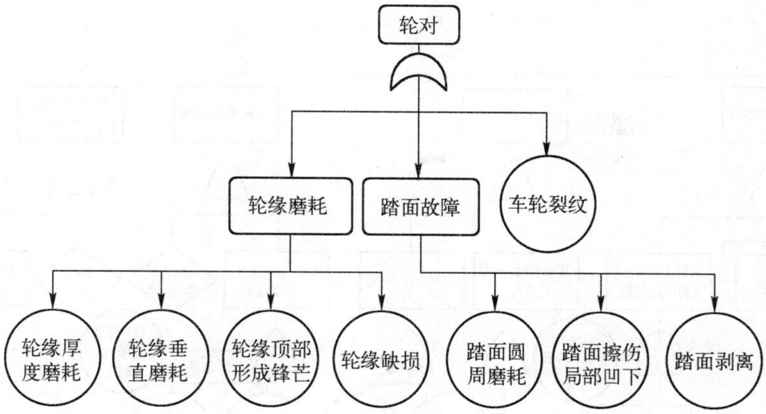

图 6-5　轮对故障树

通过故障树分析，可以清楚得知故障可能产生的来源及其逻辑关系，这为之后的事故原因分析、事故控制等都做了良好的铺垫。

3. 事故树分析

事故树分析（Accident Tree Analysis，简称 ATA）方法起源于故障树分析，是安全系统工程的重要分析方法之一，它能对各种系统的危险性进行辨识和评价，不仅能分析出事故的直接原因，而且能深入地揭示出事故的潜在原因。用它描述事故的因果关系直观、明了，思路清晰，逻辑性强，既可定性分析，又可定量分析。

它是一种表示导致事故的各种因素之间的因果及逻辑关系图，是在设计过程或现有生产系统和作业中，通过对可能造成系统事故或导致事故灾害后果的各种因素进行分析，确定系统故障原因的各种可能组合方式及其发生概率，进而计算系统故障的概率。

事故树分析是一种演绎的分析方法，它从顶上事件（如某种事故）开始，对事故的原因层次依次进行分析判定。以地下铁道火灾事故为顶上事件为例，其事故树如图 6-6 所示。

其中，矩形符号所代表的是顶上事件或者中间事件，要点是必须要具体，如“变电站电容器异常”；圆形符号代表基本事件，即引发事件的基本原因事件，一般属于人 - 机 - 环 - 管中的一类，如“散热器故障”是“车辆电器装置异常”的一种原因；菱形符号代表省略事件，即事前不能分析、或没有必要再分析下去的事件，比如天气、操作不当等。

在事故树中，还有一种类型的符号叫逻辑门符号，包括与门、或门、条件与门、条件或门，以及限制门。另外还有转移符号，当事故树过于庞大时，可以使用转移符号将其部分转移到另一张表上。

事故树的定量分析：绘制完成事故树图后，通过图确定系统故障原因的各种可能组合方式及其发生概率，进而计算系统故障的概率。目前常用的近似计算顶上事件概率的方法如下：

事故树的最小割集指导致顶事件发生的最小基本事件组合。这种近似算法主要利用最小

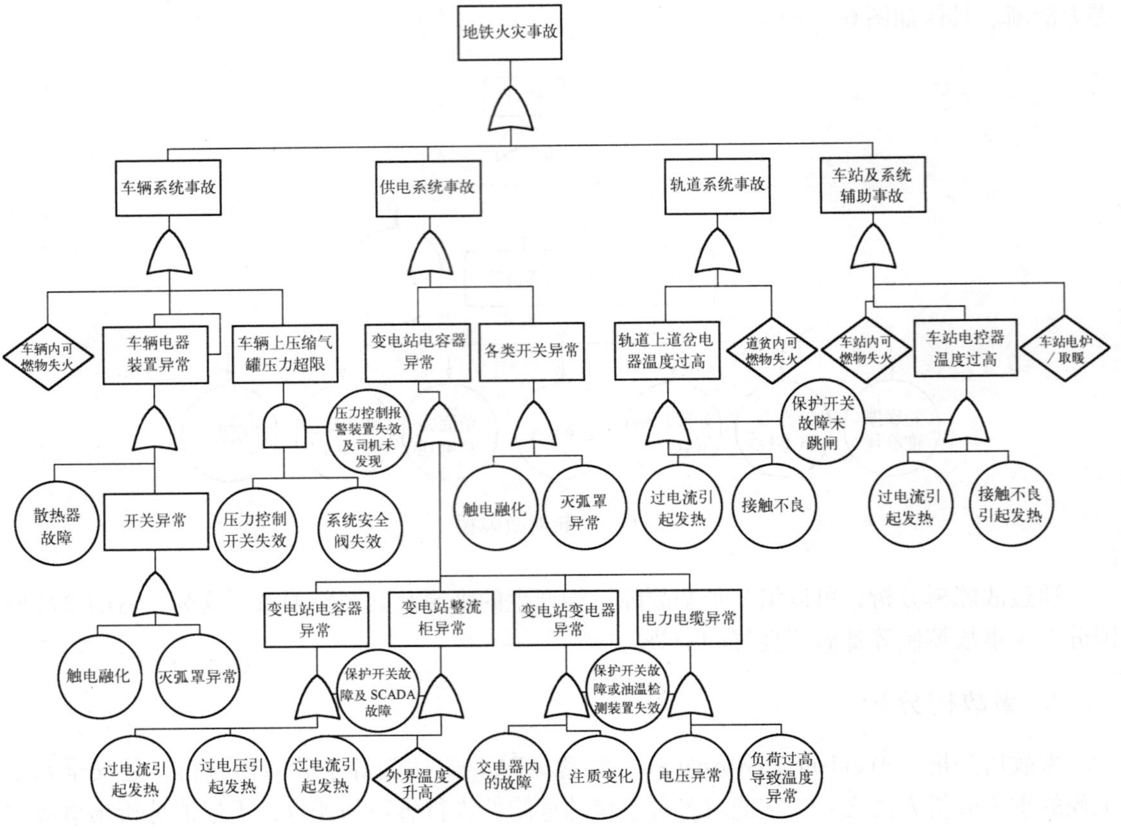

图 6-6　地铁火灾事故树

割集计算顶上事件发生概率的公式得到的。一般情况下，可以假定所有基本事件都是统计独立的，因而每个割集也是统计独立的。

设顶上事件 T 发生的概率为 P，割集 k_1，k_2，…，k_m 的发生概率分别为 P_{K_1}，P_{K_2}，…，P_{K_m} 经过推导可以得出顶上事件发生概率近似公式：

$$P \approx P_{K_1} + P_{K_2} + ,\cdots,\ + P_{K_m}$$

基于此，还有结构重要度等衡量基本事件对顶上事件的影响情况的指标，若想详细了解请参看事故树相关教材。

4. 其他分析方法

1）危险分析 AHP 模型

危险分析，即把预计到的潜在事故划分出危险等级，排列出先后顺序和重点，以便优化处理。利用层次分析法（AHP），建立危险分析 AHP 模型，实现对危险的定性和定量相结合的分析。首先，确定模型元素，以危险源的组成为基础列出 AHP 模型因素，如物质、能量和环境是三大危险因素，它们与其下的各个因素构成了一个树状的危险分析 AHP 模型图；其次，对模型中同一层次的各元素与上一层次中某一准则的重要性进行两两比较，构造两两比较判阵；再次，由判断矩阵计算被比较元素对于该准则的相对权重，如果权重高，说明这个因素的危险性大。

2）灰色关联因素分析

灰色关联分析方法的基本思想是根据序列曲线几何形状的相似程度来判断其联系是否紧密。曲线越接近，相应序列之间关联度就越大，反之就越小。它弥补了采用数理统计方法作系统分析所导致的缺憾，对样本量的多少没有过分要求，也不需要典型的分布规律，而且计算量小，十分方便，适合信息量较少的事故记录。利用灰色关联分析法可以很好地定量分析不同的事故致因因素对事故危害性的影响程度。

以火灾事故为例，首先，选取数列：选取火灾起数、死亡人数、受伤人数和直接财产损失为参考数列，确定与火灾危险性有关的因子作为比较数列（如电气、纵火、用火不慎等），将历年火灾事故根据这两个数列所列出的属性进行统计，如1991年时河南省发生火灾1069起，其中纵火原因的是103起；其次，将数据进行无量纲化处理，根据灰色关联系数的求法，求得比较数列的多因素分别与火灾起数、死亡人数、受伤人数、直接财产损失的关联程度；最后得出结论，纵火因素与死亡人数相关度最大。

6.3 城市轨道交通运营安全事故演化分析

事故演化在本文里又可称为事故扩散、事故演变、事故发展等，意指由一个普通的、内隐性的危险源经由一系列途径和变化后，没有受到致命的阻碍而最终演化成为一个外显性的、恶性的，造成财产损失或者人员伤亡的重大事故的过程。研究事故演化过程，可以更好地对事故进行跟踪控制、预警，进而减小事故发生的概率以及尽量降低事故的影响程度。

针对事故的演化过程的危险源辨识、演化过程等不同演化特征，众多国内学者对事故的演化过程进行了深入的探讨。

6.3.1 城市轨道交通运营安全事故危险源辨识

危险源辨识的主要方法为系统安全分析方法，它同时也是事故致因分析的方法之一。系统中可能导致事故发生的因素在系统安全中被称作“危险源（hazard）”。由陈宝智教授提出的两类危险源理论为，把系统中存在的、可能发生意外释放的能量或危险物质称作第一类危险源；导致约束、限制能量措施失效或破坏的各种不安全因素（物的不安全状态和人的不安全行为）称作第二类危险源，两类危险源共同作用形成了事故发展的起因和条件。另有田秉承教授将诱发不安全状态的管理因素添加至第三类危险源。据此有学者指出，基于事故致因因素所提出的各种危险源概念和分类，就系统安全工程方法应用而言无本质性的区别；所有的事故致因因素在整个事故控制（危险源识别、风险评价及确定控制）过程中都要得到识别和控制。

危险源辨识的主要方法和过程在本书第五章有具体阐述。

6.3.2　城市轨道交通运营安全事故演化过程

1. 事故演化阶段

早在20世纪70年代，就有学者提出了“理论上的开始点、孵化期、急促期、爆发期和后期的救援、社会调整6个阶段”的灾害阶段模型。之后，又有学者提出了“错误产生、错误聚集、警告、纠正或改正、不安全状态、诱发事件产生、保护防卫等7个阶段”，期望通过分析系统中各类因素的相互作用来避免事故；利用马克思主义量变与质变的思想，我们可以将事故演化过程从危险源到事故大致分为潜伏、渐进、临界、突变四个阶段。

1）潜伏阶段

这时危险源已经生成却没有引起注意，例如机械设备虽然存在着缺陷但没有明显暴露出来；危险源没有被作业人员发现；安全措施虽然拟定了，但存在重大漏洞等。

2）渐进阶段

危险源处于事故的量变时期。如，机械设备原有的缺陷随着频繁的工作运行和时间的推移，将会产生更为严重的缺陷。

3）临界阶段

这个阶段危险点的扩大已进入导致事故的边缘，事故即将发生质的突变。积累到一定程度达到临界点，即将要突破安全状态的最大限度，危险点就真正演变成现实事故了。我们预控的危险点，从危险点程度划分，有时所预控的是处于潜伏阶段的危险点，有时预控的是处于扩大阶段的危险点，有时所预控的则是处于临界阶段的危险点。就有可能导致现实事故的危险点而言，控制临界阶段的危险点是预控事故的最后一道防线和机会。处于这个阶段的危险点一旦被发现必须立即处理，如果没有发现和处理，必然会导致事故的发生。比如：对带电危险区，必须保持一定的安全距离。进入安全距离与危险区的边缘，就处于临界状态。

4）突变阶段

这是指事故的形成阶段，是危险点生成、潜伏、扩大、临界的必然结果，是由量变到质变的飞跃这个阶段，不是事物由稳定状态向不稳定状态的量变，而是发生了根本性质的变化，即事物完全处于不稳定状态。在突变阶段，危险点已成为现实的无法挽回的事故，并且必然造成一定程度的危害。我们所见到的高处坠落、触电伤害、机械伤害、起重伤害等，都是危险点进入突变阶段造成的严重后果。

2. 事故扩散过程

越来越多的学者借用了各种各样的算法模型和工具，试图对事故演化进行进一步的分析，以达到风险控制的目的。通过研究网络扩散和研究系统动力学是目前国内学者分析事故扩散演化过程的两个主要方面，另有很多学者借鉴其他学科的模型与方法，也取得了成果，其中涉及复杂网络、Petri 网、遗传算法、动力学理论等一系列理论与方法。在此列举两个例子。

1）基于小世界网络的故障传播模型

小世界网络介于规则网络和随机网络之间。有两个比较重要的参数衡量网络的特征：特征路径长度和聚合系数。对于小世界网络而言，点之间特征路径长度小，接近随机网络，而聚合系数依旧相当高，接近规则网络。

步骤一：构建网络模型

以机电系统为例，从系统工程的观点来看，机电系统是由大量基本单元（可以是设备、子系统，也可以是零部件等）所构成的复杂网络，同一个系统内的基本单元之间连接比较紧密，不同系统之间连接相对比较稀疏。将机电系统中的基本单元看成网络的节点，把它们之间的连接关系表示为节点间的连接边，将系统模型转化为线图的形式。同一个簇内的节点之间联系紧密，聚类系数较高，不同簇之间通过边界节点的远距离边（长程连接）进行连接，构成模型的骨干。为了对故障传播过程进行分析，作如下假设：如果两个基本单元间存在着结构连接关系，则这两个单元间就存在着故障传播关系。则其故障传播模型大致如图 6–7 所示。

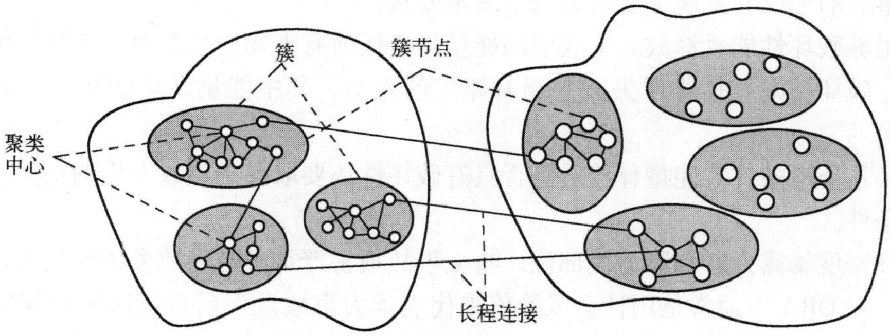

图 6–7　小世界聚类特性的故障传播模型

步骤二：故障扩散过程分析

当机电系统网络中的某个节点发生故障时，会逐步向其他相关节点扩散。在扩散过程中，故障优先选择传播概率较大的边进行扩散（传播概率可以从故障历史数据中提取，也可以根据系统参数进行估计）。节点之间的故障传播概率随着传播路径长度的增大成数量级减小，当传播概率低于 10^{-8}时则认为该节点处于安全状态。对于具有小世界特性的机电系统网络，除了考虑节点之间的故障传播概率以外，还需要考虑节点的度数以及节点之间是否存在长程连接，因为在实际生产中，那些低频大规模故障的风险足以与高频小规模故障的风险总和相提并论。因此，在对故障传播过程进行分析时，引入“故障扩散强度”来综合这两方面的因素，并以该强度作为连接边的权值，扩散强度越大，则表示故障通过此边越容易进行扩散，波及的范围也就越大。

通过对故障扩散强度的计算和应用，确定网络中每条边的权重，可以绘制故障分步扩散过程，图 6–8 中的数字便是扩散强度。

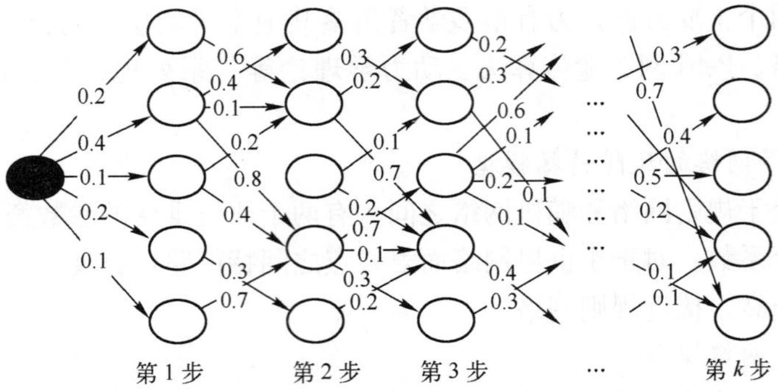

图 6-8　故障分步扩散过程

由上得出，在资源有限的情况下，优先保护度数比较大的节点比随机选择节点进行保护效果要好得多，而优先保护那些“远边”的节点，还可以获得更好的效果。

2）系统动力学理论

重大事故的发生与处置整个过程构成了高阶次、多重反馈的复杂系统。系统动力学理论在定量风险评价（QRA）中得到了应用。

步骤一：基本要素确定

重大事故的形成和发展主要具备四个基本要素：

(1) 足够破坏性能量释放。事故中的能量是指任何有害物质达到对人体或环境造成伤害时的质量；破坏性则是指物质失去控制时爆发的行为；其中能量转化的方式，如脱轨、爆炸、冲击等。

(2) 必备环境条件。能量释放后是否具有破坏性还要取决于事故发生的空间、时间和环境状况等条件。

(3) 高密度暴露人群和脆弱性部位。重大事故损害严重度与事故发生地的人群密集度有密切关系，在 QRA 中通常是用社会风险值来代表重大事故发生后危害区域内居民受到致死性伤害水平。另一个可能影响事故后果的因素是脆弱性的部门、地点和人群，在系统动力学中一般把它作为常量，这些因素不随时间而变化，但对破坏性能量的“累积”水平有很大影响，例如有着重要功能的单位，行政首脑机关、世界遗产、核工程等。

(4) 处置缺陷或控制力度不足。包括人员素质、装备水平、过程控制和应急响应等诸多因素，具体的可以有风险辨识、安全冗余设计、应急预案与演练和科学决策支持等，这些因素的不足也对重大事故的发展演化和控制起到了重大影响。

步骤二：系统动力学分析

依据系统动力学的观点，可以把重大事故发生演变的过程看做是一系统“流”，以事故波及范围和直接影响因素条件为系统边界，危险物质泄漏后形成的累积量可设为“流位变量”，危险物质泄漏的速率、扩散、稀释或消除的变化为“流率变量”。

在明确流位与流率变量的前提下，在重大事故系统中可设立若干个流位与流率系。此外，还应明确能够对危险物质累积、分布特征具有影响和与事故处置决策有关的辅助变量、增补变量和常量及其相互关系应用上述变量及其影响因素实现流率变量基本入树，建立数个因果关系图并形成流图。从因果关系图至流图，是系统动力学上一个重要步骤，建立流率方程和辅助变量方程就可以实现定量分析。

图6-9所示是重大事故发生与演变一般特征的流图，重大事故一般起始于故障或失误；处置失当后形成事件；事件失控后产生危害后果，造成事故；事故进一步激化可发生危机；而事故善后处置和恢复重建对减少事故影响也十分重要。在这几个主要发展阶段中，每一个阶段都可以被关闭而恢复到稳定态（正常状态），但每一个阶段也都可能发展到下一个更严重的失稳状态，这取决于流位变量和流率变量变化以及外部信息（如媒体和公众压力等）对反馈控制的影响。

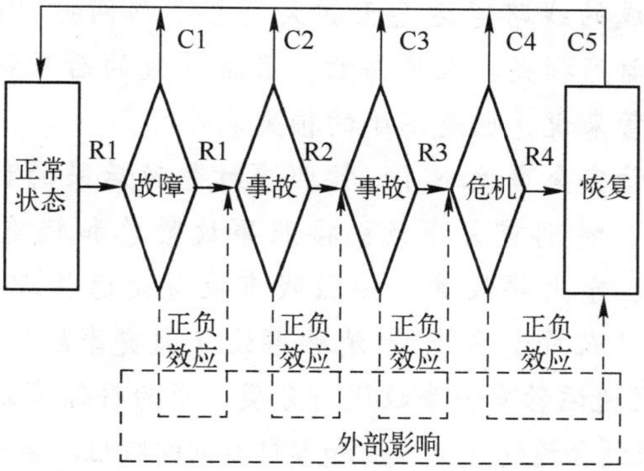

图6-9　重大事故演变系统流图模型

（$C_1 \cdots C_n$：关闭1…关闭n；R_1：减缓；R_2：准备；R_3：响应；R_4：恢复）

网络模型的建立有利于从总体的角度考虑事故的扩散方向，但是其中扩散概率和强度等难以计算，有的只能凭经验代之；系统动力学理论则为事故演化提供了一种全新的方法。

本章小结

城市轨道交通运营安全事故及灾害，是指在运营过程中发生的人员伤亡、财产损失或系统运营受到影响的事件。由于城市轨道交通系统内部环境的复杂性和外部环境的不确定性，其运营事故和灾害的表现形式为多种多样，且大的灾害往往随一种或几种次生灾害同时产生，使其危害性更大，更难于防范。因此，城市轨道交通运营事故及灾害是安全设计中关注的风险对象，而大的事故也是运营安全风险防范工作的重中之重。

城市轨道交通运营安全事故，根据事件性质可以分为火灾事故、水灾事故、停电事故、自然灾害、列车事故、恐怖活动、公共安全事故等七类事故。火灾事故是对城市轨道交通运营安全造成的影响最为严重，危害最大的一类事故。导致起火的原因有很多，电路故障、设备故障、操作不当、人为纵火，或者其他灾害衍生出来的次生灾害，都有可能导致火灾。水灾事故主要是指由于自然降雨、台风，或地下结构破坏渗水等导致的水淹事故，致使设备损害、运营中断等后果的事故。停电事故主要是指由于灾害或者供电系统损坏导致的城市轨道交通站点、列车断电停运等运营瘫痪甚至人员受伤的事故。对城市轨道交通系统造成影响的自然灾害主要包括：地震、大风、雷击、洪水、雨雪、冰冻等，相对而言发生比较多危害比较大的是地震和雨水倒灌。城市轨道交通列车事故主要是指运营过程中发生的列车相撞和脱轨事故，还包括列车追尾、列车颠覆等，易造成人员伤亡、运营中断、瘫痪等严重后果。城市轨道交通中的恐怖活动主要形式为爆炸、投放毒气等。公共安全事故主要是指由乘客造成的事故或对乘客人身安全造成直接影响的公众性质的事故。还有一类事故，即停运事故。城市轨道交通停运事故主要是指由于各种原因造成的线路停运甚至扩大到整个路网瘫痪的事故。这七类事故的发生后，可能导致财产损失、人员伤亡，最常导致的后果就是列车停运、瘫痪，这对城市轨道交通运营来说，也是不小的损失。

城市轨道交通运营安全事故还可以按照事故导致后果的程度，分为一般事故、较大事故、重大事故、特别重大事故；按照事故紧急和轻重程度分为一般事件、突发事件、突发事故、重大事故等；按照城市轨道交通物理设备、性质，可分为设备事故、工伤事故（人员受伤等）、消防事故（火灾事故）、行车事故等。

所以将城市轨道交通运营安全事故进行分类，是为存储事故数据、事故分析以及预警做基础，因此，找到合适的分类方法和各自类别的特性非常重要，分析事故发生的原因越来越受到人们的关注。

城市轨道交通重大运营事故及灾害发生的原因主要可以分为人员因素、系统因素、环境因素、管理因素四个方面，即城市轨道交通的“人－机－环－管”因素，人员因素主要包括涉内人员和涉外组织。其中涉内人员是指活动在城市轨道交通系统内的人员，例如乘客、工作人员和恐怖分子等；涉外组织则是指和城市轨道交通系统有着密切关联的组织，如相关政府部门、消防部门、医疗部门等社会机构和组织。系统因素主要指基础设备自身故障。设施设备老化、使用不当等因素不可避免地会造成系统自身的不可控故障。基础设备主要包括固定设备和移动设备，固定设备如线路设备、车站设备、信号设备，移动设备如车辆设备、通信设备等。而在城市轨道交通运营系统中，设备根据它们的用途可以被分为电气系统、车辆系统、通风/排烟系统、给/排水系统、通信/信号系统、计算机控制系统、公用工程及辅助设施等七类，这也是它们在城市轨道交通运营安全设施中较为常见的分类方式。环境因素的影响主要来自于自然环境、城市轨道交通系统内部环境和外部环境。内部环境主要指人为形成的系统环境条件，包括周围的空间和一切运营设施构成的人工环境。城市轨道交通地下区间隧道、地下车站设备用房等场所的常年阴暗潮湿环境和虫鼠害等，极易造成关键设施设备的故障。另外，站厅内商业区域的可燃物较多，而且餐厅内还有燃气、明火等，增加了发生火灾的危险性。管理因素是指管理者按照安全运营的客观规律，对运营系统的人、财、物、信息等资源进行计划、组织、指挥、协调和控制。管理因素包括：安全管理办法、安全法制、检测与维修、安全教育与培训、安全组织。

从四个因素分析可以看出，每起事故的发生，基本都不是因为单一因素造成的，而是多种因素造成的。所以要处理好人员与人员之间、人员与机器之间、人员与环境之间、机器与环境之间的关系，将事故带来的损失减少到最小。

在城市轨道交通运营安全事故分析中，最为常用的是事故的统计分析故障树分析技术，它采用逻辑的方法，形象地进行危险事故的分析工作，直观、明了，思路清晰，逻辑性强，可以做定性分析，也可以做定量分析，以系统工程方法研究安全问题的系统性、准确性和预测性，是安全系统工程的主要分析方法之一。

故障树图是一种逻辑因果关系图，是从上到下逐级建树并且根据事件而联系，它用图形化“模型”路径的方法，使一个系统能推导出一个可预知的或不可预知的故障事件。路径的交叉处的事件和状态，用标准的逻辑符号（与、或等等）表示。在故障树图中最基础的构造单元为门和事件。通过故障树分析，可以清楚得知故障可能产生的来源及其逻辑关系，这为之后的事故原因分析、事故控制等都做了良好的铺垫。

事故树分析是安全系统工程的重要分析方法之一，它能对各种系统的危险性进行辨识和评价，不仅能分析出事故的直接原因，而且能深入地揭示出事故的潜在原因。用它描述事故的因果关系直观、明了，思路清晰，逻辑性强，既可定性分析，又可定量分析。它是一种表示导致事故的各种因素之间的因果及逻辑关系图，是在设计过程或现有生产系统和作业中，通过对可能造成系统事故或导致事故灾害后果的各种因素进行分析，确定系统故障原因的各种可能组合方式及其发生概率，进而计算系统故障的概率。事故树分析是一种演绎的分析方法，它从顶上事件开始，对事故的原因层次依次进行分析判定。另外还有危险分析 AHP 模型和灰色关联因素分析两种分析方法。

重大事故一般起始于故障或失误——处置失当后形成事件——事件失控后产生危害后果，造成事故——事故进一步激化可发生危机。而事故善后处置和恢复重建对减少事故影响也十分重要。在这几个主要发展阶段中，每一个阶段都可以被关闭而恢复到稳定态（正常状态），但每一个阶段也都可能发展到下一个更严重的失稳状态，这取决于流位变量和流率变量变化以及外部信息对反馈控制的影响。

思考题

1. 城市轨道交通运营安全事故的概念是什么？
2. 城市轨道交通运营安全事故的分类方法有哪几种？描述常见的分类。
3. 如何从“人－机－环－管”四个方面分析事故的原因？
4. 利用什么样的方法对事故致因进行分析？
5. 你认为事故演化过程应该如何描述？
6. 试用算法模型解释事故扩散的过程？

第7章 城市轨道交通运营安全基础理论与常用方法

7

引　言

随着工业生产规模的发展，对于事故致因的研究也不断深入，各种事故致因理论应运而生，如事故频发倾向论、事故因果连锁论、能量意外释放论等。同时，为使生产过程在符合物质条件和工作秩序下顺利进行，防止人身伤亡和财产损失等生产事故的发生，消除或控制危险、有害因素，保障人身安全与健康、设备和设施免受损坏、环境免遭破坏，安全生产也成为人们研究的主题之一。同时相关的安全生产法规、理论及各项施行原理随之产生。在安全生产过程中，安全管理计划方法也是不可忽视的，为了科学生产、避免事故发生，安全管理起着至关重要的作用。掌握安全管理组织方法与安全管理控制方法及其原则都是必须具备的能力。

本章学习重点

1. 事故致因理论。
2. 安全管理控制方法。
3. 安全管理计划的内容与形式。
4. 安全管理计划的编制原则。
5. 安全系统的控制原则。

7.1

事故致因理论

7.1.1　事故致因理论发展过程

20 世纪初，世界工业生产已经初具规模，蒸汽动力和电动机械取代了作坊中的手工器具。由于当时的机器都没有安全防护装置，对工人不进行培训，日工作时间长达 13 小时，伤亡事故频繁发生。1909 年美国工业死亡事故高达 3 万起，百万工时死亡率有的工厂竟多达 150 ～ 200 人。美国宾夕法尼亚钢铁公司，1901—1904 年 2 200 名职工中竟有 1 600 人在事故中受到伤害。面对工人生命受到严重威胁，企业主态度消极，第一个单因素理论“事故频发倾向论”应运而生，即认为工人性格特征是事故频繁发生的唯一因素，这集中地反映了企业主的错误观念。

1919 年格林伍德（Greenwood）和 1926 年纽博尔德（M. Newbold）认为，事故在人群中并非随机地分布，某些人比其他人更易发生事故。因此，就用某种方法将有事故倾向的工人与其他人区别开来，并依此作为解雇工人的依据。这种理论的缺点是过分夸大了人的性格特点在事故中的作用。

1936 年海因里希（Heinrich）提出了应用多米诺骨牌原理研究工人受伤害导致事故的 5 个顺序过程，即“伤亡事故顺序五因素”。

1939 年，法默（Farmer）和钱伯（Chamber）提出，一个有事故倾向的人具有较高的事故率，而与工作任务、生活环境和经历等无关，意为一切事故责任均归咎于个人性格。

1951 年，阿布斯和克利克的研究指出，个别人的事故率具有明显的不稳定性，对具有事故倾向的个性类型的量度界限难于测定。广泛的批评使这一单因素（具有事故倾向的素质论）理论被排出在事故致因理论中的地位。1971 年邵合赛克尔主张这一观点仅供工种考选参考，他着意于多发事故，丝毫无意涉及人的个性参数。

第二个单因素理论被称为心理动力理论，它来源于佛儒德（Fulyd）的个性动力理论，认为工人受刺激是导致工人受伤害事故的原因。这种理论也是荒谬的，它也无法证实某个特定的动机会引起某个特定的事故。这里所以提示一下这个观点，是因为它与事故倾向论者相反，不认为个别人的品德缺陷是固有的和稳定的，认为无意识的动机是可以改变的。此理论可推论为，一个人可能属于具有事故倾向组，通过教育或培训可降低其事故率，而不必将他们从工作中排出。

20 世纪 60 年代初期，由于火箭技术发展的需要，西方各国着手开发安全系统工程。美国在 1962 年 4 月公开发表了“空军弹道导弹系统安全工程”的说明书，同年 9 月拟定了“武器系统安全标准”。

1961 年由吉布森（Gibson）提出的，并在 1966 年由哈顿（Haddon）引申的“能量转移理论”，阐述了伤亡事故与能量及其转移于人体的模型。

1965 年科罗敦（Kolodner）在安全性定量化的论文中介绍了故障树分析（FTA）。这一系统安全分析方法，实质上也是基本源于事件链理论。

1970 年帝内逊（Driessen）明确地将事件链理论发展为分支事件过程逻辑理论。FTA 等树枝图形，实际上是分支事件过程的解析。

1972 年威格尔斯沃思（Wigglesworth）提出了以人的失误为主因的事故模型。

1972 年贝纳（Benner）提出了解释事故致因的综合概念和术语，同时把分支事件链和事故过程链结合起来，并用逻辑图加以显示，进而提出“多重线性事件过程图解法”。

1974 年劳伦斯（Lawrence）根据贝纳和威格尔斯沃思的事故理论，提出了“扰动”促成事故的理论，即 P 理论（Perturbation Occurs），此后又提出了能适用于复杂的自然条件、连续作业情况下的矿山以人失误为主因的事故模型，并在南非金矿进行了试点。

1975 年约翰逊（Johnson）研究了管理失误和危险树（MORT），这是一种系统安全逻辑树图的新方法，也是一种全面理解事故现象的图表模型。

1980 年泰勒斯（Talanch）在《安全测定》一书中介绍了变化论模型；1981 年佐藤吉信依 MORT 又引申出从变化的观点说明“事故是一个连续过程”的理论。

1983 年瑞典工作环境基金会（WEF）对 1969 年瑟利（Surry）提出的人行为系统模型提出了一个修改的版本，即 WEF 模型。

1991 年安德森（Andersson）提出了瑟利修改系列模型，认为事故的发生并非一个“事件”，而且是一个过程，可作为一个系列进行分析。

1992 年瓦格纳（Wagenaar）提出防止人失误的促导安全行为的 6 种方法；依此 1998 年 Jop. Groeneweg 提出了对人失误加强管理的事故因果模型。

1998 年 R. Lehto 和 M. Miller 提出事故序列四阶段的安全信息及其制作。

1998 年 Abdul. Raouf 将事故致因理论归纳为几个事故原因学说，以下介绍几个有影响的事故因果关系理论。

1）多米诺学说

根据海因里希（W. H. Heinrich）1931 年发明的一个多米诺骨牌原理，认为“88% 的事故是由于人们的不安全操作所引起，10% 的事故是由于不安全行为引起，2% 是天灾造成的”。它提出一个“五因素事故序列”，已于前述。

2）多因素学说

这一学说认为，一起事故的发生可能有多个影响因素，即主要原因和附属原因，以及某些原因集合在一起而引起事故。根据这一学说，众多影响因素可归纳为两类：一是行为的影响因素，如安全知识缺欠、技术不佳、劳动姿势不合适、以及工人身心状态不适宜；二是环境因素，这类影响因素指生产劳动的环境不良、有害因素多、设备工具安全质量下降、缺乏安全装备。这一学说的贡献是批判了事故是由单一因素引起的，批判了“工人事故倾向论”等有偏见的倾向学说。

3）能量转移学说

这一学说认为，事故的发生都有一个危害的发生源，并与能量转换有密切关系，如高处坠落是势能转换为动能、电烧伤为电能转换为热能且转移于人体，等等。

4）征象与原因学说

该学说认为，不安全条件和人的不安全操作都是征象，是近似的显而易见的表面的直接原因，而不是造成事故的根本原因。间接原因往往是基本的本质原因，如社会环境、管理失误等。事故调查不应停留在表面征兆和现象，应追究造成直接原因的本质原因。

近十几年来，许多学者都一致认为，事故的直接原因不外乎是人的不安全行为或人为失误和物的不安全状态或故障两大因素作用的结果。人与物两系列轨迹交叉理论被用来说明造成事故的直接原因。间接原因，即社会原因、管理原因等是导致事故发生的本质原因。

研究事故致因理论可以有助于查明事故原因、做出安全评价和预防事故决策、增长安全理论知识、积累安全信息、防止产业灾害的发生。

7.1.2 事故频发倾向论

事故频发倾向论是阐述企业工人中存在着个别人容易发生事故的、稳定的、个人的内在倾向的一种理论。1919年，格林伍德和伍慈对许多工厂里伤害事故发生次数的资料按如下三种统计分布进行统计检验。

1. 泊松分布

当员工发生事故的概率不存在个体差异时，即不存在事故频发倾向者时，一定时间内事故发生次数服从泊松分布。在这种情况下，事故的发生是由于工厂里的生产条件、机械设备方面的问题，以及一些其他偶然因素引起的。

2. 偏倚分布

一些工人由于存在着精神或心理方面的问题，如果在生产操作过程中发生过一次事故，则会造成胆怯或神经过敏，当再继续操作时，就有重复发生第二次、第三次事故的倾向。造成这种统计分布的是人员中存在少数有精神或心理缺陷的人。

3. 非均等分布

当工厂中存在许多特别容易发生事故的人时，发生不同次数事故的人数服从非均等分布，即每个人发生事故的概率不相同。在这种情况下，事故的发生主要是由于人的因素引起的。为了检验事故频发倾向的稳定性，他们还计算了被调查工厂中同一个人在前三个月和后三个月里发生事故次数的相关系数，结果发现，工厂中存在着事故频发倾向者，并且前、后三个月事故次数的相关系数变化在0.37±0.12到0.72±0.07之间，皆为正相关。

1926年纽鲍尔德研究大量工厂中事故发生次数分布，证明事故发生次数服从发生概率极小、且每个人发生事故概率不等的统计分布。他计算了一些工厂中前五个月和后五个月事故次数的相关系数，其结果为0.04±0.009～0.71±0.06，这也充分证明了存在着事故频发倾向者。1939 年，法默和查姆勃明确提出了事故频发倾向的概念，认为事故频发倾向者的存在是工业事故发生的主要原因。

对于发生事故次数较多、可能是事故频发倾向者的人，可以通过一系列的心理学测试来判别。例如，日本曾采用内田－克雷贝林测验测试人员大脑工作状态曲线，采用 YG 测验测试工人的性格来判别事故频发倾向者。另外，也可以通过对日常工人行为的观察来发现事故频发倾向者。一般来说，具有事故频发倾向的人在进行生产操作时往往精神动摇，注意力不能经常集中在操作上，因而不能适应迅速变化的外界条件。

据国外文献介绍，事故频发倾向者往往有如下的性格特征：①感情冲动，容易兴奋；②脾气暴躁；③厌倦工作，没有耐心；④慌慌张张，不沉着；⑤动作生硬而工作效率低；⑥喜怒无常，感情多变；⑦理解能力低，判断和思考能力差；⑧极度喜悦和悲伤；⑨缺乏自制力；⑩处理问题轻率、冒失；⑪运动神经迟钝，动作不灵活。日本的丰原恒男发现容易冲动的人、不协调的人、不守规矩的人、缺乏同情心的人和心理不平衡的人发生事故次数较多。

7.1.3 事故因果连锁论

1. 海因里希事故因果连锁论

海因里希提出事故因果连锁论，用来阐明导致伤害事故各种原因因素及与伤害间关系，认为人的不安全行为和物的不安全状态是事故发生的直接原因，伤亡事故是由于五个因素（社会环境、人的过失、不安全行为或物的不安全状态、事故、伤亡）按顺序发展的结果，如多米诺骨牌一样发生连锁反应。如果移去一颗骨牌（不安全行为），则伤害不会发生。

1）事故的因果连锁

① 人员伤亡的发生是事故的结果；

② 事故发生是由于人的不安全行为和物的不安全状态造成的；

③ 人的不安全行为或物的不安全状态是由于人的缺点造成的；

④ 人的缺点是由不良社会环境诱发、或者是由于先天的遗传因素造成的。

2）构成事故五个因素

（1）遗传及社会环境。遗传因素可能造成鲁莽、固执的性格；社会环境因素可能妨碍教育、助长性格上的缺点发展。

（2）人的缺点。是指先天的缺点有鲁莽、固执、过激、神经质、轻率等；后天的缺点有缺乏安全生产知识和技能等。

（3）人的不安全行为或物的不安全状态。是指那些曾经引起事故或可能引起事故的人的行为或机械、物质的状态。

（4）事故。是由于物体、物质、人或放射线的作用或反作用，使人员受到伤害或可能受到伤害的、出乎意外的、失去控制的事件。

（5）伤害。由于事故产生的人身伤害。

2. 轨迹交叉论

轨迹交叉论是一种从事故的直接和间接原因出发研究事故致因的理论。其基本思想是伤害事故是许多相互关联的事件顺序发展的结果，这些事件可分为人和物（包括环境）两个发展系列。当人的不安全行为和物的不安全状态在各自发展过程中，在一定时间、空间发生了接触，使能量逆流于人体时，伤害事故就会发生。而人的不安全行为和物的不安全状态之所以产生和发展，又是受多种因素作用的结果。轨迹交叉论的事故模型如图 7–1 所示。

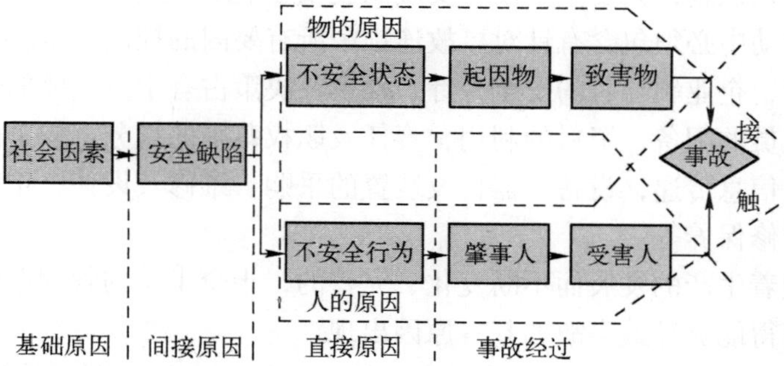

图 7–1 轨迹交叉论的事故模型

轨迹交叉论是强调人的不安全行为和物的不安全状态相互作用的事故致因理论。在系统中人的不安全行为是一种人为失误，物的不安全状态多为机械故障和物的不安全放置，人与物两系统一旦发生时间和空间上的轨迹交叉就会造成事故。

轨迹交叉论把人、物两系列看成两条事件链，两链的交叉点就是发生事故的“时空”。

在多数情况下，由于企业安全管理不善，使工人缺乏安全教育和训练，或者机械设备缺乏维护、检修以及安全装置不完善，导致了人的不安全行为或者物的不安全状态。后者由起因物引发施害物再与人的行动轨迹相交，构成了事故。

若加强安全教育和技术训练，进行科学的安全管理，从生理、心理和操作技能上控制不安全行为的产生，就是砍断了导致伤亡事故发生的人这方面的事件链。

加强设备管理，提高机械设备的可靠性，增设安全装置、保险装置和信号装置以及自控安全闭锁设施，就是控制设备的不安全状态，砍断了设备方面的事件链。关于物质的安全放置、安全储运、机动车的安全行驶等亦是控制物的不安全状态。

3. 管理失误论

在早期的事故因果连锁中，海因里希把遗传和社会环境看作事故的根本原因，表现出了它的时代局限性。尽管遗传因素和人员成长的社会环境对人员的行为有一定的影响，却不是影响人员行为的主要因素。在企业中，如果管理者能够充分发挥管理机能中的控制机能，则可以有效地控制人的不安全行为、物的不安全状态。

1）博德的事故因果连锁

博德在海因里希事故因果连锁的基础上，提出了反映现代安全观点的事故因果连锁。

（1）控制不足——管理。事故因果连锁中一个最重要的因素是安全管理。安全管理人员应该充分理解，他们的工作要以得到广泛承认的企业管理原则为基础。即，安全管理者应该懂得管理的基本理论和原则。控制是管理机能（计划、组织、指导协调及控制）中的一种机能。安全管理中的控制是指损失控制，包括对人的不安全行为、物的不安全状态的控制，它是安全管理工作的核心。

大多数正在生产的工业企业中，由于各种原因，完全依靠工程技术上的改进来预防事故既不经济也不现实。只有通过专门的安全管理工作，经过较长时间的努力，才能防止事故的发生。管理者必须认识到，只要生产没有实现高度安全化，就有发生事故及伤害的可能性，因而他们的安全活动中必须包含有针对事故连锁中所有要因的控制对策。

在安全管理中，企业领导者的安全方针、政策及决策占有十分重要的位置。它包括生产及安全的目标，职员的配备，资料的利用，责任及职权范围的划分，职工的选择、训练、安排、指导及监督，信息传递，设备、器材及装置的采购、维修及设计，正常时及异常时的操作规程，设备的维修保养等。

管理系统是随着生产的发展而不断变化、完善的，十全十美的管理系统并不存在。由于管理上的缺欠，使得能够导致事故的基本原因出现。

（2）基本原因——起源论。为了从根本上预防事故，必须查明事故的基本原因，并针对查明的基本原因采取对策。基本原因包括个人原因及与工作有关的原因。个人原因包括缺乏知识或技能、动机不正确、身体上或精神上的问题。工作方面的原因包括操作规程不合适，设备、材料不合格，通常的磨损及异常的使用方法等，以及温度、压力、湿度、粉尘、有毒有害气体、蒸汽、通风、噪声、照明、周围的状况（容易滑倒的地面、障碍物、不可靠的支持物、有危险的物体）等环境因素。只有找出这些基本原因才能有效地控制事故的发生。

所谓起源论，是在于找出问题的基本的、背后的原因，而不仅停留在表面的现象上。只有这样，才能实现有效地控制。

（3）直接原因——征兆。不安全行为或不安全状态是事故的直接原因，这一直是最重要的、必须加以追究的原因。但是，直接原因不过是深层原因的征兆，一种表面的现象。在实际工作中，如果只抓住了作为表面现象的直接原因而不追究其背后隐藏的深层原因，就永远不能从根本上杜绝事故的发生。另一方面，安全管理人员应该能够预测及发现这些作为管理缺欠的征兆的直接原因，采取适当的改善措施；同时，为了在经济上可能及实际可能的情况下采取长期的控制对策，必须努力找出其基本原因。

（4）事故——接触。从实用的目的出发，往往把事故定义为最终导致人员肉体损伤、死亡，财物损失，不希望的事件。但是，越来越多的安全专业人员从能量的观点把事故看做是人的身体或构筑物、设备与超过其阈值的能量的接触，或人体与妨碍正常生理活动的物质的接触。于是，防止事故就是防止接触。为了防止接触，可以通过改进装置、材料及设施防止能量释放，通过训练工人提高识别危险的能力、佩戴个人保护用品等来实现。

（5）伤害——损坏——损失。博德的模型中的伤害，包括了工伤、职业病，以及对人员精神方面、神经方面或全身性的不利影响。人员伤害及财物损坏统称为损失。

在许多情况下，可以采取恰当的措施使事故造成的损失最大限度地减少。例如，对受伤人员的迅速抢救、对设备进行抢修以及平日对人员进行应急训练等。

2）亚当斯的事故因果连锁

亚当斯（Edward Adams）提出了与博德的事故因果连锁论类似的事故因果连锁模型。

在该因果连锁理论中，第四、五个因素基本上与博德的理论相似。这里把事故的直接原因——人的不安全行为及物的不安全状态称作现场失误。本来，不安全行为和不安全状态是操作者在生产过程中的错误行为及生产条件方面的问题，采用现场失误这一术语，其主要目的在于提醒人们注意不安全行为及不安全状态的性质。

该理论的核心在于对现场失误的背后原因进行了深入的研究。操作者的不安全行为及生产作业中的不安全状态等现场失误，是由于企业领导者及事故预防工作人员的管理失误造成的。管理人员在管理工作中的差错或疏忽、企业领导人决策错误或没有做出决策等失误，对企业经营管理及事故预防工作具有决定性的影响。管理失误反映企业管理系统中的问题，它涉及管理体制，即有组织地进行管理工作，确定怎样的管理目标，如何计划、实现确定的目标等方面的问题。管理体制反映作为决策中心的领导人的信念、目标及规范，它决定各级管理人员安排工作的轻重缓急、工作基准及指导方针等重大问题。

4. 北川彻三事故因果连锁

前几种事故因果连锁理论（海因里希因果连锁论、博德事故因果连锁理论、亚当斯的事故因果连锁）把考察的范围局限在企业内部。日本的北川彻三认为，工业伤害事故发生的原因是很复杂的，企业是社会的一部分，一个国家、一个地区的政治、经济、文化、科技发展水平等诸多社会因素，对企业内部伤害事故的发生和预防有着重要的影响。

日本人北川彻三正是基于这种考虑，对海因里希的理论进行了一定的修正，提出了另一种事故因果连锁理论。

北川彻三事故因果连锁理论认为：事故的间接原因包括技术、教育、身体、精神上的原因。技术原因指机械、装置、设施的设计、建造、维护有缺陷；教育原因指因教育培训不充分而导致人员缺乏安全知识及操作经验；身体原因指人员的身体状况不佳；精神原因指人员的不良态度、不良性格、不稳定情绪。

而事故的根本原因是管理、学校教育、社会和历史的原因。管理原因指领导者不重视，作业标准不明，制度有缺陷，人员安排不当；学校教育原因指教育机构的教育不充分；社会和历史的原因指安全观念落后，法规不全，监管不力。

在北川彻三的因果连锁理论中，基本原因中的各个因素已经超出了企业安全工作的范围。但是，充分认识这些基本原因因素，对综合利用可能的科学技术、管理手段来改善间接原因因素，达到预防伤害事故发生的目的，是十分重要的。

7.1.4 能量意外释放论

事故是一种不正常的或不希望的能量释放，各种形式的能量是构成伤害的直接原因。因此，应该通过控制能量或控制作为能量达及人体媒介的能量载体来预防伤害事故。

“人受伤害的原因只能是某种能量的转移”，按照能量逆流于人体造成伤害，将伤害分为两类：第一类伤害是由于施加了局部或全身性损伤阈值的能量引起的；第二类伤害是由影响了局部或全身性能量交换引起的，主要指中毒窒息和冻伤。

在一定条件下，某种形式的能量能否产生造成人员伤亡事故的伤害取决于能量大小、接触能量时间长短和频率以及力的集中程度。根据能量意外释放论，可以利用各种屏蔽来防止意外的能量转移，从而防止事故的发生。

能量意外释放论的事故致因和表现有以下 2 种。

1. 能量归因

能量在人类的生产、生活中是不可缺少的，人类利用各种形式的能量做功以实现预定的目的。生产、生活中利用能量的例子随处可见，如：机械设备在能量的驱动下运转，把原料加工成产品；热能把水煮沸等。人类在利用能量实现目的的过程中，必须采取措施控制能量，使能量按照人们的意图产生、转换和做功。从能量在系统中流动的角度，应该控制能量按照人们规定的能量流通渠道流动。如果由于某种原因失去了对能量的控制，超越了人们设置的约束或限制，就会发生能量违背人的意愿的意外释放或逸出，使进行中的活动中止而发生事故。如果失去控制而意外释放的能量作用于人体，并且能量的作用超过人体的承受能力，则将造成人员伤害；如果意外释放的能量作用于设备、建筑物、物体等，并且能量的作用超过它们的抵抗能力，则将造成设备、建筑物、物体的损坏。

2. 能量转移造成事故的表现

生产、生活活动中经常遇到各种形式的能量，如机械能、电能、热能、化学能、电离及非电离辐射、声能、生物能等，它们的意外释放都可能造成伤害或损坏。其中前几种形式的能量引起的伤害最为常见。

1）机械能

意外释放的机械能是导致事故时人员伤害或财物损坏的主要的能量类型。

机械能包括势能和动能。位于高处的人体、物体、岩体或结构的一部分相对于低处的基准面有较高的势能。当人体具有的势能意外释放时，发生坠落或跌落事故；当物体具有的势能意外释放时，物体自高处落下可能发生物体打击事故；岩体或结构的一部分具有的势能意外释放时，发生冒顶、片帮、坍塌等事故。运动着的物体都具有动能，如各种运动中的车辆、设备或机械的运动部件、被抛掷的物料等。它们具有的动能意外释放并作用于人体，则可能发生车辆伤害、机械伤害、物体打击等事故。

2）电能

现代化工业生产中广泛利用电能，如果电能意外释放就会造成各种电气事故。意外释放的电能可能使电气设备的金属外壳等导体带电而发生所谓的“漏电”现象。当人体与带电体接触时会发生触电事故而受到伤害，电火花会引燃易燃易爆物质而发生火灾、爆炸事故，强烈的电弧可能灼伤人体，等等。

3）热能

在人类的生产、生活中到处都在利用热能，利用热能的历史甚至可以追溯到远古时代。失去控制的热能可能灼烫人体、损坏财物、引起火灾。火灾是热能意外释放造成的最典型的事故。值得注意的是，电能、机械能或化学能与热能之间可以相互转化，所以，在利用机械能、电能、化学能等其他形式的能量时也可能产生热能的意外释放而造成伤害。

4）化学能

有毒有害的化学物质使人员中毒，是化学能引起的典型伤害事故。在众多的化学物质中，相当多的物质具有的化学能会导致人员急性、慢性中毒，致病、致畸、致癌。火灾中化学能转变为热能，爆炸中化学能转变为机械能和热能。

5）电离及非电离辐射

电离辐射主要指射线、归射线和中子射线等，它们会造成人体急性、慢性损伤。非电离辐射主要为激光、微波、紫外线、红外线和宇宙射线等射线辐射。工业生产中常见的电焊、熔炉等高温热源放出的紫外线、红外线等有害辐射会伤害人的视觉器官。

另外，人体自身也是个能量系统。人的新陈代谢过程是个吸收、转换、消耗能量，与外界进行能量交换的过程；人进行生产、生活活动时消耗能量，当人体与外界的能量交换受到干扰时，即人体不能进行正常的新陈代谢时，人员将受到伤害，甚至死亡。正如麦克法兰特（McFarland）在解释事故造成的人身伤害或财物损坏的机理时说，“所有的伤害事故（或损坏事故）都是因为：①接触了超过机体组织或结构抵抗力的某种形式的过量的能量。②有机体与周围环境的正常能量交换受到了干扰（如窒息、淹溺等）。”因而，各种形式的能量是构成伤害的直接原因。同时，也常常通过控制能源或控制人体媒介的能量载体来预防伤害事故。

7.1.5　系统理论

系统理论把人、机和环境作为一个系统（整体）研究人、机、环境之间的相互作用、反馈和调整，从中发现事故的致因，揭示出预防事故的途径。

系统理论着眼于下列问题的研究，即机械的运行情况和环境的状况如何，是否正常；人的特性（生理、心理、知识技能）如何，是否正常；人对系统中危险信号的感知，认识理解和行为响应如何；机械的特性与人的特性是否相匹配；人的行为响应时间与系统允许的响应时间是否相容，等等。在这些问题中，系统理论特别关注对人的特性的研究，这包括：人对机械和环境状态变化信息的感觉和察觉怎样、对这些信息的认识怎样、对其理解怎样、采取适当响应行动的知识怎样、面临行动的速度和准确性怎样、等等。

系统理论认为事故的发生是来自人的行为与机械特性间的不协调，是多种因素互相作用的结果。

系统理论有多种事故致因模型，它们的形式虽然不同，然而涉及的内容大体相同。其中瑟利模型和安德森模型较具代表性。

1. 瑟利模型

瑟利模型是在 1969 年由美国人瑟利（J. Surry）提出的，是一个典型的根据人的认知过程分析事故致因的理论。

该模型把事故的发生过程分为危险出现和危险释放两个阶段，这两个阶段各自包括一组类似的人的信息处理过程，即感觉、认识和行为响应。在危险出现阶段，如果人的信息处理的每个环节都正确，危险就能被消除或得到控制；反之，就会使操作者直接面临危险。在危险释放阶段，如果人的信息处理过程的各个环节都是正确的，则虽然面临着已经显现出来的危险，但仍然可以避免危险释放出来，不会带来伤害或损害；反之，危险就会转化成伤害或损害。瑟利模型如图 7－2 所示。

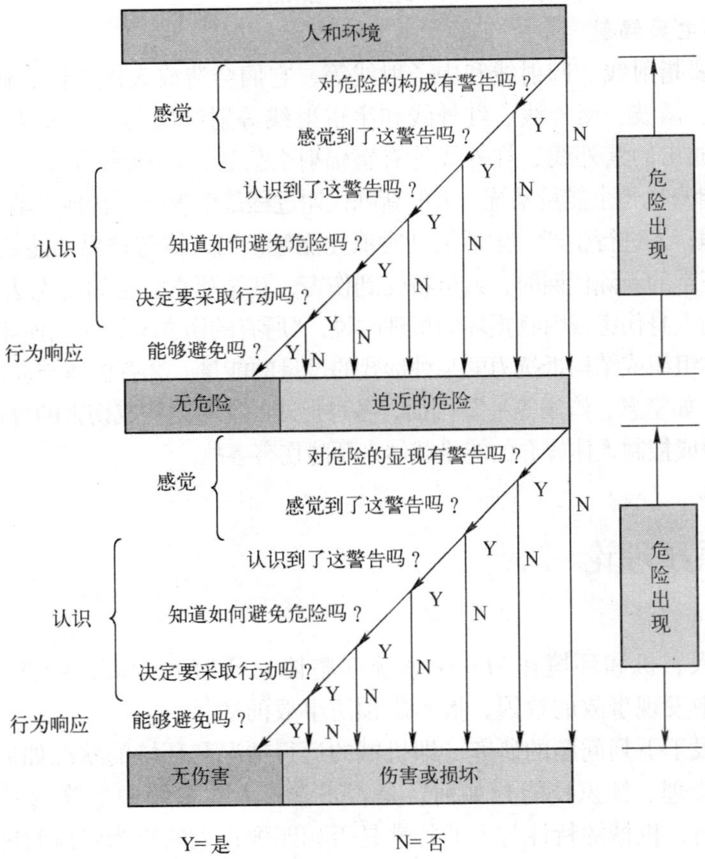

图 7－2　瑟利模型图

由图 7－2 可以看出，两个阶段具有相类似的信息处理过程，即 3 个部分，6 个问题则分别是对这 3 个部分的进一步阐述，这 6 个问题分别叙述如下。

1）危险的出现（或释放）有警告吗?

这里警告的意思是指工作环境中对安全状态与危险状态之间的差异的指示。任何危险的出现或释放都伴随着某种变化，只是有些变化易于察觉，有些则不然。而只有使人感觉到这种变化或差异，才有避免或控制事故的可能。

2）感觉到这个警告吗?

这包括两个方面：一是人的感觉能力问题，包括操作者本身感觉能力，如视力、听力等较差，或过度集中注意力于工作或其他方面；二是工作环境对人的感觉能力的影响问题。

3）认识到了这个警告吗?

这主要是指操作者在感觉到警告信息之后，是否正确理解了该警告所包含的意义，进而较为准确地判断出危险的可能的后果及其发生的可能性。

4）知道如何避免危险吗?

主要指操作者是否具备为避免危险或控制危险，做出正确的行为响应所需要的知识和技能。

5）决定要采取行动吗?

无论是危险的出现或释放，其是否会对人或系统造成伤害或破坏是不确定的。而且在某些情况下，采取行动固然可以消除危险，却要付出相当大的代价。特别是对于冶金、化工等企业中连续运转的系统更是如此。究竟是否采取立即的行动，应主要考虑两个方面的问题：一是该危险立即造成损失的可能性，二是现有的措施和条件控制该危险的可能性，包括操作者本人避免和控制危险的技能。当然，这种决策也与经济效益、工作效率紧密相关。

6）能够避免危险吗?

在操作者决定采取行动的情况下，能否避免危险则取决于人采取行动的迅速、正确、敏捷与否和是否有足够的时间等其他条件使人能做出行为响应。

上述 6 个问题中，前两个问题都是与人对信息的感觉有关的，第 3～5 个问题是与人的认识有关的，最后一个问题与人的行为响应有关。这 6 个问题涵盖了人的信息处理全过程，并且反映了在此过程中有很多发生失误进而导致事故的机会。

2. 安德森模型

瑟利模型实际上研究的是在客观已经存在潜在危险（存在于机械的运行和环境中）的情况下，人与危险之间的相互关系、反馈和调整控制的问题。然而，瑟利模型没有探究何以会产生潜在危险，没有涉及机械及其周围环境的运行过程。安德森等人曾在分析 60 件工业事故中应用瑟利模型，发现了上述问题，从而对它进行了扩展，形成了安德森模型。该模型是在瑟利模型之上增加了一组问题，所涉及的是：危险线索的来源及可察觉性，运行系统内的波动（机械运行过程及环境状况的不稳定性），以及控制或减少这些波动使之与人（操作者）的行为的波动相一致。

安德森模型对工作过程提出的 8 个问题分别叙述如下。

1）过程是可控制的吗?

即不可控制的过程（如闪电）所带来的危险无法避免，此模型所讨论的是可以控制的工作过程。

2）过程是可以观察的吗？

指的是依靠人的感官或借助于仪表设备能否观察了解工作过程。

3）察觉是可能的吗？

指的是工作环境中的噪声、照明不良、栅栏等是否会妨碍对工作过程的观察了解。

4）对信息的理智处理可能吗？

此问题有两方面的含义：一是问操作者是否知道系统是怎样工作的，如果系统工作不正常，他是否能感觉、认识到这种情况；二是问系统运行给操作者带来的疲劳、精神压力（如长期处于高度精神紧张状态）以及注意力减弱是否会妨碍其对系统工作状况的准确观察和了解。

上述问题的含义与瑟利模型第一阶段问题的含义有类似的地方，所不同的是，安德森模型是针对整个系统，而瑟利模型仅仅是针对具体的危险线索。

5）系统产生行为波动吗？

问的是操作者的行为响应的不稳定性如何，有无不稳定性？有多大？

6）运行系统对行为的波动给出了足够的时间和空间吗？

问的是运行系统（机械、环境）是否有足够的时间和空间以适应操作者行为的不稳定性。如果是，则可以认为运行系统是安全的，否则就转入下一个问题。

7）能否对系统进行修改（机器或程序）？

以适应操作者行为在预期范围内的不稳定性。

8）属于人的决策范围吗？

指修改系统是否可以由操作和管理人员做出决定。尽管系统可以被改为安全的，但如果操作和管理人员无权改动，或者涉及政策法律，不属于人的决策范围，那么修改系统也不可能。

对模型的每个问题，如果回答肯定，则能保证系统案例可靠；如果对问题1～4、7～8做出否定回答，则会导致系统产生潜在的危险，从而转入瑟利模型。对问题5如果回答否定，则跨过问题6、7而直接回答问题8。对问题6如果回答否定，则要进一步回答问题7，才能继续系统的发展。

7.1.6 两类危险源理论

随着科学技术的不断进步，设备、工艺及产品越来越复杂。各种大规模复杂系统相继问世，这些复杂的系统往往由非常复杂的关系相连接，人们在研制、开发、使用及维护这些大规模复杂系统的过程中，逐渐萌发了系统安全的基本思想。在系统安全研究中，认为危险源的存在是事故发生的根本原因，防止事故就是消除、控制系统中的危险源。

危险源一词译自英文单词的Hazard，按英文词典的解释，“Hazard a source of danger”，即危险的根源的意思。哈默（Willie Hammer）定义危险源为可能导致人员伤害或财物损失事故的，潜在的不安全因素。按此定义，生产、生活中的许多不安全因素都是危险源。

实际上，事故因素即不安全因素，种类繁多、非常复杂，它们在导致事故发生、造成人员伤害和财物损失方面所起的作用很不相同，它们的识别、控制方法也很不相同。根据危险源在事故发生、发展中的作用，把危险源划分为两大类，即第一类危险源和第二类危险源。

1. 第一类危险源

根据能量意外释放论，事故是能量或危险物质的意外释放，作用于人体的过量的能量或干扰人体与外界能量交换的危险物质是造成人员伤害的直接原因。于是，把系统中存在的、可能发生意外释放的能量或危险物质称作第一类危险源。

一般的，能量被解释为物体做功的本领。做功的本领是无形的，只有在做功时才显现出来。因此，实际工作中往往把产生能量的能量源或拥有能量的能量载体作为第一类危险源来处理。例如，带电的导体、奔驰的车辆等。

可以列举常见的第一类危险源如下。

（1）产生、供给能量的装置、设备。

（2）使人体或物体具有较高势能的装置、设备、场所。

（3）能量载体。

（4）一旦失控可能产生巨大能量的装置、设备、场所，如强烈放热反应的化工装置等；

（5）一旦失控可能发生能量蓄积或突然释放的装置、设备、场所，如各种压力容器等；

（6）危险物质，如各种有毒、有害、可燃烧爆炸的物质等。

（7）生产、加工、储存危险物质的装置、设备、场所。

（8）人体一旦与之接触将导致人体能量意外释放的物体。

第一类危险源具有的能量越多，一旦发生事故其后果越严重。相反，第一类危险源处于低能量状态时比较安全。同样，第一类危险源包含的危险物质的量越多，干扰人的新陈代谢越严重，其危险性越大。

2. 第二类危险源

在生产、生活中，为了利用能量，让能量按照人们的意图在系统中流动、转换和做功，必须采取措施约束、限制能量，即必须控制危险源。约束、限制能量的屏蔽应该可靠地控制能量，防止能量意外释放。实际上，绝对可靠的控制措施并不存在，在许多因素的复杂作用下约束、限制能量的控制措施可能失效，能量屏蔽可能被破坏而发生事故。导致约束、限制能量措施失效或破坏的各种不安全因素称作第二类危险源。

如前所述，札别塔基斯认为人的不安全行为和物的不安全状态是造成能量或危险物质意外释放的直接原因。从系统安全的观点来考察，使能量或危险物质的约束、限制措施失效、破坏的原因因素，即第二类危险源，包括人、物、环境三个方面的问题。

在系统安全中涉及人的因素问题时，采用术语“人失误”。人失误是指人的行为的结果偏离了预定的标准，人的不安全行为可被看做是人失误的特例。人失误可能直接破坏对第一类危险源的控制，造成能量或危险物质的意外释放。例如，合错了开关使检修中的线路带电、误开阀门使有害气体泄放等。失误也可能造成物的故障，物的故障进而导致事故。例如，超载起吊重物造成钢丝绳断裂，发生重物坠落事故。

物的因素问题可以概括为物的故障。故障是指由于性能低下不能实现预定功能的现象，物的不安全状态也可以看作是一种故障状态。物的故障可能直接使约束、限制能量或危险物质的措施失效而发生事故。例如，电线绝缘损坏发生漏电、管路破裂使其中的有毒有害介质泄漏等。有时一种物的故障可能导致另一种物的故障，最终造成能量或危险物质的意外释放。例如，压力容器的泄压装置故障，使容器内部介质压力上升，最终导致容器破裂。物的故障有时会诱发人失误，人失误会造成物的故障，实际情况比较复杂。

环境因素主要指系统运行的环境，包括温度、湿度、照明、粉尘、通风换气、噪声和振动等物理环境，以及企业和社会的软环境。不良的物理环境会引起物的故障或人失误。例如，潮湿的环境会加速金属腐蚀而降低结构或容器的强度；工作场所强烈的噪声影响人的情绪，分散人的注意力而发生人失误。企业的管理制度、人际关系或社会环境影响人的心理，可能引起人失误。

第二类危险源往往是一些围绕第一类危险源随机发生的现象，它们出现的情况决定事故发生的可能性。第二类危险源出现得越频繁，发生事故的可能性越大。

7.2 安全生产管理原理

安全生产管理作为管理的主要组成部分，遵循管理的普遍规律，它既服从管理的基本原理与原则，也有特殊性的原理与原则。

安全生产管理原理是对客观事物实质内容及其基本运动规律的表述，原理与原则实质内容之间存在内在的、逻辑对应关系。安全生产管理原理是从生产管理的共性出发，对生产管理工作的实质内容进行科学的分析、综合、抽象与概括所得出的生产管理规律。

安全生产管理原则是根据对客观事物基本规律的认识引发出来的，需要人们共同遵循的行为规范和准则。安全生产原则是指在生产管理原理的基础上指导生产管理活动的通用规则。

原理与原则的本质与内涵是一致的。一般来说，原理更基本，更具普通意义；原则更具体，对行动更有指导性。

7.2.1 安全生产与安全生产管理

安全生产是为了使生产过程在符合物质条件和工作秩序下进行，防止发生人身伤亡和财产损失等生产事故，消除或控制危险、有害因素，保障人身安全与健康、设备和设施免受损坏、环境免遭破坏的总称。

所谓安全生产管理，就是针对人们生产过程的安全问题，运用有效的资源，发挥人们的智慧，通过人们的努力，进行有关决策、计划、组织和控制等活动，实现生产过程中人与机器设备、物料、环境的和谐，达到安全生产的目标。

安全生产管理的目标是：减少和控制危害，减少和控制事故，尽量避免生产过程中由于事故所造成的人身伤害、财产损失、环境污染以及其他损失。安全生产管理包括安全生产法制管理、行政管理、监督检查、工艺技术管理、设备设施管理、作业环境和条件管理等。

安全生产管理的基本对象是企业的员工，涉及企业中的所有人员、设备设施、物料、环境、财务、信息等各个方面。

安全生产管理的内容包括：安全生产管理机构和安全生产管理人员、安全生产责任制、安全生产管理规章制度、安全生产策划、安全培训教育、安全生产档案等。

7.2.2 安全生产法规理论

安全生产法规是保障劳动者在劳动过程中安全与健康，以及生命财产安全的法律规范的总称。安全生产法规有广义和狭义两种解释，广义的安全生产法律是指我国保护劳动者和保障生产资料及财产的全部法律规范。因为，这些法律规范都是为了保护国家利益和劳动人民的利益而制定的，如有关安全技术、安全工程、劳动合同、工伤保险、职业技术培训、组织工会和民主管理等方面的法规。狭义的安全生产法律是指国家为了改善劳动条件，保护劳动者在生产过程中的安全和健康，以及保障生产安全所采取的各种措施的法律规范，如劳动安全卫生规程，对女工和未成年工安全生产的特别规定，关于工作时间、休息时间和休假制度的规定，关于安全生产的组织和管理制度的规定等。安全生产法规的表现形式是国家制定的关于安全生产的各种规范性文件，它可以表现为享有国家立法权的机关制定的法律，也可以表现为国务院及其所属的部、委员会发布的行政法规、决定、命令、指示、规章以及地方性法规等，还可以表现为各种安全卫生技术规程、规范和标准。

安全生产法规是整个国家法规体系的一部分，因此它具有法的一般特征。

我国安全生产法律制度的建立与完善，与国家的安全生产政策有密切的关系。这种关系，就是政策是法规的依据，法规政策的定型化、条文化。应该明确，在过去法制很不完备，没有安全生产法规的场合，只能依照国家的安全生产政策做好安全生产工作。这时，国家的安全生产政策实际上已经起了法规的作用，已赋予了它一种新的属性，这种属性是国家所赋予的而不是政策本身就具有的。

随着我国法制建设的发展，有关安全生产方面的法律、法规已逐步完善，用法制的手段来维护企业的安全生产秩序，保证国家安全生产的目的，已成为现实和发挥重要的作用。

安全生产法规的特点如下。

(1) 保护的对象是劳动生产人员、生产资料和国家财产。

(2) 安全生产法规具有强制性的特征。

(3) 安全生产法规涉及自然科学和社会科学领域，因此具有政策性特点，又有科学技术性特点。

7.2.3 人本原理

1. 含义

在管理中必须把人的因素放在首位，体现以人为本的指导思想，这就是人本原理。

以人为本有两层含义，其一是一切管理活动都是以人为本展开的，人既是管理的主体，又是管理的客体，每个人都处在一定的管理层面上，离开人就无所谓管理；其二是管理活动中，作为管理对象的要素和管理系统各环节，都是需要人掌管、运作、推动和实施。

2. 特性

管理活动的目标、组织任务的制订和完成主要取决于人的作用，人的积极性、主动性和创造性的调动和发挥。没有人在组织中起作用，组织将不成为组织，各种资本物质也会因没有人去组织和使用而成为一堆无用之物。因此，管理主要是人的管理和对人的管理。管理活动必须以人以及人的积极性、主动性和创造性为核心来展开，管理工作的中心任务就在于调动人的积极性，发挥人的主动性，激发人的创造性。因此，人本原理讲求和解决的核心问题是积极性问题。

3. 运用原则

运用人本原理的原则。

(1) 动力原则。推动管理活动的基本力量是人，管理必须有能够激发人的工作能力的动力，这就是动力原则。对于管理系统，有三种动力，即物质动力、精神动力和信息动力。

(2) 能级原则。现代管理认为，单位和个人都具有一定的能量，并且可按照能量的大小顺序排列，形成管理的能级，就像原子中电子的能级一样。在管理系统中，建立一套合理能级，根据单位和个人能量的大小安排其工作，才能发挥不同能级的能量，保证结构的稳定性和管理的有效性。

(3) 激励原则。管理中的激励就是利用某种外部诱因的刺激调动人的积极性和创造性。以科学的手段，激发人的内在潜力，使其充分发挥积极性、主动性和创造性，这就是激励原则。人的工作动力来源于内在动力、外部压力和工作吸引力。

7.2.4　预防原理

1. 含义

安全生产管理工作应该做到预防为主，通过有效的管理和技术手段，减少和防止人的不安全行为和物的不安全状态，这就是预防原理。在可能发生人身伤害、设备或设施损坏和环境破坏的场合，事先采取措施，防止事故发生。

2. 特性

预防，其本质是在有可能发生意外人身伤害或健康损害的场合，采取事前的措施，防止伤害的发生。预防与善后是安全管理的两种工作方法。善后是针对事故发生以后所采取的措施和进行的处理工作，在这种情况下，无论处理工作如何完善，事故造成的伤害和损失已经发生，这种完善也只能是相对的。显然，预防的工作方法是主动的、积极的，是安全管理应该采取的主要方法。

安全管理以预防为主，其基本出发点源自生产过程中的事故是能够预防的观点。除了自然灾害以外，凡是由于人类自身的活动而造成的危害，总有其产生的因果关系，探索事故的原因，采取有效的对策，原则上讲就能够预防事故的发生。

由于预防是事前的工作，因此正确性和有效性就十分重要。生产系统一般都是较复杂的系统，事故的发生既有物的方面的原因，又有人的方面的原因，事先很难估计充分。有时重点预防的问题没有发生，但未被重视的问题却酿成大祸。为了使预防工作真正起到作用，一方面要重视经验的积累，对既成事故和大量的未遂事故（险肇事故）进行统计分析，从中发现规律。做到有的放矢；另一方面要采用科学的安全分析、评价技术，对生产中人和物的不安全因素及其后果做出准确的判断，从而实施有效的对策，预防事故的发生。

实际上，要预防全部的事故发生是十分困难的，也就是说不可能让事故发生的概率降为零。因此，为防备万一，采取充分的善后处理对策也是必要的。安全管理应该坚持“预防为主，善后为辅”的科学管理方法。

3. 运用原则

（1）偶然损失原则。事故后果以及后果的严重程度，都是随机的、难以预测的。反复发生的同类事故，并不一定产生完全相同的后果，这就是事故损失的偶然性。偶然损失原则告诉我们，无论事故损失大小，都必须做好预防工作。

（2）因果关系原则。事故的发生是许多因素互为因果连续发生的最终结果，只要事故的因素存在，发生事故是必然的，只是时间或迟或早而已，这就是因果关系原则。

（3）3E 原则。造成人的不安全行为和物的不安全状态的原因可归结为四个方面，即技术原因、教育原因、身体和态度原因以及管理原因。针对这四方面的原因，可以采取三种防止对策，即工程技术（Engineering）对策、教育（Education）对策和法制（Enforcement）对策。即所谓 3E 原则。

（4）本质安全化原则。本质安全化原则是指从一开始和从本质上实现安全化，从根本上消除事故发生的可能性，从而达到预防事故发生的目的。本质安全化原则不仅可以应用于设备、设施，还可以应用于建设项目。

7.2.5　强制原理

1. 含义

采取强制管理的手段控制人的意愿和行为，使个人的活动、行为等受到安全生产管理要求的约束，从而实现有效的安全生产管理，这就是强制原理。所谓强制就是绝对服从，不必经被管理者同意便可采取控制行动。

2. 特性

安全管理需要强制性是由事故损失的偶然性、人的“冒险”心理以及事故损失的不可挽回性所决定的。安全强制性管理的实现，离不开严格合理的法律、法规、标准和各级规章制度，这些法规、制度构成了安全行为的规范。同时，还要有强有力的管理和监督体系，以保证被管理者始终按照行为规范进行活动，一旦其行为超出规范的约束，就要有严厉的惩处措施。

3. 运用原则

1）安全第一原则

安全第一就是要求在进行生产和其他活动的时候把安全工作放在一切工作的首要位置。当生产和其他工作与安全发生矛盾时，要以安全为主，生产和其他工作要服从安全，这就是安全第一原则。

安全第一原则可以说是安全管理的基本原则，也是我国安全生产方针的重要内容。贯彻安全第一原则，就是要求一切经济部门和生产企业的领导者要高度重视安全，把安全工作当作头等大事来抓，要把保证安全作为完成各项任务、做好各项工作的前提条件。在计划、布置、实施各项工作时首先想到安全，预先采取措施，防止事故发生。该原则强调，必须把安全生产作为衡量企业工作好坏的一项基本内容，作为一项有“否决权”的指标，不安全不准进行生产。

2）监督原则

为了促使各级生产管理部门严格执行安全法律、法规、标准和规章制度，保护职工的安全与健康，实现安全生产，必须授权专门的部门和人员行使监督、检查和惩罚的职责，以揭露安全工作中的问题，督促问题的解决，追究和惩戒违章失职行为，这就是安全管理的监督原则。

安全管理带有较多的强制性，只要求执行系统自动贯彻实施安全法规，而缺乏强有力的监督系统去监督执行，则法规的强制威力是难以发挥的。随着社会主义市场经济的发展，企业成为自主经营、自负盈亏的独立法人，国家与企业、企业经营者与职工之间的利益差别在安全管理方面也有所体现，它表现为生产与安全、效益与安全、局部效益与社会效益、眼前利益与长远利益的矛盾。企业经营者往往容易片面追求质量、利润、产量等，而忽视职工的安全与健康。在这种情况下，必须设立安全生产监督管理部门，配备合格的监督人员，赋予必要的强制权力，以保证其履行监督职责，保证安全管理工作落到实处。

7.3 安全管理计划方法

安全管理计划是将安全管理决策层确定的安全管理活动的目标具体化，并谋求安全管理系统的外部环境、内部条件、决策目标三者之间在动态上的平衡，实现安全管理决策所确定的各项安全目标。因此，计划职能在安全管理活动中具有十分重要的地位，它是企业安全管理活动的中心环节。

7.3.1 安全管理计划的含义

一般来说，“计划”是对未来一定时期内的全面工作或某项工作提出指标、要求、措施、步骤、期限的文种。它是科学管理中的主要环节，是搞好管理工作的基础，是宏观控制的依据，是获得最佳成效的途径。决策部门的领导者可以凭此统筹全局，纵横协调，综合平衡，理顺关系，减少盲目性，增强预见性，合理安排人力、财力、物力，以低消耗取得高效益，从而取得领导、指挥群众去实现计划目标的主动权。“计划”一词早已有之，它具有以下 3 个明显的特征：必须与未来有关、必须与行动有关、必须有某个机构负责实施。

安全管理计划成为一种安全管理职能，是由下列原因决定的：首先，安全生产活动作为人类改造自然的一种有目的的活动，需要在安全工作开始前就确定安全工作的目标；其次，安全活动必须以一定的方式消耗一定质量和数量的人力、物力和财力资源，这就要求在安全活动前对所需资源的数量、质量和消耗方式做出相应的安排；再次，企业安全活动本质上是一种社会协作活动，为了有效地进行协作，必须事先按需要安排好人力资源，并把人们的行动相互协调起来，为实现共同的安全生产目标而努力工作；第四，企业安全活动需要在一定的时间和空间中展开，为了使之在时间和空间上协调，必须事先合理地安排各项安全活动的时间和空间。如果没有明确的安全管理计划，安全生产活动就没有方向，人、财、物就不能合理组合，各种安全活动的进行就会出现混乱，活动结果的优劣也没有评价的标准。

7.3.2 安全管理计划的内容

由于各行各业的工作性质不同，承担的任务和完成任务的主客观条件不一样，因此计划有大有小，内容有详有略，有的相当完备，有的十分简单。但是，安全管理计划必须具备以下 3 个要素。

1）目标

这是安全管理计划的灵魂，安全管理计划就是为完成安全工作任务而制定的。安全工作目标是安全管理计划产生的导因，也是安全管理计划的奋斗方向。没有努力方向，没有要求和指标，就没有必要制订计划。因此，制定安全管理计划前，要分析研究安全工作现状，并明确无误地提出安全工作的目的和要求，以及提出这些要求的根据，使安全管理计划的执行者事先就知道安全工作未来的结果。

2）措施

过河必先有桥。有了既定的安全工作任务，还必须有完成任务的措施和方法，这是实现安全管理计划的保证。措施和方法主要指达到既定安全目标需要什么手段，动员哪些力量，创造什么条件，排除哪些困难。如果是集体的计划，还要写明某项安全任务的责任者，便于检查监督，以确保安全管理计划的实施。

3）步骤

也就是工作的程序和时间的安排。而在实施当中，又有轻重缓急之分，哪是重点、哪是非重点，应有个明确的认识。因此，在制定安全管理计划时，有了总的时限以后，还必须有每一阶段的时间要求，人力、物力、财力的分配使用，使有关单位和人员知道在一定的时间内，一定的条件下，把工作做到什么程度，以争取主动协调进行，这是安全管理计划的主要内容。

安全管理计划的3个要素在具体制定时，首先要说明安全任务指标。至于措施、步骤、责任者等，应根据具体情况而定。可分开说明，也可在一起综合说明，还可以有分有合地说明。但是，不论哪种编制方法，都必须体现出这3个要素。

3个要素是安全管理计划的主体部分。除此以外，每份计划还要包括以下内容：一是确切的、一目了然的标题，把安全管理计划的内容和执行计划的有效期体现出来；二是安全管理计划的制订者和制订计划的日期；三是有些内容需要用图表来表现，或者需要用文字说明的，还可以把图表或说明附在计划正文后面，作为安全管理计划的一个组成部分。

7.3.3 安全管理计划的形式

企业安全管理计划的形式是多种多样的，它可以从不同的角度，按照一定的序列进行分类，从而形成一个完整的计划体系。这个计划体系如果按时间/顺序来划分，可分为长期计划、中期计划和短期计划；按计划的内容可分为企业安全生产发展计划、企业安全文化建设计划、安全教育发展计划、隐患整改措施计划、班组安全建设计划等；按计划的性质可分为安全战略计划、安全战术计划；按计划的具体化程度可以分为安全目标、安全策略、安全规划、安全预算等；按计划管理形式和调节控制程度的不同可分为指令性计划、指导性计划等。

1. 长期、中期和短期安全管理计划

1）长期安全管理计划

它的期限一般在10年以上，又可称为长远规划或远景规划。长期安全管理计划期限的确定主要考虑以下因素：第一，为实现一定的安全生产战略任务大体需要的时间；第二，人们认识客观事物及其规律性的能力、预见程度，制定科学的计划所需要的资料、手段、方法等条件具备的情况；第三，科技的发展及其在生产上的运用程度等。

长期安全管理计划一般只是纲领性、轮廓性的计划，它只有一个比较粗略的远景规划设想。由于计划的期限较长，不确定的因素较多，况且有些因素人们事先也难以预料，因此，它只能以综合性指标和重大项目为主，还必须有中、短期计划来补充，把计划目标加以具体化。

2）中期安全管理计划

它的期限一般为5年左右，由于期限较短，可以比较准确地衡量计划期各种因素的变动及其影响。所以，在一个较大系统中，中期计划是实现安全管理计划的基本形式。它一方面可以把长期的安全生产战略任务分阶段具体化，另一方面又可为年度安全管理计划的编制提供基本框架，因而成为联系长期计划和年度计划的桥梁和纽带。随着计划工作水平的提高，五年计划也应列出分年度的指标，但它不能代替年度计划的编制。

3）短期安全管理计划

短期安全管理计划包括年度计划和季度计划，以年度计划为主要形式，它是中、长期安全管理计划的具体实施计划和行动计划。它根据中期计划具体规定本年度的安全生产任务和有关措施，内容比较具体、细致、准确；有执行单位，有相应的人力、物力、财力的分配，为贯彻执行提供了可能，为检查计划的执行情况提供了依据，从而使中、长期安全管理计划的实现有了切实的保证。

长期、中期、短期计划的有机协调和相互配套，是企业生存和发展的保证。在安全生产实践过程中，一般的经验是，长期计划可以粗略一些，弹性大一些，而短期计划则要具体、详细些。同时，还应注意编制滚动式计划，以解决好长计划与短计划之间的协调问题。

2. 高层、中层、基层安全管理计划

1）高层计划

高层安全管理计划是由高层领导机构制定并下达到整个组织执行和负责检查的计划。高层安全管理计划一般是战略性的计划，它是对本组织有关重大的、带全局性的、时间较长的安全工作任务的筹划。比如远景规划，就是对较大范围、较长时间、较大规模的工作的总方向、大目标、主要步骤和重大措施的设想蓝图。这种设想蓝图虽然有重点部署和战略措施，但并不具体指明有关的工作步骤和实施措施，虽然有总的时间要求，但并不提出具体的、严格的工作时间表。这种远景规划和战略措施全国有、地区有、一个企业也有。全国和地区的一般叫发展战略，企业单位的一般叫经营战略。

2）中层计划

它是中层管理机构制定、下达或颁布到有关基层执行并负责检查的计划。中层计划一般是战术或业务计划。战术或业务计划是实现战略计划的具体安排，它规定基层组织和组织内部各部门在一定时期需要完成什么、如何完成，并筹划出人力、物力和财力资源等。

3）基层计划

它是基层执行机构制定、颁布和负责检查的计划。基层计划一般是执行性的计划，主要有安全作业计划、安全作业程序和规定等。基层计划的制订首先必须以高层计划的要求为依据，保证高层计划或战略计划的实现。同时，基层计划还应在高层计划许可的范围内、根据自身的条件和客观情况的变化灵活地作出安排。

总之，高层计划、中层计划和基层计划三者既有联系，又有区别，它们应在统一计划分级管理的原则下，合理划分管理权限，做到“管而不死，活而不乱”。

3. 指令性和指导性安全管理计划

1）指令性计划

指令性计划是由上级计划单位按隶属关系下达，要求执行计划的单位和个人必须完成的计划。其特点如下：

① 强制性。凡是指令性计划，都是必须坚决执行的，具有行政和法律的强制性。

② 权威性。只要以指令形式下达的计划，在执行中就不得擅自更改变换，必须保证完成。

③ 行政性。指令性计划主要是靠行政办法下达指标完成。

④ 间接市场性。指令性计划也要运用市场机制，但是，市场机制是间接发生作用的。由此可见，指令性计划只能限于重要的领域和重要的任务，而不能范围过宽。否则，不利于调动基层单位的安全生产积极性。

2）指导性计划

指导性计划是上级计划单位只规定方向、要求或一定幅度的指标，下达隶属部门和单位参考执行的一种计划形式。在市场经济条件下，大部分都是指导性计划。这种计划具有以下特点。

① 具有约束性。指导性计划不像指令性计划那样具有法律强制性，只有号召、引导和一定的约束作用，并不强行要求下属接受和执行。

② 具有灵活性。指导性计划指标是粗线条的，有弹性的，给下属单位以灵活活动的余地。

③ 间接调节性。指导性计划主要通过经济杠杆，沟通信息等手段来实现上级计划目标的。

7.3.4 安全管理计划的作用

计划作为企业安全生产管理的职能，已经有很长的历史。计划在安全管理中的作用，主要表现在以下 3 个方面。

1. 安全管理计划是安全决策目标实现的保证

安全管理计划是为了具体实现已定的安全决策目标，而对整个安全目标进行分解、计算并筹划人力、财力、物力，拟定实施步骤、方法和制定相应的策略、政策等一系列安全管理活动。任何安全管理计划都是为了促使实现某一个安全决策目标而制定和执行的。安全管理计划的一个重要功能就是把注意力时刻集中于安全决策目标，如果没有计划，实现安全目标的行动就会成为一堆杂乱无章的活动，安全决策目标就很难实现。由于安全管理计划能使安全决策目标具体化，为组织或个人在一定时期内需要完成什么、如何完成提出切实可行的途径、措施和方法，并筹划出人力、财力、物力资源等，因而能保证安全决策目标的实现。

2. 安全管理计划是安全工作的实施纲领

任何安全管理都是安全管理者为了达到一定的安全目标对管理对象而实施的一系列的影响和控制活动，这些活动包括计划、组织、指挥、控制等。安全管理计划是安全管理过程的重要职能，是安全工作中一切实施活动的纲领。只有通过计划，才能使安全管理活动按时间、有步骤地顺利进行。因此，离开了计划，安全管理的其他职能的作用就会减弱甚至不能发挥，当然也就难以进行有效的安全管理。

3. 安全管理计划能够协调、合理利用一切资源，使安全管理活动取得最佳效益

当今时代，由于社会生产力的发展，各行各业以及它们内部的各个组成部分之间分工协作严密，生产呈现出高度社会化。在这种情况下，每一项活动中任何一个环节如果出了问题，就可能要影响到整个系统的有效运行。因此，必须统筹安排、反复平衡、充分考虑相关因素和时限，使安全管理计划工作能够通过经济核算，合理地利用企业的人力、物力和财力资源，有效地防止可能出现的盲目性和紊乱，使企业安全管理活动取得最佳的效益。

在市场经济条件下，计划作为安全管理重要职能的地位不能削弱。我们应当区别“计划管理”与“计划经济”是两个不同的概念。计划管理，是指对任何事情或工作都要有计划、有步骤、有重点地统筹合理的安排，使之顺利地达到预定目标，因此这种管理是任何时候都必须强调和加强的。而计划经济是指否定商品货币的存在，排斥价值规律和市场调节作用的一种经济体制。这种体制看起来强调计划的重要性，但没有把计划建立在客观现实的基础上，因而具有很大的主观随意性。

7.3.5　安全管理计划的编制与修订

1. 安全管理计划编制原则

安全管理计划是主观的东西，计划制定的好坏，取决于它和客观相符合的程度。为此，在安全管理计划的编制过程中，必须遵循一系列的原则。这些原则如下：

1）科学性原则

所谓科学性原则，是指企业所制定的安全管理计划必须符合安全生产的客观规律，符合企业的实际情况。只有这样，才有理由要求各部门、各单位主动地按照计划的要求办事。相反，如果安全管理计划不科学，甚至从根本上违背安全生产的客观规律，那么，这样的计划就很难被人接受，即使通过某些强制的方法和手段贯彻下去，也很难实现计划的目标。因此，这就要求安全管理计划编制人员必须从企业安全生产的实际出发，深入调查研究，掌握客观规律，使每一项计划都建立在科学的基础之上。

2）统筹兼顾的原则

就是指在制定安全管理计划时，不仅要考虑到计划对象系统中所有的各个构成部分及其相互关系，而且还要考虑到计划对象和相关系统的关系，按照它们的必然联系，进行统一筹划。这是因为，安全管理计划的目的是通过系统的整体优化实现安全决策目标，而系统整体优化的关键在于系统内部结构的有序和合理，在于对象的内部关系与外部关系的协调。

首先，要处理好重点和一般的关系。在安全生产和生产经营中，有的环节、有的项目关系到企业发展的全局，具有战略意义。对于这些重点，要优先保证它的发展。但是也不能只顾重点忽视其他，没有非重点的发展，就不会有重点的发展。

其次，要处理好简单再生产和扩大再生产与安全生产的关系。社会化大生产是以扩大再生产为特征的，但是扩大再生产不能离开简单再生产孤立进行，扩大再生产更不能离开安全生产，否则就失去了前提和基础，失掉了扩大再生产的条件。因此，在对财力、物力、人力进行分配时，既要满足简单再生产的需要，又要满足适当的扩大再生产的需要，还必须要满足安全生产的需要。

再次，要处理好国家、地方、企业和职工个人之间的关系。按照统筹兼顾的原则，一方面要保证国家的整体利益和长远利益，强调局部利益服从整体利益，眼前利益服从长远利益；另一方面又要照顾到地方、企业和职工个人的利益。只有这样，才能调动各方面的安全生产积极性。

3）积极可靠的原则

即制定安全管理计划指标一是要积极，凡是经过努力可以办到的事，要尽力安排，努力争取办到；二是要可靠，计划要落到实处，而确定的安全管理计划指标，必须要有资源条件作保证，不能留有缺口。坚持这一原则，把尽力而为和量力而行正确结合起来，使安全管理计划既有先进性，又有科学性，保证生产、安全、效益持续、稳定、健康地发展。

4）留有余地原则

即所说的弹性原则，是安全管理计划在实际安全管理活动中的适应性、应变能力和与动态的安全管理对象相一致的性质。计划留有余地，包括两方面的内容：一是指标不能定得太高，否则经过努力也达不到，既挫伤计划执行者的积极性，又使计划容易落空；二是资金和物资的安排、使用留有一定的后备，否则难以应付突发事件、自然灾害等不测情况。应当看到，任何计划都只是预测性的，在计划的执行过程中，往往会出现某些人们事先预想不到或者无法控制的事件，这将会影响到计划的实现。因此，必须使计划具有弹性和灵活的应变能力，以及时适应客观事物各种可能的变化。

5）瞻前顾后的原则

就是在制定安全管理计划时，必须有远见，能够预测到未来发展变化的方向，同时又要参考以前的历史情况，保持计划的连续性。为实现安全管理计划的目标，合理地确定各种比例关系。从系统论的角度来说，也就是保持系统内部结构的有序和合理。所以，作计划时，必须对计划的各个组成部分、计划对象与相关系统的关系进行统筹安排。其中，最重要的就是保持任务、资源与需求之间，局部与整体之间，目前与长远之间的平衡。

6）群众性原则

安全管理计划工作的群众性原则，是指在制定和执行计划的过程中，必须依靠群众、发动群众、广泛听取群众意见。要通过各种形式向群众讲形势、讲任务、提问题、指关键、明是非；要放手发动群众，揭矛盾、找差距、定措施。只有依靠职工群众的安全生产经验和安全工作聪明才智，才能制定出科学、可行的安全管理计划，也才能激发职工的安全积极性，自觉地为安全目标的实现而奋斗。

2. 安全管理计划编制的程序

1）调查研究

编制安全管理计划，必须弄清计划对象的客观情况，这样才能做到目标明确，有的放矢。为此，在计划编制之前，首先必须按照计划编制的目的要求，对计划对象中的各个有关方面进行现状的和历史的调整，全面积累数据，充分掌握资料。在调查中，一方面要注意全面、系统地掌握第一手资料，防止支离破碎、断章取义；另一方面也要注意解剖麻雀，有针对性地把主要安全问题追深追透，反对浅尝辄止，浮于表面。调查有多种形式，从获得资料的方式来看，有亲自调查、委托调查、重点调查、典型调查、抽样调查和专项调查等。调查搞好了，还要对调查材料进行及时、深入、细致的分析，发现矛盾、找出原因、去伪存真、去粗取精。

2）科学预测

预测，就是通过分析和总结某种安全生产现象的历史演变和现状，掌握客观过程发展变化的具体规律性，揭示和预见其未来发展趋势及其数量表现。预测是安全管理计划的依据和前期。因此，在调查研究的基础上，必须邀请有关安全专家参加，进行科学预测，得出科学、可信的数据和资料。安全预测的内容十分丰富，主要有：工艺状况预测、设备可靠性预测、隐患发展趋势预测、事故发生的可能性预测等；而从预测的期限来看，则又有长期、中期和短期预测等。

3）拟定计划方案

经过充分的调查研究和科学的安全管理计划预测，计划机关或计划者掌握了形成安全管理计划足够的数据和资料，根据这些数据和资料，审慎地提出计划的安全发展战略目标，安全工作的主要任务，有关安全生产指标和实施步骤的设想，并附上必要的说明。通常情况下，一般要拟定几种不同的方案以供决策者选择之用。

4）论证和择定计划方案

这一阶段是安全管理计划编制的最后一个阶段，主要工作大致可归纳为以下几个方面。

① 通过各种形式和渠道，召集有准备的各方面安全专家的评议会进行科学论证；同时，也可召集职工座谈会，广泛听取意见。

② 修改补充计划草案，拟出修订稿，再次通过各种形式渠道征集意见和建议。这一程序必要时可反复多次。

③ 比较选择各个可行方案的合理性与效益性，从中选择一个满意的安全管理计划，然后由企业权力机关批准实行。

由上可见，安全管理计划编制的这套程序，既符合决策科学的要求，也符合群众路线的要求。只要自觉地运用从实际出发的唯物观点和辩证方法，能够认真地运用科学的安全管理计划方法并走群众路线，就一定能够制定出比较满意的计划。

3. 安全管理计划编制的方法

安全管理计划编制不仅要按照一定原则和步骤进行，而且要采用能够正确核算和确定各项安全指标的科学方法。在实际工作中，常用的安全管理计划方法主要有以下几种。

1）定额法

定额是通过经济、安全统计资料和安全技术手段测定而提出的完成一定安全生产任务的资源消耗标准，或一定的资源消耗所要完成安全生产任务的标准。它是安全管理计划的基础，对计划核算有决定性影响。定额法就是根据有关部门规定的标准，或者目前在正常情况下已经达到的标准来计算和确定安全管理计划指标的方法。

2）系数法

系数是两个变量之间比较稳定的数量依存关系的数量表现，主要有比例系数和弹性系数两种形式。比例系数是两个变量的绝对量之比。如企业安装一台消声器的工作量一般占基建投资总额的比例假设为65%，那么，这里的0.65，就是二者的比例系数。弹性系数是两个变量的变化率之比。如企业产量增长速度和企业总的经济增长速度之比假设为0.2∶1，那么，这里的0.2，就是产量增长的弹性系数。系数法就是运用这些系数从某些计划指标推算其他相关计划指标的方法。系数法一般用于计划编制的匡算阶段和远景规划，其优点是可以在时间短、任务急、资料不全的情况下迅速编制粗线条的计划，还可以对计划进行粗略的论证和检验。但使用时必须注意系数在计划期的有效性，并对之进行尽可能科学的修正。

3）动态法

动态法就是按照某项安全指标在过去几年的发展动态，来推算该指标在计划期的发展水平的方法。如假设根据历年情况，某企业集团人身伤害事故每年大约减少5%左右。假定计划期安全生产条件没有大的变化，那么也就可以按减少5%来考虑。这种方法常见于确定安全管理计划目标的最初阶段。

4）比较法

比较法就是对同一计划指标在不同时间或不同空间所呈现的结果进行比较，以便研究确定该项计划指标水平的方法。这种方法常被用于进行安全管理计划分析和论证。使用它，可以较好地吸收其他企业的成功经验。当然，在运用这种方法时，一定要注意到同一指标的诸多因素的可比性问题，简单的类比是不科学的。

5）因素分析法

因素分析法是指通过分析影响某个安全指标的具体因素以及每个因素变化对该指标的影响程度来确定安全管理计划指标的方法。例如，在生产资料供应充足的条件下，企业生产水平取决于投入生产领域的活劳动量和单位活劳动的生产率以及企业安全生产的水平。因此，确定企业产量计划，可以通过分别求出计划期由于劳动力增加可能增加的产量以及由于劳动生产率提高可能增加的产量和安全生产的平稳运行可能增加的产量，然后把三者相加，这就是因素分析法。

6）综合平衡法

综合平衡法是从整个企业安全生产管理计划全局出发，对计划的各个构成部分、各个主要因素、整个安全管理计划指标体系进行的全面平衡。综合平衡法把任何一项安全工作计划都看作是一个系统，不是追求局部的、单指标的最优化，而是寻求系统整体的最优化。因此，它是进行计划平衡的基本方法。综合平衡法的具体形式很多，主要有编制各种平衡表、建立便于计算的计划图解模型或数学模型等。

4. 安全管理计划的检查与修订

制定安全管理计划并不是计划管理的全部，而只是计划管理的开始，在整个安全管理计划的制订、贯彻、执行和反馈的过程中，计划的检查与修订，占有十分重要的地位，起着不可忽视的作用。

1）计划的检查是监督计划贯彻落实情况，推动计划顺利实施的需要

安全生产管理计划虽然是按照一定的民主程序和科学过程而制定的，并对企业各方面的诸种关系都作了通盘的考虑，但是，仍然不能保证它在各个子系统内或每一个环节都能得到及时、全面、切实的贯彻和落实。通过计划检查，就可以及时了解计划任务的落实情况，各

部门、各单位、各基层完成计划的进度情况，以便研究和提出保证完成计划的有力措施。

2）计划检查还可以检验计划编制是否符合客观实际，以便修订和补充计划

诚然，计划的编制是力求做到从实际出发，使其尽量符合客观实际。但是，由于人的认识不但常常受着科学条件和技术条件的限制，而且也受着客观过程的发展及其表现程度的限制。因此，部分地改变计划的事是常有的。当发现计划与实际执行情况不符时，应具体分析其原因，如果是由于计划本身不符合实际，或在执行过程中出现了前所未料的问题，如重大突发事件、突发重大事故等，就应修改原定计划。但修订调整计划必须按一定程序进行，必须经原批准机关审查批准。对由于计划执行单位管理不善等主观原因造成的计划与实际脱节，则不允许修改计划，以保证计划的严肃性。

3）计划的检查要贯穿于计划执行的全过程

从安全管理计划的下达开始，直到计划执行结束。计划检查要做到全面而深入。

检查的主要内容有：

① 计划的执行是否偏离目标；

② 计划指标的完成程度；

③ 计划执行中的经验和潜在的问题；

检查的方法则有：

① 分项检查和综合检查；

② 数量检查和质量检查；

③ 定期检查和不定期检查；

④ 全面检查；

⑤ 重点检查；

⑥ 抽样检查；

⑦ 统计报表检查；

⑧ 深入基层检查等。

7.4

安全管理组织方法

组织，一般有两种含义，一种是动词，就是有目的、有系统地集合起来，如组织群众，这种组织是管理的一种职能；另一种是名词，指按照一定的宗旨和目标建立起来的集体，如工厂、机关、学校、医院，各级政府部门、各个层次的经济实体、各个党派和政治团体等等，这些都是组织。

安全管理组织是安全管理职能之一，完善的安全管理组织应具备：

① 具有各自明确的保障生产安全、人与财物不受损失的目的；

② 由一定的承担安全管理职能的人群组成；

③ 有相应的系统性结构，用以控制和规范安全管理组织内成员的行为。例如，制定安

全管理规章制度、建立职业安全健康管理体系、编写生产岗位安全职责与职权等。

7.4.1 安全管理组织结构

组织结构为满足一定目的而设计。安全管理的绩效在很大程度上也与其结构有关。现阶段企业在安全方面首先应解决安全管理职能部门的横向划分与合并、分工与协作等问题。

职能组织由横向分工产生，是管理科学化、专业化的结果。由于诸多因素的影响，职能组织总是表现为增、裁、分、合的动态过程。其过程的依据是企业经营目标任务的变化、专业管理业务量增减、专业性与独立性强弱和适应监督制约的需要。

企业从单纯生产型转变为生产经营型，安全对安定、生产、扩大再生产的作用将日益突出，对企业安全管理提出了更高要求。由于目标任务的变化、生产规模的扩大，安全管理业务将寓于整个生产系统中，须有专门机构领导和协调。安全管理业务若全部分散在诸多处室，整个安全系统就难以发挥总体效能。因此，设置安全管理职能部门是使企业得以有效地提高效益、完成任务、实现目标的组织保障。

安全管理在整个企业三大职能中属监控类部门。各部门必须满足安全生产提出的要求，而安全管理部门应及时向各管理部门提供可靠的信息，对各部门执行安全生产责任制及安全生产目标的情况综合分析，并向企业决策层提出建议。它具有对全局影响极大的控制协调职能，应实行以集中为主的管理。而管理之三大职能之间内在制约关系和存在的待协调因子对生产经营活动既有推动作用，又有阻抗效应。在处理安全与生产的关系方面总有许多矛盾之处，矛盾的解决都会促进生产的发展。

对于像铁路工厂这样的大中型企业，安全系统是一个多元输入的复杂动态系统。每个工厂有若干分厂或车间，它们的安全生产又受领导的安全意识、安全管理机构业务能力、相关职能部门的配合、工艺装备水平、工人安全生产技能及生产环境等众多因素的影响。规模庞大、纵横交错的安全系统，宜采用多级递阶控制结构，从组织结构上保证整个安全系统的正常运转。

7.4.2 安全管理组织意识

随着管理方法的不断完善，人们逐渐认识到：仅靠完善的组织结构还是不够的，对安全生产具有深刻影响并能长期起作用的因素乃是安全意识，亦即建立一种组织意识并渗透到安全工作的各方面，使职工明确方向，同时受到激励、奖励和约束。通过培养职工共同的价值观念和行为规范和行为，实现安全生产，也满足职工自我安全的需要。

安全管理组织意识可分为企业领导安全意识、部门及班组安全意识和职工的自主安全意识等几部分。

领导安全意识是安全管理组织意识确立的前提。其体现在：建立科学的安全效益概念和指标，明确安全效益在产量、产值和利润中的比重；提高安全防范在总体决策中的地位和权重，并据本企业技术经济条件，在人力、财力、物力方面保证安全系统正常运行，从制度上保证人员素质、重视职工的安全教育与培训等。班组是企业基本单元的，其安全意识的培养是组织意识建立的基础；企业通过安全文化建设，有效地增强班组内聚力，形成自我管理并成为一个利益共同体和情感联合体。职工的自主安全意识，是避免事故发生的重要保证。安全的价值、任务、生存等观念的增强要通过系统教育、定期培训、日常练功等活动深化自主安全意识。

通过安全文化对各层次职工的影响，使职工对责任和目标有较深刻的理解，从而约束组织决策和个人行为，并与安全目标协调一致。这将是组织的力量源泉。

7.4.3 安全管理组织机制

组织机制具有组织的自动调节功能，它包含了目标调节机制、组织内部沟通协调机制和对外部环境的适应机制。

体制改革的深入，经济学渗入了各个领域，使价值原则普遍化。由于公众和社会对人的价值有了新的认识，经济效益将是安全管理目标调节机制的本质，该机制包含了动力机制和约束机制。动力来源于商品生产的企业因安全带来的经济利益，它加速目标的实现；约束力是为了防止偏离目标，产生于企业因承担了投资风险、竞争压力、破产压力而又不致使企业受害的一种内在经济势能。由于动力与约束力的作用，企业预定的安全目标方可实现。

工业企业安全管理的内在动力和自我约束力体现为商品生产经营者自主经营、自负盈亏并参与市场竞争，且受到经济动力的强大刺激和经济杠杆的严格约束。企业将因此充满活力，对经营者也具有压力。随着以人为中心的管理思想的发展，确立企业目标时，逐步克服了一度出现的“消费偏好与短期投资偏好”的倾向，安全保障能力亦将得到补偿，从而增强安全管理的基础及其动力。

企业安全管理的外在约束力是安全法律。根据我国国情，加速安全工作法制化、标准化，并与科学技术经济条件相协调的进程；提高立法的层次、强化立法及标准化工作的系统配套措施和依法设置相应的机构；增强各层次尤其是企业层次安全管理工作的法律效能，逐渐摆脱目前依赖行政事务的手段分析、管理和控制复杂安全系统的局面，从而提高安全系统的运转效率。

组织的沟通协调机制是因组织分工的客观要求而产生的。该机制非常复杂，除纵向、横向沟通中诸多方法可供选择外，信息收集记录、组织层次与幅度、沟通网络、沟通者的思想作风及情感等也都影响着沟通协调。

目前，责任制作为组织的基本制度在促使企业各部门协调沟通中起着重要作用。安全管理组织主要依靠安全生产责任制解决纵横各部门的内在职能制约矛盾和由人的主观因素造成的“扯皮”现象，并纳入经济责任制，形成考核及奖惩制度。安全生产经济责任制对企业的领导体制、专业管理、“四全管理”构成的网络必须进行衔接和定位，使安全管理职能处于网络的结点上，将众多部门联成一个相互制约的整体。从制度上保证了沟通与协调纵横关系，促进安全生产系统管理思想的实现。

近年来，经过安全性评价、定置管理、色彩管理等各种现代化管理方法的尝试，工业企业设备及环境安全状况有一定改善，但仍具有安全管理基础工作薄弱、工装落后、手工作业多、劳动强度大等状况。企业通过计划、制度和明确责权关系等，在规范人的制度化管理系统的同时，重视职工素质、技能、作风等人的内部控制机能，安全管理通过安全文化而产生物质与精神文明，使内部与外部的控制结合，为职工提供一个既有物质基础，又尊重、启发人的自主安全意识并在实现目标中追求人的自身价值，以实现充满活力和凝聚力的文化环境。无疑，企业环境的长远思考与明智投入，将不断推动安全系统正常运转，使企业最终产生巨大的社会效益与经济效益。

7.5 安全管理控制方法

7.5.1 安全管理控制的含义及特点

安全控制理论是应用控制论的一般原理和方法，研究安全控制系统的调节与控制制度规律的一门学科。

安全控制系统是由各种相互制约和影响的安全要素所组成的，具有一定安全特征和功能的整体。安全要素包括：

（1）影响安全的物质性因素，如工具设备、危险器械、能对人构成威胁的工艺装置等；

（2）安全信息，如政策、法规、指令、情报、资料、数据和各种消息等；

（3）其他因素，如人员、组织机构、资金等。

安全控制系统与一般的技术系统比较，有如下特点：

（1）安全控制系统具有一般技术控制系统的全部特征；

（2）安全控制系统是其他生产、社会、经济系统的保障系统；

（3）安全控制系统中包括人这一最活跃的因素，因此，人的目的性和人的控制作用时刻都会影响安全控制系统的运行；

（4）安全控制系统受到的随机干扰非常显著，因而其研究更加复杂。

7.5.2 安全系统的控制特性

安全系统的控制虽然也服从控制论的一般规律，但是毕竟有它自己的特殊性，如果不注意这点就会犯错误。

安全系统的控制特性主要有以下几个特点：

（1）安全系统状态具有触发性和不可逆性；

（2）系统的随机性；

（3）是自组织控制系统。

7.5.3　安全系统的控制原则

1. 前馈控制

前馈控制工作模式如图 7－3 所示。

在图 7－3 中 X 为输入的能源、物料等，也可能是添置的新设备或者是新来的工作人员等。出于种种原因，可能不完全符合要求或者是具有有害成分。在 X 输入前，进行检测，以保证具有高质量的输入变量 X 进入系统。这就是前馈控制。

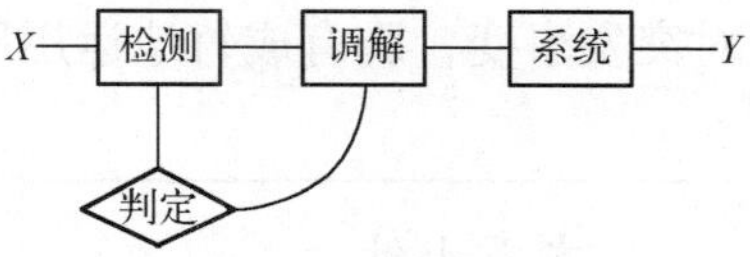

图 7－3　前馈控制

当然，X 进入系统后，控制系统还是要运用反馈控制进行控制。

2. 反馈控制

安全系统的反馈控制可以分三种情况。

（1）输入状态反馈控制。即在各基本事件 X_1，…，X_n 已经发生而 X 尚未发生时，及时查明已经发生的基本事件，并予以消除或纠正，防患于未然。

这应当是安全反馈控制的主要形式。不同于其他系统的反馈控制的是，检测对象不是输出端而是输入端。因此，安全系统反馈控制需要的信息量，较之其他系统非常大。

（2）事故后的反馈控制。这一点对于减少重复事故的发生十分重要。作法关键在于：事故后不能就事论事，必须亡羊补牢，运用系统分析的方法。例如用 FTA 方法进行系统的全面分析，找出所有的最小割集，提出改进措施。在此基础上，举一反三，通知各级系统，进行全面检查，进行整改消除隐患，然后将结果反馈回来。这种作法将大大减少类似事故的发生。

（3）适当运用正反馈机制。激励职工在安全技术上的向上进取精神。发现某个职工在安全上的缺点错误，对之进行批评、惩罚，是一种负反馈控制。对于纠正个人过失，是完全必要的措施。

3. 提高下属自组织能力是最重要控制机制

安全控制系统属于人系统范畴，必须实行分层递阶控制。各层次之间除了督促下层贯彻方针、政策、规程和有关决定外，最重要的控制机制便是，采取一切可行的措施，提高下属自组织能力，使之具有较高的控制能力，能够审时度势，加强自我就地反馈。

各级管理层的自组织能力主要体现在以下几方面。

（1）了解下属危险源的事故结构有关信息，诸如：事故模式、严重度、发生概率、防治措施。

（2）掌握危险源的动态信息，诸如：已接近临界状态的重大危险源、目前存在的管理缺陷，职工安全素质存在的主要问题、隐患整改情况。

（3）熟悉危险分析技术，善于用之解决实际问题。

（4）经验丰富，应变能力较强。这些能力的养成，必须经过专门培训，经过考核取得资格，方能上岗。培训应在一定期间进行一次，加以巩固提高。

对于工人来说重要的是，安全技术水平和应变能力的培训，重点在于有计划地进行安全技能在线训练。日本人的无事故运动，曾推行一种叫做“危险预知训练”的在线安全训练方法，收到了很好效果。

对工人的在线安全技术训练，必须结合实践经常进行，使之形成条件反射，能够镇定地而对突发事变，胸有成竹地运用所掌握的技能从容处理。

本章小结

20 世纪初，世界工业生产已经初具规模，蒸汽动力和电动机械取代了作坊中的手工器具。由于当时的机器都没有安全防护装置，对工人不进行培训，工人日工作时间长达 13 小时，伤亡事故频繁发生。各种事故致因理论应运而生，如事故频发倾向论、事故因果连锁论、能量意外释放论等。为了把人、机和环境作为一个系统（整体）研究人、机和环境之间的相互作用、反馈和调整，从中发现事故的致因，揭示出预防事故的途径，系统理论应运而生。系统理论有多种事故致因模型，它们的形式虽然不同，然而涉及的内容大体相同。其中瑟利模型和安德森模型较具代表性。随着科学技术的不断进步，设备、工艺及产品越来越复杂。各种大规模复杂系统相继问世，这些复杂的系统往往由非常复杂的关系相连接，人们在研制、开发、使用及维护这些大规模复杂系统的过程中，逐渐萌发了系统安全的基本思想。在系统安全研究中，认为危险源的存在是事故发生的根本原因，防止事故就是消除、控制系统中的危险源。实际上，事故因素不安全因素种类繁多、非常复杂，它们在导致事故发生、造成人员伤害和财物损失方面所起的作用很不相同，它们的识别、控制方法也很不相同。根据危险源在事故发生、发展中的作用，危险源被划分为第一类危险源和第二类危险源。

同时，安全生产管理也是至关重要的。对生产管理工作的实质内容进行科学的分析、综合、抽象与概括后得出了生产管理规律。安全生产管理的目标是：减少和控制危害，减少和控制事故，尽量避免生产过程中由于事故所造成的人身伤害、财产损失、环境污染以及其他损失。安全生产管理包括安全生产法制管理、行政管理、监督检查、工艺技术管理、设备设施管理、作业环境和条件管理等。为了保护国家利益和劳动人民的利益，制定了安全生产法规。安全生产法规是保障劳动者在劳动过程中安全与健康，以及生命财产安全的法律规范的总称。安全生产法规有广义和狭义两种解释，广义的安全生产法律是指我国保护劳动者和保障生产资料及财产的全部法律规范。为了保护国家利益和劳动人民的利益而制定的。

将安全管理决策层确定的安全管理活动的目标具体化，并谋求安全管理系统的外部环境、内部条件、决策目标三者之间在动态上的平衡，实现安全管理决策所确定的各项安全目标，需要制定安全管理计划。由于各行各业的工作性质不同，承担的任务和完成任务的主客观条件不一样，因此计划有大有小、内容有详有略，有的相当完备、有的十分简单。但是，安全管理计划必须具备3个要素：目标、措施、步骤。然而安全管理计划是主观的东西，要制定好计划制定，需要尽量和客观相符合。为此，在安全管理计划的编制过程中，必须遵循一系列的原则。如：科学性原则、统筹兼顾的原则、积极可靠的原则、积极可靠的原则、留有余地原则、瞻前顾后原则、群众性原则。同时安全管理计划的编制要遵循一定的程序。①调查研究；②科学预测；③拟定计划方案；④论证和择定计划方案。安全管理计划编制的这套程序，既符合决策科学的要求，也符合群众路线的要求。只要自觉地运用从实际出发的唯物观点和辩证方法，能够认真地运用科学的安全管理计划方法并走群众路线，就一定能够制定出比较满意的计划。

安全管理组织是安全管理职能之一。完善的安全管理组织应具备：①具有各自明确的保障生产安全、人与财物不受损失的目的；②由一定的承担安全管理职能的人群组成；③有相应的系统性结构，用以控制和规范安全管理组织内成员的行为。例如，制定安全管理规章制度，建立职业安全健康管理体系，编写生产岗位安全职责与职权等。

安全管理组织机制也是安全管理组织方法中的关键之一。组织机制具有组织的自动调节功能，它包含了目标调节机制、组织内部沟通协调机制和对外部环境的适应机制。体制改革的深入，经济学渗入了各个领域，使价值原则普遍化。由于公众和社会对人的价值有了新的认识，经济效益将是安全管理目标调节机制的本质，该机制包含了动力机制和约束机制。动力来源于商品生产的企业因安全带来的经济利益，它加速目标的实现；约束力是为了防止偏离目标，产生于企业因承担了投资风险、竞争压力、破产压力而又不致使企业受害的一种内在经济势能。由于动力与约束力的作用，企业预定的安全目标方可实现。

除此之外，安全控制系统也是必不可少的。安全控制系统是由各种相互制约和影响的安全要素所组成的，具有一定安全特征和功能的整体。安全控制系统的控制原则也是必须要掌握的。

思考题

1. 事故致因理论主要包括哪些理论？
2. 安全管理计划的形式有哪些，编制程序是什么？
3. 安全控制系统的特性是什么？
4. 安全管理控制的含义及特点是什么？
5. 安全系统的控制原则是什么？

8 第 8 章 城市轨道交通安全管理方法与规章制度

引　言

法制建设是城市轨道交通安全管理的基础和保障，也是开展各项管理工作的依据。它明确了各级管理部门以及其他相关部门、组织、人员在安全管理工作中的职能、权限和义务；协调安全管理工作中国家、企事业单位、社会团体及个人之间的关系；规范安全管理的各项制度，并通过法律法规的强制作用，建立安全管理统一协调的工作机制。

本章学习重点

1. 中华人民共和国安全生产法；

2. 中华人民共和国国家标准《地铁运营安全评价标准》（GB/T 50438—2007）；

3. 城市轨道交通运营管理办法。

8.1 中华人民共和国安全生产法

1. 概述

为了加强安全生产监督管理工作，保障人民群众生命和财产的安全，防止和减少生产安全事故，促进经济发展，我国第一部全面规范各行各业安全生产的专门法律《中华人民共和国安全生产法》（以下简称《安全生产法》）于 2002 年 6 月 29 日由第九届全国人民代表大会常务委员会第二十八次会议通过，2002 年 6 月 29 日中华人民共和国主席令第七十号公布，自 2002 年 11 月 1 日起施行。《安全生产法》以法律的形式对安全生产工作的宗旨、方针和政策作了进一步的规范，使安全生产工作沿着法制化、规范化的轨道发展。

《安全生产法》是我国第一部安全生产基本法律，是法制建设史上一个重要的里程碑，标志着我国的安全生产全面纳入法制化轨道。在我国安全生产法律体系中，《安全生产法》的法律地位和法律效力是最高的，是各类生产经营单位及其从业人员实现安全生产所必须遵守的行为规范，是各级人民政府和各有关部门进行监督管理和行政执法的法律依据，是制裁各种安全生产违法犯罪行为的法律武器。

2.《安全生产法》的主要内容

《安全生产法》共七章九十七条，具有丰富的内涵。

1）总则

《安全生产法》的立法宗旨是“为了加强安全生产监督管理，防止和减少生产安全事故，保障人民群众生命和财产安全，促进经济发展”。

《安全生产法》的第二条规定了其调整范围：“在中华人民共和国境内从事生产经营活动的单位的安全生产，适用本法；有关法律、行政法规对消防安全和道路交通安全、铁路交通安全、水上交通安全、民用航空安全另有规定的，适用其规定。”这就确定了《安全生产法》在安全生产领域基本法的地位，也明确了与其他相关法律、法规的关系。生产经营单位的含义，不仅包括国有企业、集体企业等企业类型，也包括个体工商户，这就体现了公平竞争的市场经济共同原则。《安全生产法》对生产经营单位的安全生产职责作出了明确规定，强调搞好安全生产工作的主体是生产经营单位，关键是主要负责人。

2）生产经营单位的安全生产保障

《安全生产法》用了 28 条款重点对生产经营单位的安全保障作出了基本规定。

首次明确了主要负责人的安全生产责任；明确规定生产经营单位应当具备的安全生产条件所必需的资金投入问题；首次对安全生产管理机构的设置作出了明确的规定；对有关职工安全培训以及有关人员资质认证问题、建设项目安全设施和矿山等建设项目的安全评价以及安全设备的管理、重大危险源的安全管理、生产经营场所与员工宿舍不在同一建筑物的规定等方面的内容也作出了明确的规定。

3）从业人员的权利和义务

明确了从业人员安全生产保障的8项权利，同时规定了从业人员的几种义务。《安全生产法》特别强调工会依法组织职工参加本单位安全生产工作的民主管理和民主监督，维护职工在安全生产方面的合法权益，并在第五十二条中做了明确规定。

4）安全生产的监督管理

规定了政府及有关部门的安全生产监督管理职责，也明确了社会公众以及新闻机构的监督职能。

5）事故应急救援和调查处理

对事故应急救援预案、应急救援体系的建立，以及对事故的报告和调查处理做了相应规定。

6）法律责任

《安全生产法》对违反法律法规的行为作出了明确的处罚规定，对象包括政府、生产监督管理部门以及生产经营单位等机构。

7）附则

对危险物品和重大危险源的含义做了进一步解释。

《中华人民共和国安全生产法》见附录A。

8.2 中华人民共和国消防法

1. 概述

修订后的《中华人民共和国消防法》（以下简称《消防法》）于2008年10月28日经第十一届全国人大常委会第五次会议审议通过，并自2009年5月1日起施行。《消防法》是预防火灾和减少火灾危害，加强应急救援工作，维护公共安全的重要法律。

《消防法》的修订和重新颁布实施，有利于保障消防工作与经济建设和社会发展相适应，不断提高社会公共消防安全水平；有利于全面落实消防安全责任制，建立健全社会化的消防工作网络；有利于加强和改革消防工作制度，有效预防火灾和减少火灾危害；有利于推进市场机制和经济手段防范火灾风险，切实发挥市场主体在保障消防安全方面的作用；有利于加强应急救援工作，推进消防力量建设，提升火灾扑救和应急救援能力；有利于完善消防执法监督工作机制，促进公正、严格、文明、高效执法。

2. 《消防法》的主要内容

《消防法》的修订，从我国消防工作实际出发，认真总结了消防工作经验并借鉴国外成熟做法，深入贯彻科学发展观，坚持以人为本、安全发展的原则，以消防工作社会化为主线，进一步明确了消防安全责任制，加强和改革了消防监督管理制度，建立健全了防范火灾风险的市场调节和社会服务机制，进一步完善了消防执法和应急救援工作规定，健全完善了消防执法监督机制，着力保障和改善民生，促进和谐社会建设。修订后的《消防法》共 7 章 74 条，其主要修订变化内容是：

（1）确定了新的消防工作原则。即“政府统一领导、部门依法监管、单位全面负责、公民积极参与”。

（2）进一步明确了消防安全责任。《消防法》进一步明确了各消防安全主体的法定责任。一是明确和完善了各级人民政府在消防规划及公共消防设施、消防装备建设，消防宣传教育，消除重大火灾隐患，发展多种形式的消防力量，建立火灾应急救援体系等方面的法定职责。二是明确了政府有关部门在各自的职责范围内，及时督促整改火灾隐患、做好消防工作的职责。三是明确和完善了机关、团体、企业、事业等单位消防安全的具体职责，明确了单位的主要负责人是本单位的消防安全责任人。四是明确了建设、设计、施工、工程监理等单位依法对建设工程的消防设计、施工质量负责。五是明确了产品质量监督部门、工商行政管理部门和公安机关消防机构对消防产品的质量监管职责。

（3）改革消防监督管理制度。根据转变政府职能的要求和市场经济条件下消防工作的规律、特点，修订后的《消防法》对消防监督管理制度进行了改革。一是改革了建设工程消防监督管理制度，规定对国务院公安部门规定的大型人员密集场所和特殊建设工程，由公安机关消防机构实行消防设计审核和消防验收制度，对其他建设工程的消防设计和消防验收实行备案、抽查制度。二是加强了消防监督检查制度，规定公安机关消防机构对机关、团体、企业、事业等单位遵守消防法律、法规的情况依法进行监督检查；明确了公安派出所日常消防监督检查和消防宣传教育的职责。三是明确了消防产品监督管理制度，规定国家对消防产品实行强制性产品认证制度，对新研制的尚未制定国家标准、行业标准的消防产品，按照规定进行技术鉴定；产品质量监督部门、工商行政管理部门、公安机关消防机构依法加强对消防产品质量的监督检查。四是在明确规定举办大型群众性活动的消防安全要求的同时，取消了举办大型群众性活动的消防行政许可。

（4）加强农村消防工作。根据建设社会主义新农村的要求，修订后的《消防法》规定，地方各级人民政府应当加强对农村消防工作的领导，采取措施加强公共消防设施建设，组织建立和督促落实消防安全责任制。同时，对乡镇消防规划、消防力量建设、农村消防宣传教育等工作提出了明确要求。

（5）完善社会消防技术服务机制。按照转变政府职能、加强公共服务的要求，为规范和促进消防技术服务工作的健康发展，修订后的《消防法》完善了社会消防技术服务机制，规定消防产品质量认证、消防设施检测、消防安全监测等消防技术服务机构和执业人员，应当依法获得相应的资质、资格，依照法律、行政法规、国家标准、行业标准和执业准则，接受委托提供消防安全技术服务，并对服务质量负责；明确了消防技术服务机构出具虚假、失实文件，给他人造成损失的，依法承担赔偿责任，保障社会化消防安全管理和技术服务工作依法、规范开展。

（6）加强应急救援工作。根据经济社会发展对保障和改善民生、完善应急救援机制的需要，修订后的《消防法》在总则中明确消防法立法目的之一是“加强应急救援工作”，并进一步强化了公安消防队和专职消防队应急救援建设和保障措施，明确了地方人民政府应当针对本行政区域内的特点制订应急预案，建立应急反应和处置机制，并为火灾扑救和应急救援工作提供人员、装备等保障；规定了公安消防队、专职消防队依照国家规定组织实施专业技能训练，配备并维护保养装备器材，提高火灾扑救和应急救援的能力，承担重大灾害事故和其他以抢救人员生命为主的应急救援工作。

(7) 加大对危害公共消防安全行为的查处力度。为切实保障《消防法》的顺利实施，《消防法》取消了一些行政处罚限期改正的前置条件，完善了应予行政处罚的违反消防法规行为，调整了处罚种类，明确了罚款数额，对一些严重违反消防法规的行为特别是危害公共安全的行为设定了拘留处罚，增强了法律威慑力；并规定对消防产品质量认证、消防设施检测等消防技术服务机构，出具虚假、失实文件，情节严重的，由原许可机关依法责令停止执业或者吊销相应资质、资格。

(8) 加强对消防执法工作的监督。按照有权必有责、用权受监督、侵权需赔偿、违法要追究的要求，修订后的《消防法》专门增加了“监督检查”一章，规定县级以上地方人民政府应当对本级人民政府有关部门履行消防安全职责的情况进行监督检查；公安机关消防机构及其工作人员应当按照法定的职权和程序进行消防设计审核、消防验收、消防安全检查，不得收取费用，不得利用职务谋取利益，不得为用户、建设单位指定或者变相指定消防产品的销售单位、品牌或者消防技术服务机构、消防设施施工单位，切实做到公正、严格、文明、高效。规定公安机关消防机构及其工作人员执行职务，应当自觉接受社会和公民的监督。

《中华人民共和国消防法》见附录 B。

8.3

中华人民共和国国家标准《轨道交通　可靠性、可用性、可维修性和安全性规范及示例》

1. 概述

中华人民共和国国家质量监督检验检疫总局和中国国家标准化管理委员会于 2008 年 3 月 24 日发布了中华人民共和国国家标准《轨道交通　可靠性、可用性、可维修性和安全性规范及示例》，编号为 GB/T 21562—2008，自 2008 年 11 月 1 日起实施。

本标准等同采用 IEC 62278(2002)《轨道交通　可靠性、可用性、可维修性和安全性(RAMS)规范及示例》(英文版)，全国牵引电气设备与系统标准化技术委员会提出并归口，起草单位有：株洲南车时代电气股份有限公司、南车四方机车车辆股份有限公司、中国南车集团株洲电力机车有限公司、中铁电气化勘测设计研究院、同济大学、铁道部标准计量研究所。

2.《轨道交通　可靠性、可用性、可维修性和安全性规范及示例》的主要内容

本标准定义了 RAMS 各要素(可靠性、可用性、可维修性和安全性)及其相互作用，规定了

一个以系统生命周期及其工作为基础、用于管理 RAMS 的流程，使 RAMS 各个要素间的矛盾得以有效地控制和管理。

本标准不规定轨道交通特定应用中的 RAMS 指标、量值、需求或解决方案，不指定保证系统安全的需求。这些应在各类特定应用的 RAMS 子标准中规定。

本标准适用于如下情况。

(1) 所有轨道交通应用中和在此应用中各个不同层次的 RAMS 规范与说明。例如，从整个轨道线路到位于轨道线路上的主要系统以及到这些主要系统内独立的或综合的子系统及其部件，包括所含软件，特别是如下 3 个方面。

① 新型系统。

② 集成到在本标准制定前的既有系统中工作的新系统，尽管它一般能应用于既有系统的其他方面。

③ 在本标准制定前的既有系统的更新，尽管它一般不能应用于此系统的其他方面。

(2) 应用中生命周期所有相关的阶段。

(3) 轨道交通主管部门及其支承工使用。

本标准为轨道交通主管部门及其支承工业提供了一个流程，它使相应方法的实施达到对可靠性、可用性、可维修性和安全性(用 RAMS 表示)的管理。本标准以 RAMS 需求规范的流程及示例为基础，目的是促进共识和对 RAMS 的管理。

在轨道交通应用生命周期的所有阶段，轨道交通主管部门及其支承工业可以系统地应用本标准去开发特定的轨道交通应用需求并达到与之一致。本标准定义的系统分级方法有助于复杂轨道交通的各个要素间 RAMS 相互作用的评估。

在不同的采购策略中，本标准将促进轨道交通主管部门及其支承工业的相互合作，以获得最理想的轨道交通 RAMS 和费用的组合。

本标准规定的流程假定轨道交通主管部门及其支承工业有规定质量、性能和安全的行业政策。本标准中规定的方法应与 GB/T 19000 系列标准的质量管理内容保持一致。

8.4

中华人民共和国国家标准《地铁运营安全评价标准》

1. 概述

原建设部于 2007 年 10 月 25 日批准《地铁运营安全评价标准》为国家标准，编号为 GB/T 50438—2007，自 2008 年 5 月 1 日起实施。

本标准是根据“关于印发《二〇〇五年工程建设国家标准制订、修订计划》的通知”(建标[2005]85 号)的要求，由北京市地铁运营有限公司会同相关单位共同编制。

2.《地铁运营安全评价标准》的主要内容

本标准主要内容包括:①安全评价的一般要求和程序;②基础安全评价(其中包括:安全管理评价、运营组织与管理评价、设备设施评价和外界环境评价);③事故风险水平评价。

该国标以“人、设备、环境、管理”系统工程理论和过程控制理论为指导,以地铁风险源辨识与因果分析结果为基础,构造了由“基础安全评价”和“事故水平评价”两部分组成的地铁运营安全现状评价系统。评价系统包括“安全管理、运营组织、设备设施、从业人员、维修体制、外界环境、业绩”七个要素,用打分法评价保障地铁安全运营的条件和地铁运营时的安全状态。再利用“最低可接受风险(ALARP)原则”对地铁“基础安全评价”和“事故水平评价”安全现状进行风险分级:安全现状在风险不可接受区,还是在风险可接受区,还是在风险可忽略区。从而使政府主管部门和地铁企业能够清楚地知道该地铁系统的安全状况和整改目标,使地铁企业能够更好地处理生产——安全的关系、安全——经济的关系,从而使企业合理投入安全资金,将运营风险限定在一个合理的、可接受的水平上,避免不必要的资金浪费。

8.5

城市轨道交通运营管理办法

1. 概述

原建设部制定了《城市轨道交通运营管理办法》,并于 2005 年 3 月 1 日经第 53 次部常务会议讨论通过发布,自 2005 年 8 月 1 日起施行。

《城市轨道交通运营管理办法》规定了新建城市轨道交通工程竣工后,应当进行工程初验;初验合格的,可以进行试运行;试运行合格,并具备基本运营条件的,可以进行试运营。旨在加强城市轨道交通运营管理,保证城市轨道交通正常、安全运营,维护城市轨道交通运营秩序,保障乘客和城市轨道交通运营者的合法权益。

本办法所称城市轨道交通,是指城市公共交通系统中大运量的城市地铁、轻轨等城市轨道公共客运系统。

本办法所称城市轨道交通设施,是指为保障城市轨道交通系统正常安全运营而设置的轨道、隧道、高架道路(含桥梁)、车站(含出入口、通道)、通风亭、车辆、车站设施、车辆段、机电设备、供电系统、通信信号系统等设施。

2.《城市轨道交通运营管理办法》的主要内容

1)遇事故可退还单程票款

《办法》规定,城市轨道交通因故不能正常运行的,乘客有权持有效车票要求城市轨道交通运营单位按照单程票价退还票款。

2)严禁携带宠物乘坐地铁

《办法》第十二条明确规定了旅客乘车的八种被严厉禁止行为,其中就包括携带宠物乘车。其他七种行为是在车厢内吸烟、随地吐痰、便溺、吐口香糖、乱扔果皮、纸屑等废弃物；在车站、站台、站厅、出入口、通道停放车辆、堆放杂物或者擅自摆摊设点堵塞通道的；擅自进入轨道、隧道等禁止进入的区域；攀爬、跨越围墙、护栏、护网、门闸；强行上下列车；在车厢或者城市轨道交通设施上乱写、乱画、乱张贴；危害城市轨道交通运营和乘客安全的其他行为。

处罚：乘客出现以上行为之一的，就要被处以 50 元以上 500 元以下罚款。

3）破坏设施个人最高罚 1 000 元

轨道交通设施是其能正常运行的基本保障，对于危害城市轨道交通设施的行为，在《办法》中有五种是被严厉禁止的。分别是：非紧急状态下动用应急装置；损坏车辆、隧道、轨道、路基、车站等设施设备；损坏和干扰机电设备、电缆、通信信号系统；污损安全、消防、疏散导向、站牌等标志，防护监视等设备；危害城市轨道交通设施的其他行为。

处罚：对于设施的保护，不但对运营单位要求高，对个人的要求也不放松。《办法》规定，违反上述规定的，对个人处以 500 元以上 1 000 元以下罚款，对单位处以 1 000 元以上5 000 元以下罚款；造成损失的，依法承担赔偿责任。

4）地铁车站要配备急救箱

对于车站的工作人员，《办法》规定，城市轨道交通运营单位工作人员应当佩戴标志，态度文明，服务规范；驾驶员、调度员、行车值班员等岗位的工作人员应当经培训合格后，持证上岗。城市轨道交通运营单位应当在车站配备急救箱，车站工作人员应当掌握必要的急救知识和技能。

处罚：安排未经培训合格的工作人员上岗或者未在车站配备急救箱的，运营单位被处以 5 000 元以下罚款。

5）1 h 无法复运要上报

当地铁在运行过程中发生故障时，城市轨道交通运营单位应当及时组织乘客疏散，并尽快排除故障，恢复运行。1 h 无法恢复运行的，城市轨道交通运营单位应当及时报告城市人民政府城市轨道交通主管部门。

6）10 个工作日答复乘客投诉

乘客对地铁运行、服务不满意的，可以投诉。《办法》中提出，城市人民政府城市轨道交通主管部门和城市轨道交通运营单位应当建立投诉受理制度，接受乘客对违反运营规定和服务规则的行为的投诉。城市轨道交通运营单位应当自受理投诉之日起 10 个工作日内作出答复。乘客对答复有异议的，可以向城市人民政府城市轨道交通主管部门投诉，城市人民政府城市轨道交通主管部门应当自受理乘客投诉之日起，10 个工作日内作出答复。

7）停止运营要提前公告

地铁遇到突发事件停运了，老百姓有权提前知晓。《办法》中就规定了，遇有自然灾害、恶劣气象条件或者发生突发事件等严重影响城市轨道交通安全的情形，并且无法采取措施保证安全运营时，运营单位可以停止线路运营或者部分路段运营，但是应当提前向社会公告，并报告城市人民政府城市轨道交通主管部门。

8）地铁遇事故先救伤者

当城市轨道交通运营中发生人员伤亡事故时，应当按照先抢救受伤者，及时排除故障，恢复正常运行，后处理事故的原则处理，并按照国家有关规定及时向有关部门报告；城市人民政府城市轨道交通主管部门、城市轨道交通运营单位应当配合公安部门及时对现场进行勘察、检验，依法进行现场处理。

9）运营单位承担伤亡责任

《办法》中规定，城市轨道交通运营过程中发生乘客伤亡的，城市轨道交通运营单位应当依法承担相应的损害赔偿责任；能够证明伤亡人员故意或者自身健康原因造成的除外。

10）应急预案要定期演练

《办法》提出，城市人民政府城市轨道交通主管部门应当会同有关部门制定处理突发事件的应急预案。城市轨道交通运营单位应当根据实际运营情况制定地震、火灾、浸水、停电、反恐、防暴等分专题的应急预案，建立应急救援组织，配备救援器材设备，并定期组织演练。当发生地震、火灾或者其他突发事件时，城市轨道交通运营单位和工作人员应当立即报警和疏散人员，并采取相应的紧急救援措施。

同时，城市轨道交通运营中发生安全事故，城市人民政府城市轨道交通主管部门、城市轨道交通运营单位应当依据应急预案进行处置。

另外，在发生地震、火灾等重大灾害后，城市轨道交通运营单位应当对城市轨道交通进行安全性检查，经检查合格后，方可恢复运营。

《城市轨道交通运营管理办法》见附录 C。

8.6 北京市城市轨道交通安全运营管理办法

1. 概述

《北京市城市轨道交通安全运营管理办法》于 2004 年 4 月 20 日由北京市人民政府第 23 次常务会议通过公布，自 2004 年 6 月 1 日起施行，并在城市轨道交通安全运营管理方面发挥了重要作用。

随着城市轨道交通的快速发展，北京市在安全运营管理方面取得了一些成功的实践经验，特别是为实现“平安奥运”在所采取的一些管理措施，有必要通过立法确立下来，形成长效机制。如系统开展风险评估和隐患排查治理工作，将安检引入轨道交通管理领域并长效化等。于是，《北京市人民政府关于修改〈北京市城市轨道交通安全运营管理办法〉的决定》于 2009 年 6 月 16 日北京市人民政府第 41 次常务会议审议通过，于 2009 年 6 月 26 日予以公布，自公布之日起施行。

2.《北京市城市轨道交通安全运营管理办法》的主要内容

1）明确了轨道交通安检制度

城市轨道交通人员集中，对进入地铁的人员进行安全检查，预防和制止携带违禁物品上车，避免刑事或者治安案件的发生，保障乘客的生命财产安全，十分必要。该办法规定，本市城市轨道交通实行安全检查制度，明确禁止携带枪支弹药、管制器具、易燃易爆，以及放射性、毒害性、腐蚀性等可能影响公共安全的物品进入轨道交通车站。同时,为确保轨道交通车站在场地空间、电容电力等硬件条件方面能够充分满足安检设施的安装需求,该办法明确在轨道交通工程项目可研和初设环节应当确定安检系统的内容,并经过论证。另外,该办法对包括视频监控、隔离防护设施等在内的安全防范系统也同样提出了建设保障的要求。

2) 增加了风险评估和隐患排查治理制度

为预防安全事故的发生,该办法建立了风险评估和隐患排查治理制度,规定运营单位负有“建立安全运营风险评估和隐患排查治理制度”的安全运营职责。

3) 细化了轨道交通建设工程竣工验收的内容

总结近几年本市轨道交通竣工验收工作的实践经验,该办法细化了城市轨道交通工程竣工验收的具体项目,规定试运行合格并依法通过规划、消防、土建、环保、人防、供电、特种设备、档案、节能、无障碍设施等验收后,建设单位方可移交试运营。同时明确了政府部门的监管职责,规定政府相关部门应当依照各自职责对验收过程进行监督管理。

4) 建立了轨道交通控制保护区制度

参照建设部《城市轨道交通运营管理办法》对城市轨道交通控制保护区的规定,该办法明确了城市轨道交通控制保护区的范围。具体范围是:地下车站与隧道周边外侧 50 m 内;地面和高架车站以及线路轨道外边线外侧 30 m 内;出入口、通风亭、变电站等建筑物、构筑物外边线外侧十米内。在控制保护区内作业的,应当制定安全防护方案,并对作业进行动态监测。同时该办法规定,轨道交通控制保护区内管线的权属单位应当建立管线巡查、维护和管理制度,保障管线安全运行,避免影响轨道交通安全运营。

5)列举了影响救援疏散的行为

该办法规定禁止在轨道交通内设立商业摊点,并禁止一切影响轨道交通救援疏散的行为。为明确哪些行为是被禁止的,便于管理相对人遵守,该办法采取列举的方式规定了轨道交通所禁止的影响通行和救援疏散的具体行为,包括实际管理中多发的堆放杂物、乞讨、卖艺以及摆摊设点等。

《北京市城市轨道交通安全运营管理办法》见附录 D。

8.7

北京市轨道交通路网突发事件乘客信息发布规则

为满足北京市轨道交通网络化运营管理的需要,加强突发事件乘客信息发布的协调与管理,充分发挥乘客信息系统的作用,保证突发事件处置过程中及时、准确地发布突发事件信息,由北京市轨道交通指挥中心联合市地铁运营公司和京港地铁公司共同编制的《北京市轨道交通路网突发事件乘客信息发布规则》,经多次修改后,各方最终达成共识,于 2010 年 3 月 30 日颁布试行。

《北京市轨道交通路网突发事件乘客信息发布规则》明确规定了轨道交通路网突发事件乘客信息发布的职责分工、发布原则、发布内容及技术要求,该办法的颁布,将为网络化运营条件下突发事件乘客信息发布的协调与管理及保障轨道交通路网乘客更加安全、快捷、方便地出行起到重要的作用。

8.8

IRIS——International Railway Industry Standard

1. 概述

IRIS是国际铁路行业标准英文International Railway Industry Standard的缩写，它是在ISO 9001:2008的基础上，针对铁路行业的特殊要求而由欧洲铁路联盟（UNIFE）于2006年5月18日发布实施的一套铁路行业质量评估管理体系标准，并得到了四大系统制造商（庞巴迪、西门子、阿尔斯通和AnsaldoBreda）的大力宣传和支持。

此标准包括真实的评估过程以及审核和计分原则，旨在通过改善整个供应链，提高其产品的质量和可靠性。

IRIS作为铁路行业的质量管理体系，体现了质量管理的8项原则，并集中体现了以产品全生命周期为核心的管理思想，增加铁路产品在安全性、可靠性及质量上特殊要求，期望在合理的成本下确保顾客的满意，并制造世界级的产品。

2. IRIS的特色

1）四大体系

（1）横向到边。IRIS这套管理体系在ISO 9001:2008的基础上，针对铁路行业的要求增加了很多内容，比如投标管理、项目管理、成本管理、绩效管理等。在内容上包罗万象，面面俱到，涵盖了企业管理的方方面面，不仅包括了质量管理的内容，而且涉及环境管理和职业健康安全管理的内容；不仅包括质量成本，而且包括制造成本。

（2）纵向到底。IRIS管理体系在管理深度上有很高的要求，比如以顾客为关注焦点，不仅要求供方去全面系统地识别顾客的需求，包括明确的和潜在的需求，而且要求在产品整个的寿命周期内提供完善的服务，保障产品的性能持续发挥，这就和ISO 9001所要求的售后服务有很大区别。

（3）强制加强　。IRIS管理体系强制要求增多，在IRIS中有强制符合的基本要求，当企业不符合强制性项目要求时，现场审核流程将被终止并需要重新申请IRIS认证。这些强制性项目主要集中在：体系要求、项目管理、质量控制、设计与输入、设计和开发确认、生产过程和服务的规范等。比如在质量管理体系中，IRIS标准明确规定了在合同项目中如果涉及转让和外包的情况，那么外包流程强制要求应包括可行性研究、风险评估、计划、客户沟通和首件检验等流程来确保外包产品符合客户的要求。

2）IRIS核心理念

（1）同样遵循八项原则。质量体系八项管理原则：以顾客为关注焦点、领导作用、全员参与、过程方法、管理的系统方法、持续改进、基于事实的决策方法和与供方的互利关系是ISO

9001:2008 版质量管理体系的理论基础，是质量管理实施的指导方针。这八项管理原则具有很高的科学价值，充分体现了质量管理内在的基本规律。IRIS 铁路行业管理体系是在 ISO 9000 基础上发展起来的一套个性化的管理标准，它汲取了 ISO 9000 标准和其他管理标准的精华，采用系统方法，通过全员参与，实现全过程的管理与控制，也同样在 8 项管理原则指导下运作实施。

（2）集中体现生命周期。在遵循 8 项管理原则的基础上，IRIS 的理念还体现在产品寿命周期的管理，根据铁路产品在安全性、可靠性等基本要求，整个供应链管理应围绕产品的生命周期展开，以确保最终顾客的满意度。

（3）高度关注人文关怀 。IRIS 的人文关怀主要体现在两个方面，首先是在铁路装备供应链中制造产品的人，在工作环境的要求中，企业要保障员工的职业安全和健康，这是它的独到之处；其次是企业所制造的产品，应该具备安全、环保和人性化的特点，保证产品中的有毒有害成分降低到最低限度，保证使用这些产品的顾客能够安全、舒适和便捷。可以说这个标准有管理体系方面的特殊要求，也有产品方面的特定要求。

本章小结

本章列举了与城市轨道安全管理相关的法律、标准、相关方法以及北京市城市轨道交通安全运营管理方法、北京市轨道交通路网突发事件乘客信息发布规则、IRIS 国际铁路行业标准等文件，从不同方面对轨道交通安全管理进行了法律指导和制度规范。

思考题

1. 请阐述一下《安全生产法》的重要意义。
2. 《地铁运营安全评价标准》主要规范了哪些内容？
3. 《城市轨道交通运营管理办法》对制定应急预案做了什么规定？

9 第9章 城市轨道交通运营安全评价

引　言

在现代及未来的城市轨道交通运营过程中，要保证良好、安全、舒适的运输能力，减少事故及危害发生，就必须对已发生的城市轨道交通事故进行深刻的分析，总结出城市轨道交通运营安全影响要素，从而指导城市轨道交通建设及运营管理，并为建立城市轨道交通运营安全指标体系及评价方法提供支持。本章将着重介绍城市轨道交通运营安全的评价体系与方法。

本章学习重点

本章归纳了在城市轨道交通运营安全评价方面被广泛研究的几种理论和方法，事实上，这些方法并不是孤立的，它们之间往往存在着互补互助的关系，研究者已经开始挖掘这种联系，并尝试用于建立更完善、更合适的指标体系和评价方法。例如，将层次分析法和模糊综合评价法相结合，前者用于建立评价指标体系，并确定各因素之间的权重值；后者用于对指标的融合计算，在所构建的指标体系基础上加入风险理论，用于划定安全等级，融合后的指标值经过单值化后所落入的安全等级区间最终确定整个系统的安全级别，使得结果更为简单易懂；在建立评价体系时，从宏观与微观两个角度出发，宏观评价的基本评价单元是各子单元，通过结合层次分析法（建立评价指标）和模糊综合评价法对涉及模糊因素的对象系统进行综合评价。微观评价分为客观评价和主观评价，其中，客观评价应用了风险理论对已发生过的事故等级和事故次数，通过事故折算因子得到事故水平呈现程度。主观评价是用细小的量化单位或知识单元来评价城市轨道交通各子系统的安全性，然后通过综合评价的合成方法，最终得到整体系统的评价结果。

9.1

城市轨道交通运营安全影响要素分析

城市轨道交通运营是包括社会、经济、自然、文化等因素在内的统一体，在内容、作用及空间结构上有其特殊性，是人员、社会财富的聚集场所，也是现代灾害及事故风险的交汇处。在现代及未来的城市轨道交通运营过程中，要保证良好、安全、舒适的运输能力，减少事故及危害发生，必须对已发生的城市轨道交通事故进行深刻的分析，总结出城市轨道交通运营安全影响要素，从而指导城市轨道交通建设及运营管理，并为建立城市轨道交通运营安全指标体系及评价方法提供支持。

城市轨道交通运营安全的真谛就是要保证乘客从购票——候车——乘车——出站整个过程中，生命财产不受到损害，并在一定时间内到达目的地。从历年来国内外事故因素统计中可以发现，影响城市轨道交通运营安全的主要因素来自人员、设备、环境和管理四大方面。

9.1.1　人员因素

在当前各种人—机—环境系统中，人是其中的重要组成部分，也成了安全问题的主要来源，一个掌握足够技能的人能够发现并纠正系统故障，并且使其恢复到正常状态，同样，人的不安全行为也能够造成严重事故。在城市轨道交通运营安全中，人也不例外地起着主导作用。在运营的各个环节与活动中，都需要人为参与操作、协调、控制及监督，以及与环境的信息交流。可见，人员因素在城市轨道交通运营安全中的重要地位。

影响城市轨道交通运营安全的人员主要有两类。一类是从业人员，即工作人员，主要指供电系统、通信系统、信号系统、给水与排水系统、防灾与报警系统、环境与设备监控系统、机车车辆系统、车辆段检修设备系统、自动售检票系统、通风空调与采暖系统等部门的各级领导人员、专职管理人员和基层作业人员，他们是保证运营安全的关键人员。特别是在运营管理第一线的人员，其技术业务水平、心理、身体素质等是确保城市轨道交通安全运营的重要因素。另一类是非从业人员，即社会人员，主要指乘客、轨道交通沿线居民、可能穿越轨道交通线路的机动车及可能影响轨道交通运营的其他人员（如破坏轨道交通指示灯的人员）等。

1. 人员因素构成

影响城市轨道交通运营的人员因素主要体现在人的行为上。人员因素构成如图 9-1 所示。

2. 人员因素特点

人员因素主要具有以下特点。

1）主导性

在人机系统中，人是主导因素。设备需要由人来进行设计、制造、使用和维护，人机系

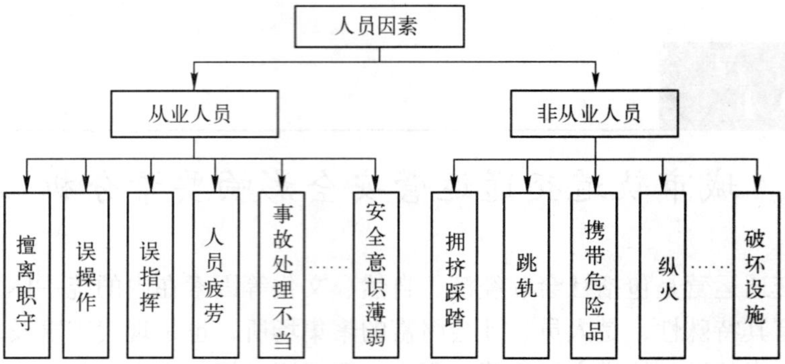

图 9-1　人员因素构成

统需要人来进行监控与管理。机械操作不当与管理不协调会给城市轨道交通运营造成安全问题；反之，正确的使用与监管可以使整个系统运营良好，发挥积极作用。

2）主观能动性

人具有主观能动性，在城市轨道交通运营中，人的主观能动性主要造成两种情况。一是指故意人为事故，包括乘客违章携带危险品、吸烟等带来安全隐患，以及恐怖袭击、投毒、纵火等恶性事件造成的严重安全事故。另一种则是指突发情况发生时，人的应急处理能力能够产生积极作用，使得事故伤害降低、系统运转恢复等。

3）创造性

人具有改进现状的先进性，能够通过学习研究，不断提高现有系统的安全水平，完善安全管理制度与方法。

9.1.2　设备因素

设备是影响城市轨道交通运营安全的另一重要因素。设备的质量是保证轨道交通运营良好的基础，设备的运转情况影响着城市轨道交通运营的安全。轨道交通运营的基础设备包括：土建设施（站台、隧道、桥涵、路基、轨道）、线路设备、供电系统设备、机车车辆、通信系统设备、信号系统设备、通风空调和采暖设备、给水与排水设备、电梯与自动扶梯等。

1. 供电系统设备

供电系统危险主要是电气火灾和触电。电气火灾的原因主要包括：当电路发生短路时，电流可能超过正常时的数十倍，致使电线、电气温度急剧上升，远远超过允许值，而且常伴有短路电弧发生，易造成火灾；线路、变压器超载运行均将导致其绝缘材料过热起火；导线接头连接不牢或焊接不良均会使接触电阻过高，导致接头过热起火。接触不良的电线接头、开关接点、滑触线等还会迸发火花，引燃周围易燃、易爆物质（此类现象在运营新线及老线尤为明显）；变压器一般都配备有散热设备，如风叶、散热器等，如果风叶断裂、变压器油面下降均会导致散热不良，使电器热量累积起来。电缆沟、电缆井内电缆过密，散热不良也会引起火灾。引起触电事故的主要原因，除了设备缺陷、设计不周等技术因素外，大部分都是违章作业、违章操作。对运营工作人员操作正确性进行监督，防止在实际运营过程中由于人的精力和体力出现不适应而造成运营事故。例如，速度监控、列车无线调度电话等。

2. 车辆系统设备

城市轨道交通车辆在运营过程中可能存在的危险因素有：列车失控、轨道损伤或断裂、列车脱轨、列车相撞等都可能造成严重的伤亡事故；车辆的安全标志不醒目，可能造成机械伤人事故，并且在事故发生后，不利于应急救援及人员疏散；列车内空调供暖等易引起火灾，且列车相关材料选择不当燃烧后会产生有毒烟气，加重事故后果；列车内的高压电器设备如安全防护措施不当，可能引起人员伤亡事故。

3. 通信、信号系统

城市轨道交通专用通信系统是直接为城市轨道交通运营、管理服务的，是保证列车及乘客安全，列车快速、高效运作必不可少的信息传输系统。当发生紧急情况时，通信系统应能迅速转为应急通道，为防灾、救援和事故处理提供方便。同时若通信系统的电源发生故障或通信设备本身发生故障等问题时，各种行车、票务及控制信息出现间断性不可靠传输，也会引发事故或使事态扩大。

信号系统是整个城市轨道交通运营的大脑，它保证列车和乘客的安全，实现快速、高密度、有序运行的功能。信号系统的不完善或信号系统设备故障，相当于大脑瘫痪，则运营整体处于瘫痪状态，或者不能保证运营安全。

4. 环控通风系统

城市轨道交通环境密闭，空间狭窄，连通地面的疏散口相对较少，逃生路径长。发生火灾，不仅火势蔓延快，而且积聚的高温浓烟很难自然排除，并迅速在城市轨道交通隧道、车站内蔓延，给人员疏散和灭火抢险带来相当大的困难，严重威胁乘客、城市轨道交通职工和抢险救援人员的生命安全。据分析表明，火灾后人员伤亡主要是烟雾窒息所致。环控通风系统故障、管理不到位（将通风通道或风亭改作自行车停放处、商铺或其他管理用房），妨碍了通风系统的正常运作，则势必扩大事故后果和影响。

5. 给排水系统

在运营期间，给排水系统可能存在的危险因素有：污水乱排及污水、垃圾排入隧道等影响城市轨道交通的环境卫生，造成污染和职业伤害；给排水管道的防腐、绝缘效果不到位，发生渗漏现象等；隧道内排水系统不完善，隧道防水设计等级不够，导致涝灾或地表水侵入，地面塌陷；车站出入口的低平高度低于防洪设防要求，遇水倒灌；杂散电流腐蚀给排水管道等。

6. 其他辅助设施设备

站台、站厅设施可能存在的危险因素有：站台与轨道间没有隔离，在人员拥挤时，可能造成乘客落轨；车站地面材料不防滑或防滑效果不明显存在安全隐患，人员较多时，可能导致踩踏事件；地下车站站厅乘客疏散区、站台及疏散通道等公共场所存在发生火灾的危险，且会发生连锁火灾事故，不利于事故救援，使火灾事故范围扩大；地下车站站厅乘客疏散区、站厅疏散通道内有妨碍疏散的设施或堆放物品，不利于事故救援，造成人员拥挤，使事故后果加重；车站内的建筑装修材料选用不当，易发生火灾，且产生有毒气体，加重事故后果；地下车站安全出口的设置不当，会造成人员拥挤，引发意外事故，且事故发生后，不利于事故救援和人员疏散，使事故范围扩大。

城市轨道交通车站站台边设置的屏蔽门/安全门，可以保证乘客安全，降低空调系统运营能耗，对提高车站内环境舒适度有明显作用。屏蔽门/安全门的设置应适应各种运营模式的要求，正常运营时为乘客上下车通道，火灾事故时配合城市轨道交通运营模式要求为乘客提供疏散通道。屏蔽门正常运营中可能存在的危险因素有：由于城市轨道交通车门的安全标志不醒目，造成的机械伤亡事故，并且在事故发生后，不利于事故救援和人员疏散。如果城市轨道交通采用接触轨受流方式，站台仍存在电位层，站台边 2 米宽度范围内需做绝缘层。屏蔽门/安全门与轨道连接，使屏蔽门/安全门与轨道等电位，因此，在城市轨道交通屏蔽门/安全门处由于绝缘和接地的问题存在人员触电事故的隐患。

影响运营安全的设备因素主要指运营基础设备和运营安全技术设备的安全性能，包括设计安全性和使用安全性。

设备的设计安全性是指设备的可靠性、可维修性、可操作性及先进性等。设备可靠性是指设备在规定条件下、规定时间内，处于正常工作的能力，它可以用可靠度、故障平均时间、故障率等来衡量。设备可维修性是指设备易于维修的特性，即设备发生故障后容易排除故障的能力。可维修性与维修的含义不同，维修是指设备保持和恢复功能的作业活动，是在使用中设备发生故障后，由设备维修部门采取的行动。而可维修性则是设备的固有特性之一。可维修性好，可使设备在需要维修时以最少的资源（人力、技术、测试设备、工具、备件、材料等）在最短的时间内顺利地完成任务。城市轨道交通运营系统长期不间断的运行，对设备可维修性的要求较高，尤其希望维修时间越短越好。可操作性是指机器设计要便于人员进行操纵。因此，机器设备在设计过程中，要同时考虑人与机器两方面的因素，要着眼于人，落实在机。设备先进性是指尽量利用最新科技成果，采用先进的装备，淘汰落后的设备。如用自动闭塞取代半自动、路签闭塞等。

设备的使用安全性包括设备的运行时间，维护保养情况等。设备运行时间越短，即设备越新，其使用安全性越好；设备维修保养越好，其使用安全性也越好。

9.1.3　环境因素

环境影响因素又分为内部环境和外部环境因素。

1. 内部环境

内部环境通常是指作业环境，即作业场所人为形成的环境条件，包括周围的空间和一切生产设施所构成的人工环境。然而，城市轨道交通运营系统是一个非常复杂的宏观大系统，它是由系统硬件（运营基础设备和运营安全技术设备）、系统工作人员（运营系统内的各级管理人员和基层作业人员）、组织机构（管理机构、运行机构、维修机构等），以及社会经济因素（政治、经济、文化、法律等）等相互作用而构成的技术系统。因此，影响运营安全的内部环境绝不仅仅是作业环境，它还包括通过管理所营造的运营系统内部的社会环境，即运营系统外部社会环境因素在运输系统内的反映，它涉及面很广，包括运营系统内部的政治、经济、文化、法律等环境。

2. 外部环境

影响运营安全的外部环境包括自然环境和社会环境。自然环境是指自然界提供的、人类暂时难以改变的生产环境。在各种自然灾害中，最常见的是地震，严重影响城市轨道交通运营安全，危害极大。此外，气候因素（风、雨、雷、电、雾、雪、冰等）、季节因素（春、夏、秋、冬）、时间因素（白天、黑夜）也是不容忽视的事故致因。社会环境包括社会的政治环境、经济环境、技术环境、管理环境、法律环境及社会风气等，它们对运营安全均有不同程度的影响，较为直接的是轨道交通所在城市治安和车站秩序状况。

9.1.4　管理因素

管理上的薄弱是中国现阶段在安全生产管理问题上的一个难题。在我国，北京地铁制定了较为详细的《运营事故处理规则》和《北京地铁运营服务标准》，天津地铁运营公司制定了“0123”安全管理目标：人员伤亡 0（包括员工和乘客）、1 个标准（安全标准化班组建设）、2 个百分百（制度百分之百执行、作业百分之百登记）、3 个杜绝（杜绝重大行车事故、杜绝非不可抗拒重大火灾事故、杜绝非不可抗拒的爆炸事故）。香港地铁公司采用了一套完善的安全管理方式，制定了安全策略和安全管理系统推行地铁运营安全管理计划，每三年便邀请国际安全专家到港进行深入视察和探讨。这些城市都通过积极的制定安全指引和有效措施来消除隐患、减少危害，确保城市轨道交通运营的安全。但是，从整体上来看，我国在城市轨道交通运营安全管理方面仍然存在着以下问题：

（1）国家尚未建立完整的安全保障政策法规体系和认证的标准，迄今只出台了《地铁运营安全评价标准》GB/T 50438（2007）指导地铁运营；

（2）仅有少数轨道交通项目，由国际机构进行了系统安全评价或开展系统运营安全保障工作，而且无法对其正确性进行认定；

（3）大多数轨道交通项目的安全管理处于分散管理的状态，建设和运营各阶段的安全管理没有连贯性，不成体系；

（4）各设计单位虽在设计中按照设计规范和有关标准执行，但缺少系统性的安全审查方法和手段；

（5）参与轨道交通项目建设和运营管理的各方（业主、设计、施工、监理、设备承包商、运营等单位）对系统安全保障工作缺乏认识；

（6）缺少能够全面进行城市轨道交通安全评价的机构来开展系统安全保障的各项工作。

在城市轨道交通运营安全管理上的缺陷，必定会导致灾害的发生。

9.2 城市轨道交通运营安全评价指标体系

城市轨道交通运营安全评价指标体系常由隐患指标、风险指标和事故指标三类指标构成。

1. 隐患指标

隐患指标也可称为过程指标或事故指标，是指从系统整体出发，进行综合管理评价。它不考虑系统事故发生情况，只考虑系统中人员、设备、环境、管理等诸多因素及各因素间关系所达到的安全程度，从而判断是否满足安全要求，并据此作为衡量系统运营安全状况的依据。

隐患指标充分体现了事前安全思想，较传统的听任事故发生，再调查分析、采取措施、预防事故重复发生的方式有了极大的提高。

2. 风险指标

风险指标是对运营系统风险的量化表示。它以事故后果及后果发生的概率作为计算风险的依据。

以事故后果及后果发生的概率作为计算的风险值，要求用量化的方式表示，需要较高的精确度，且只能预测已发生过或可能遇到的事故类型，难以预测全部风险，其目的是确定各种不同事故风险值的高低，难以揭示系统的安全隐患。可见，对于城市轨道交通运营这种较为复杂联动的系统，风险指标只是一种不完全的评价指标。

3. 事故指标

事故指标是对事故发生频率及后果制定的安全评价指标，是直接反映系统安全状态和管理效果的重要指标。事故指标一般包括事故数量、事故性质及事故损失程度。以事故指标作为评价安全的依据，一方面能够真实、客观地衡量系统的安全状况，另一方面还可以通过对事故指标的分析，评价运营系统所存在的安全隐患，与隐患分析结合，进一步揭示系统安全薄弱环节。由此可见，事故指标是实际工作中不容忽视的安全评价指标。

在国内外城市轨道交通运营安全评价指标体系的研究中，常以隐患指标和事故指标为主干构成评价指标体系，并结合相关政策和专业标准进行细项分解，同时进行量化，以达到客观、真实反映运营系统安全状况的目的。

9.2.1 地铁运营安全评价标准

《地铁运营安全评价标准》（GB/T 50438—2007）是我国颁布的第一部城市轨道交通运

营安全的相关标准，于 2005 年 6 月由建设部组织北京地铁等 6 家单位编写，适用于钢轮钢轨系统、全封闭线路和正式运营 1 年以上的地铁。

地铁运营安全评价指标主要由“基础安全评价”和“事故水平评价”两部分组成，如图 9-2 所示，包括了管理、运营、设备、人员、维修、环境和业绩七要素，以保障地铁安全运营的条件和地铁运营时的安全状态为基本着眼点。

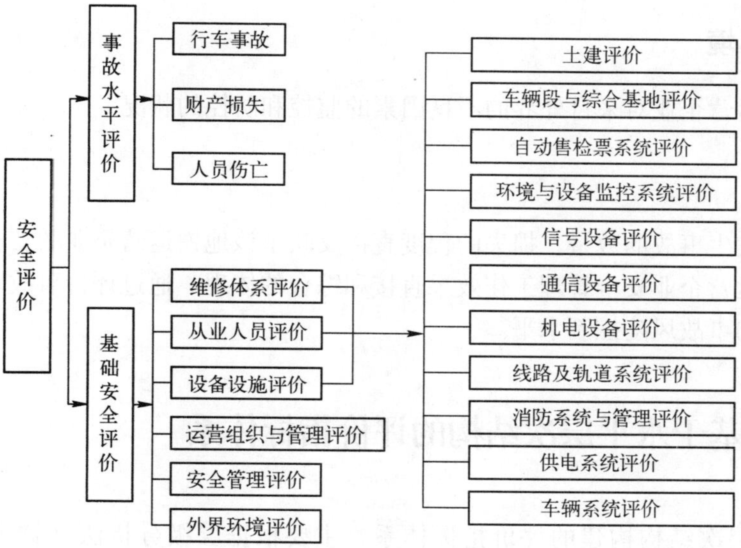

图 9-2　地铁运营安全评价指标体系

1. 评价安全管理

评价安全管理即指评价地铁经营企业的安全管理体系，其中包括安全管理机构与人员、安全生产责任制、安全管理目标、安全生产投入、事故应急救援体系、安全培训教育与安全信息交流、事故隐患管理、安全作业规程、安全检查制度。

2. 评价运营组织

评价地铁客运组织的安全状况，其中包括线路负荷和车站设施负荷的状况、行车调度和客运组织状况。

3. 评价基础设施

评价各种基础设施（车辆、供电、通信、信号、机电、土建、线路、FAS、BAS 等）的安全状况，其中包括保证安全运营的技术性能、安全防护措施等。

4. 评价从业人员

评价从业人员（地铁列车驾驶员、各种调度人员、站务人员、设备操作人员、设备检修人员）主要涉及基础设施的操作者的资质、培训和应急能力等。

5. 评价维修体系

基础设施会由于先天的缺陷和使用过程中的磨损、老化而降低可靠性，从而引发事故。所以，评价体系还包括通过评价维修体系即评价维修制度的建立、维修人员的水平和素质、维修配件的管理，来衡量地铁系统对基础设施可靠性的控制程度。

6. 外界环境

评价地铁运营企业对来自外界的不良因素的监控和防控的状况。

7. 业绩

运营中所发生事故的数量、损失的程度直接反映了该地铁运营企业的安全状态和管理效果，是该地铁运营企业安全管理工作效果直接和综合的体现。通过评价事故水平，来衡量该地铁运营企业的事故风险控制水平。

9.2.2 基于水平层次结构的评价指标体系

基于水平层次结构构建的评价指标体系，主要根据层级分析法（详见 9.3.1）构建原则，一般分为顶、中、底三层，即目标层、准则层、分准层，顶层为决策的目标和目的，底层为可供选择的不同方案，中层则是分析影响评价方案好坏的因素，如图 9-3 所示。

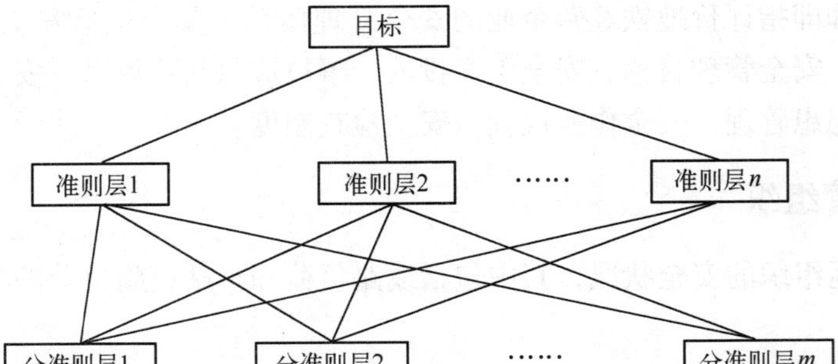

图 9-3 层次分析图

国内外学者根据评价指标体系的建立原则，从城市轨道交通运营安全影响要素出发，从“人－机－环－管”四方面将城市轨道运营安全指标分为三层，目标层为城市轨道交通运营综合安全水平；准则层包括人员因素、设备因素、环境因素和管理因素所涵盖的相关安全水平；分准层则为具体的评价指标。后一层指标为前一层指标的聚合。城市轨道交通运营安全评价指标水平层次结构模型雏形如图 9-4 所示。

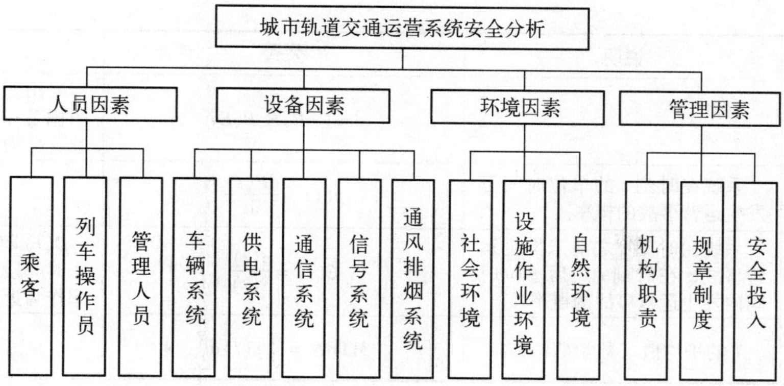

图 9-4　城市轨道交通运营安全评价指标水平层次结构模型雏形

9.2.3　基于安全性与可靠性的评价指标体系

安全性和可靠性是描述系统在运转过程中所表现出来的相关状态，反映了系统工作时的状态。“安全”表示系统的“完整”与“稳定”状态。安全性是指系统保持这种状态的能力。安全状态被破坏是因为意外事件的发生，其特征指标是人员伤亡、设备财产损失或环境危害的程度。“可靠”表示系统性能的“保证”与“可信赖”状态。可靠性是指系统性能得以“保证”与“可信赖”的能力。可靠状态被破坏是因为自身某些能力的下降或者消失，其特征指标是系统某些性能下降或丧失的程度。对于城市轨道交通运营系统，运营安全性即是指在整个系统运营过程中，保障乘客和员工不受伤害以及设备不遭破坏的能力；运营可靠性是指在系统运营过程中，保障“乘客”准时到达目的地的能力。基于安全性与可靠性两方面建立指标体系，能够更全方位地实现城市轨道交通运营安全管理。

1. 运营安全性指标

运营安全性指标主要参考 Petri 网模型，建立用于衡量事故对运营的影响程度的指标项（见表9-1），得出系统在规定的条件下和规定的时间内，避免运营事故发生的能力，即运营安全性。

表 9-1　运营安全性指标

指标	说明	公式	备注
运营安全度 $S(t)$	系统在规定的条件下和规定的时间内，避免运营事故发生的概率	$S(t)=P(T\geq t)$	随着时间 t 的增加，运营安全度 $S(t)$ 下降
运营事故间隔时间 T	两次运营事故间隔时间		由于运行事故发生具有随机性，所以 T 为随机变量
运营事故分布函数 $P(t)$	系统在规定的条件下和规定的时间内，运营事故发生的概率	$P(t)=P(T<t)=1-S(t)$	

续表

指标	说明	公式	备注
运营事故 I		$I=\Gamma\{H,F,P,E\}$	采用分类方法量化，依照国家有关事故分级标准，分为 4 个级别
运营事故概率密度 $p(t)$	系统在时刻 t 的单位时间里发生运营事故的概率	$p(t)=\dfrac{dP(t)}{dt}$	
运营事故率 $\beta(t)$	系统在时刻 t 之前未发生运营事故，在时刻 t 之后单位时间内发生运营事故的概率	$\beta(t)=\dfrac{p(t)}{S(t)}$	$\beta(t)$ 随 t 变化，可用某个时间段内发生事故的频率作为近似值
平均运营事故间隔时间 MTBA	T 的平均值（数学期望）	$\text{MTBA}=\int tp(t)\,dt$	

t ——规定的时间；

H——人员伤亡；

P——财产损失；

E——环境破坏；

F——设施/设备的损坏。

2. 运营可靠性指标

运营可靠性指标主要参考 HOPN 模型建立指标项（见表 9-2），得出系统在规定的条件下和规定的时间内，完成列车按运行图到达各站的能力，即运营可靠性，其中包含了运营恢复性、运营利用性的评价。

表 9-2　运营可靠性指标

指标	说明	公式	备注
运营可靠度 $R(t)$	系统在规定的条件下和规定的时间内，完成列车按运行图准时到达各站的概率	$R(t)=P(T\geq t)$	随着时间 t 的增加，运营可靠度 $R(t)$ 下降
运营故障间隔时间 T	两次运营故障间隔时间		由于运行故障发生具有随机性，所以 T 为随机变量
运营故障分布函数 $F(t)$	系统在规定的条件下和规定的时间内，无法完成列车按运行图准时到达各站的概率	$F(t)=P(T<t)=1-R(t)$	
运营故障	运行延误的次数		在规定时间范围内到达则未产生延误
运营故障概率密度 $f(t)$	系统在时刻 t 的单位时间里发生运营故障的概率	$f(t)=\dfrac{dF(t)}{dt}$	
运营事故率 $\lambda(t)$	系统在时刻 t 之前未发生运营故障，在时刻 t 之后单位时间里发生运营故障的概率	$\lambda(t)=\dfrac{f(t)}{R(t)}$	$\lambda(t)$ 随 t 变化，可用某个时间段内发生故障的频率作为近似值
平均运营故障间隔时间 MTBF	T 的平均值（数学期望）	$\text{MTBF}=\int tf(t)\,dt$	
运营故障时间 Q	运营故障恢复时间		包括故障发现/诊断，故障定位/隔离/切除/备用进入、运营调整时间
运营恢复度 $M(t)$	系统在规定的条件下和规定的时间内，恢复列车按运行图准时到达各站的概率	$M(t)=P(Q<t)$	

续表

指标	说明	公式	备注
运营故障恢复率 $\mu(t)$	系统在时刻 t 之前未恢复运营故障，在时刻 t 之后单位时间里恢复正常运营的概率		
平均运营故障恢复时间 MTTR	运营故障恢复时间的平均值（数学期望）	$\mathrm{MTTR}=\int t\mu(t)\,\mathrm{d}t$	由于恢复时间与故障影响的严重程度和运行图调整的策略与经验等有关，是随机变量，所以取平均值
运营利用率 $A(t)$	系统正常运营时间占整个运行图计划运营时间的比率	$A(t)=\dfrac{\mathrm{MTBF}}{\mathrm{MTBF}+\mathrm{MTTR}}$	

t —— 规定的时间。

9.2.4　考虑平稳度与舒适度的评价指标体系

众所周知，人们对城市轨道交通在运行过程中产生的振动与噪声要求越来越高，对行车速度、安全、平稳、舒适的要求也越来越高。在我国，一般将安全、平稳和舒适三者分开进行评价和管理，但在国外，则将三者合一，即认为如果保证了旅客的舒适，其安全和平稳也就有了保障（特殊情况单独确定）。随着我国城市轨道交通的快速发展，国际化交流增多，我国也有研究者借鉴国外的方式建立评价指标体系。

安全性评价指标包括车辆脱轨系数（判断脱轨安全性的指标）、轮重减载率（当轮重减载率大的时候往往比脱轨系数大的时候更容易发生脱轨）、车辆倾覆系数。平稳性评价指标包括 Sperling 平稳性指标（与车辆的“走行品质”有关）、疲劳时间、Janeway 指标。舒适性评价指标描述旅客舒适度，是在包括车辆振动在内的外界因素作用下与旅途中反映旅客疲劳程度的综合性生理指标，如车内设备、通风、照明、温度、湿度、噪声、振动等，其中未被平衡的离心加速度及其加速度变化率是影响舒适性的最重要因素。

9.3　城市轨道交通运营安全评价方法

9.3.1　基于层次分析法（AHP）的评价方法

1. 层级分析法简介

层次分析法是美国运筹学家 T. L. Saaty 于 20 世纪 70 年代中期提出，该法是对非定量事件进行定量分析的一种有效方法，其基本原理是把复杂系统分解成目标、准则、方案等层次，在该基础上进行定性和定量的分析和决策。层次分析法把人的决策思维过程层次化、数量化、模型化，并用数学手段为其分析、决策提供定量的依据，是一种对非定量事件进行定量分析的有效方法，特别是在目标因素结构复杂且缺少必要的数据情况下，需要将决策者的经验判断定量化时，该法非常的实用。

2. 基于层次分析法（AHP）的评价方法研究

1）模型构建

城市轨道交通运营系统可以看作是由人员——设备——环境——管理 4 个基本要素所组成的有机系统。由 9. 2. 2 节可知，利用层次分析法，可将与运营系统形成有关的乘客、列车操作人员、管理人员、车辆系统、供电系统、通信系统、信号系统、排风/排烟系统、自然环境、社会环境、设施作业环境、机构职责、规章制度、安全投入等 14 个因素作为分准层，而把人员的因素、设备的因素、环境的因素、管理的因素作为准则层，建立城市轨道交通运营系统分析的层次结构模型，为便于下面的计算，将各因素标注如图 9-5 所示。

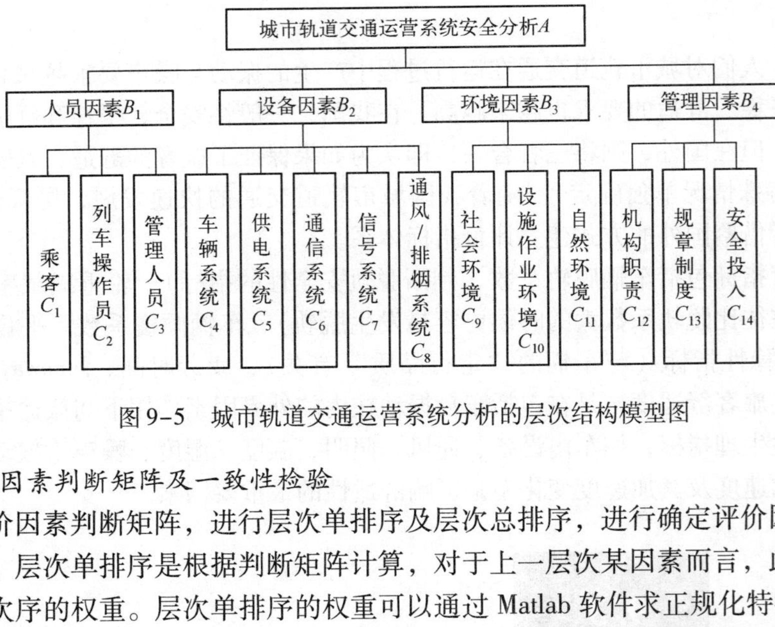

图 9-5　城市轨道交通运营系统分析的层次结构模型图

2）构造因素判断矩阵及一致性检验

根据评价因素判断矩阵，进行层次单排序及层次总排序，进行确定评价因素和评价因子权重的计算。层次单排序是根据判断矩阵计算，对于上一层次某因素而言，此次与其有关的元素重要性次序的权重。层次单排序的权重可以通过 Matlab 软件求正规化特征向量而得到。

下面给出 $A-B_i$，B_1-C_i，B_2-C_i，B_3-C_i，B_4-C_i 各层次的判断矩阵、计算指标值和一致性检验值，如表 9-3 ～表 9-7 所示。

表 9-3　$A-B_i$ 单层排序指标权重计算及检验结果

A	B_1	B_2	B_3	B_4	W
B_1	1	5	7	1	0. 420 9
B_2	1/5	1	3	1/5	0. 106 4
B_3	1/7	1/3	1	1/7	0. 051 7
B_4	1	5	7	1	0. 420 9
一致性检验	$\lambda_{max}=4.0735$，$CI=0.039$，$RI=0.89$，$CR=0.28<0.1$。通过一致性检验。				

说明：表中 λ_{max} 为判断矩阵的一致性指标；CI 为该层的组合一致性指标；RI 为矩阵的平均随机一致性指标；CR 为矩阵的随机一致性比率；W 表示 λ_{max} 对应的正规化特征向量，以下均相同。

表 9-4 B_1-C_i 单层排序指标权重计算及检验结果

B_1	C_1	C_2	C_3	W
C_1	1	3	6	0.333 3
C_2	1/3	1	2	0.333 3
C_3	1/6	1/2	1	0.333 3
一致性检验	$\lambda_{max}=3$，$CI=0$，$RI=0.58$，$CR=0<0.1$。通过一致性检验。			

表 9-5 B_2-C_i 单层排序指标权重计算及检验结果

B_2	C_4	C_5	C_6	C_7	C_8	W
C_4	1	2	6	9	2	0.427 6
C_5	1/2	1	3	6	1	0.225 8
C_6	1/6	1/3	1	3	1/3	0.083 3
C_7	1/9	1/6	1/3	1	1/6	0.037 6
C_8	1/2	1	3	6	1	0.225 8
一致性检验	$\lambda_{max}=5.039\,4$，$CI=0.01$，$RI=1.12$，$CR=0.009<0.1$。通过一致性检验。					

表 9-6 B_3-C_i 单层排序指标权重计算及检验结果

B_3	C_9	C_{10}	C_{11}	W
C_9	1	1/2	3	0.3
C_{10}	2	1	6	0.6
C_{11}	1/3	1/6	1	0.1
一致性检验	$\lambda_{max}=3$，$CI=0$，$RI=0.58$，$CR=0<0.1$。通过一致性检验。			

表 9-7 B_4-C_i 单层排序指标权重计算及检验结果

B_4	C_{12}	C_{13}	C_{14}	W
C_{12}	1	1/5	1/5	0.088 7
C_{13}	5	1	2	0.559 1
C_{14}	5	1/2	1	0.352 2
一致性检验	$\lambda_{max}=3.054$，$CI=0.027$，$RI=0.58$，$CR=0.046<0.1$。通过一致性检验。			

3）层次总排序及一致性检验

从表9-3～表9-7可以看出，所有单排序的 $CR<0.1$，认为每个判断矩阵的一致性都是可以接受的。在同一层次中所有层次单排序结果的基础上，可以计算出对上一层次和该层次所有城市轨道交通运营系统影响因素的重要性的权值，进行总层次总排序，总排序是指同一层次所有元素对于目标层(A)的相对重要性（A～B 的排序也为一个总排序），总排序的

权重自上而下将单准则下的权重进行组合。城市轨道交通运营系统影响因素层次总排序计算结果如表 9-8 所示。

表 9-8　总体排序及权重

层次	B_1	B_2	B_3	B_4	组合权重	排序
	0.420 9	0.106 4	0.051 7	0.420 9		
C_1	0.333 3	0.000 0	0.000 0	0.000 0	0.140 3	3
C_2	0.333 3	0.000 0	0.000 0	0.000 0	0.140 3	3
C_3	0.333 3	0.000 0	0.000 0	0.000 0	0.140 3	3
C_4	0.000 0	0.427 6	0.000 0	0.000 0	0.045 5	6
C_5	0.000 0	0.225 8	0.000 0	0.000 0	0.024 0	9
C_6	0.000 0	0.083 3	0.000 0	0.000 0	0.008 9	12
C_7	0.000 0	0.037 6	0.000 0	0.000 0	0.004 0	14
C_8	0.000 0	0.225 8	0.000 0	0.000 0	0.024 0	9
C_9	0.000 0	0.000 0	0.300 0	0.000 0	0.015 5	11
C_{10}	0.000 0	0.000 0	0.600 0	0.000 0	0.031 0	8
C_{11}	0.000 0	0.000 0	0.100 0	0.000 0	0.005 2	13
C_{12}	0.000 0	0.000 0	0.000 0	0.088 7	0.037 3	7
C_{13}	0.000 0	0.000 0	0.000 0	0.599 1	0.235 3	1
C_{14}	0.000 0	0.000 0	0.000 0	0.352 2	0.148 2	2

4）结果分析

根据城市轨道交通运营系统安全分析的层次结构模型计算的结果，很容易判定影响城市轨道交通运营系统各个因素中准则层即人的因素、物的因素、环境的因素、管理的因素在城市轨道交通运营系统的相对重要性排序依次为：人的因素（0.420 9）、物的因素（0.106 4）、环境的因素（0.051 7）、管理的因素（0.420 9）。

城市轨道交通运营系统方案层的依次排序为：规章制度、安全投入、乘客、列车操作员、管理人员、车辆系统、机构职责、设备设施作业环境、通风/排烟系统、供电系统、社会环境、通信系统、自然环境、信号系统。该排序基本上反映出城市轨道交通运营系统安全能力的实际状况。

9.3.2　基于模糊综合评判法的评价方法

1. 模糊综合评判法简介

模糊综合评判法是一种基于模糊数学的综合评价方法。该综合评价法根据模糊数学的隶属度理论把定性评价转化为定量评价，即用模糊数学对受到多种因素制约的事物或对象做出一个总体的评价。它具有结果清晰、系统性强的特点，能较好地解决模糊的、难以量化的问题，适合各种非确定性问题的解决。因此，由于城市轨道交通运营的特殊性，在运营安全评价的研究中常采用模糊综合评判法。

2. 基于模糊综合评判法的评价方法研究

采用模糊综合评判法建立评价模型主要有以下步骤。

1）建立因素集

"因素"是指人们考虑问题时的着眼点。因素集是影响评判对象的因素组成的集合，通常用 U 表示，即

$$U=\{u_1,u_2,u_3,\cdots,u_n\}$$

u_i 表示影响评判对象的因素，在城市轨道交通运营安全的模糊综合评判模型中是指上述城市轨道交通运营安全性评价指标，这些评价指标都具有不同程度的模糊性。

2）建立评价集

评价集是评价者对评判对象所作出的各种可能的判断结果的集合。一般用 V 表示，即

$$V=\{v_1,v_2,v_3,\cdots,v_n\}$$

城市轨道交通运营安全性水平模糊综合评价的目的就是在综合考虑所有运营安全影响因素的基础上，从评价集中得出运营安全性水平的一个比较合理的评判结果。在城市轨道交通运营安全水平的评价中，我们取评价集为：$V=\{$非常安全，很安全，安全，基本安全，不安全$\}$。

3）建立权重集

在诸"因素"中，各因素对运营系统安全的影响程度是不同的，这就是权重。一般而言，在评价诸因素中，各个评价因素的重要程度是不一样的。为了表征各个因素的重要程度，对各个因素 u_i 应赋予一相应的权数 w_i，由各权数组成权重集 W，即

$$W=\{w_1,w_2,w_3,\cdots,w_n\}$$

通常各权数应归一化和满足非负性条件，即

$$\sum_{i=1}^{n} w_i = 1 \qquad w_i \geqslant 0\ (i=1,\cdots,n)$$

w_i 可视为各因素 u_i 对"重要"的隶属度。因此，权重集可视为因素集上的模糊集合，记为

$$W=\frac{w_1}{u_1}+\frac{w_2}{u_2}+\frac{w_3}{u_3}+\cdots+\frac{w_n}{u_n}$$

城市轨道交通运营安全水平的模糊综合评价是城市轨道交通运营安全的各因素权重和单因素评判的复合作用，因此权重集的确定十分重要。选用目前最为成熟的层次分析法（见9.3.1节）及专家打分相结合的方法来确定权重集。

4）单因素模糊评判

城市轨道交通运营安全水平的单因素模糊评价就是从因素集 U 中单个因素出发进行评判，确定评判对象对评价集中各元素的隶属度。设评判对象按因素集中第 i 个因素 u_i 进行评

判时，对评价集中第 j 个元素 v_j 的隶属度为 r_{ij}，则按第 i 个因素 u_i 评判的结果可用模糊集合表示为

$$R_i = \frac{r_{i1}}{v_1} + \frac{r_{i2}}{v_2} + \frac{r_{i3}}{v_3} + \cdots + \frac{r_{in}}{v_n}$$

R_i 称为单因素评判集，可简单表示 $R_i = (r_{i1}, r_{i2}, r_{i3}, \cdots, r_{in})$。

将 n 个因素的评判集组成一个单因素的评判矩阵 $\boldsymbol{R}$

$$\boldsymbol{R} = \begin{bmatrix} R_1 \\ R_2 \\ \vdots \\ R_n \end{bmatrix} = \begin{bmatrix} r_{11} & r_{12} & \cdots & r_{1n} \\ r_{21} & r_{22} & \cdots & r_{2n} \\ \vdots & \vdots & & \vdots \\ r_{n1} & r_{n2} & \cdots & r_{nn} \end{bmatrix}$$

5）城市轨道交通运营综合安全水平模糊综合评判

当权重集 W 和单因素评判矩阵 R 为确定已知时，可以通过作模糊变换来进行综合评判。

$$\boldsymbol{B} = \boldsymbol{W} \cdot \boldsymbol{R}$$

$$= (w_1, w_2, w_3, \cdots, w_n) \cdot \begin{bmatrix} r_{11} & r_{12} & \cdots & r_{1n} \\ r_{21} & r_{22} & \cdots & r_{2n} \\ \vdots & \vdots & & \vdots \\ r_{n1} & r_{n2} & \cdots & r_{nn} \end{bmatrix}$$

$$= (b_1, b_2, b_3, \cdots, b_n)$$

式中，B 称为模糊综合评判集，“·”表示某种模糊合成运算，b_i（$i = 1, 2, \cdots, n$）称为模糊综合评判指标，简称评判指标。b_i 的含义为综合考虑所有因素的影响时，评判对象对评价集中第 i 个元素的隶属度。根据城市轨道交通运营安全模糊综合评价集的计算结果，按照最大隶属度原则法来确定运营综合安全性水平等级。由最大隶属度原则法原理，选择模糊综合评判集中最大的模糊综合评判指标 b_i（$i = 1, 2, \cdots, n$）所对应的评价集元素 v_i（$i = 1, 2, \cdots, n$）作为城市轨道交通运营安全水平的综合评判结果。

9.3.3　基于数据包络分析（DEA）的评价方法

1. 数据包络分析简介

数据包络分析是一个对多投入、多产出的多个决策单元的效率评价方法，它是 1986 年由 CHARNES 和 COOPER 创建，它以某一生产系统中的实际决策单元 DMU 为基础，建立在决策单元的“Pareto 最优”之上，通过线性规划确定生产系统的前沿生产函数，进而得到各决策单元的相对效率以及规模效益等方面的信息。同时在避免主观因素、简化算法、减少误差等方面有不可低估的优越性，现已成为管理科学、系统工程和决策分析、评价技术、生产函数的非参数确定等领域中一种常用而且重要的分析工具和研究手段。该方法从系统的投入产出角度出发，评价时注重对每一个决策单元进行优化，其评价只依赖于投入与产出的数据，能有效地解决评价的主观性以及城市轨道交通系统安全度难以衡量的困难。

2. 基于数据包络分析的评价方法研究

1）评价指标体系的提取与优化

定义1　对于一个不确定性系统，若用随机变量 X 表示其状态特征，则对于离散型随机变量，设 x 的取值为 $X=\{x_1,x_2,x_3,\cdots,x_n\}(n\geqslant 2)$，每一取值对应的概率 $P_i=P(X=x_i)$，$(i=1,2,\cdots,n)$，则该系统的熵可定义为

$$H(P)=E[-\ln P_i]=-k\sum_{i=1}^{n}P_i\cdot\ln P_i \quad 且\sum P_i=1$$

定义2　设第 i 个方案的第 j 项指标为 x_{ij}，则定义属性子集 $P\subset A$ 的信息熵 $H(P)$ 为

$$H(P)=-k\sum_{i=1}^{n}P(x_{ij})\cdot\ln P(x_{ij})$$

其中

$$P(x_{ij})=\frac{x_{ij}}{\sum\limits_{i=1}^{n}x_{ij}},\quad k>0 \tag{1}$$

定义3　设 $S=(U,\ A,\ V,\ f)$ 是一个知识表达系统，其中 U 为论域；A 为属性的非空有限集合；$V=\bigcup\limits_{a\in A}V_a$，$V_a$ 是属性 a 的值域；f：$U\times A\rightarrow V$ 是一个信息函数，它为每个对象的每个属性赋予一个信息值。则属性在 $a\in A$ 中的重要性 $S_A(a)$ 定义为

$$S_A(a)=|H(A)-H(A-\{a\})| \tag{2}$$

当 $S_A(a)>0$ 时，$a\in A$ 在 A 中是必要的；当 $S_A(a)=0$ 时，则 a 是冗余的。

具体步骤如下：

① 在所调研城市轨道交通实际的基础上，得出全体初选分析指标集 $A=\{a_1,\ a_2,\ a_3,\cdots,\ a_n\}$，并按照式（1）计算属性集 A 的信息熵 $H(A)$ 和 $H(A-\{a\})$；

② 由于每个指标并不同等重要，且有些指标是冗余的，可按式（2）计算 $S_A(a_i)(i=1,2,\cdots,n)$，删除 $S_A(a_i)=0$ 的指标 a_i，保留 $S_A(a_i)>0$ 的指标，并将这些指标标记为 $B=\{b_1,\ b_2,\ \cdots,\ b_s\}$，$(s\leqslant n)$。

最后，根据计算提取的分析指标分别为：城市轨道运营安全投入 C_1、工作人员培训合格率 C_2、安全制度健全率 C_3、设备的可靠度 C_4、年度百万车公里等效事故率 C_5、财产损失 C_6。

2）DEA 建模基本原理

设某个决策单元 D 的输入指标向量为 $\boldsymbol{X}=(x_1,\ x_2,\ x_3,\ \cdots,\ x_m)^{\mathrm{T}}$，输出指标向量为 $\boldsymbol{Y}=(y_1,\ y_2,\ y_3,\ \cdots,\ y_s)^{\mathrm{T}}$，简记为（$\boldsymbol{X}$，$\boldsymbol{Y}$），用以表示此 DMU 的整个生产活动，称集合 $T=\{(\boldsymbol{X},\ \boldsymbol{Y})|$产出 y 能用输入 X 生产出来$\}$ 为所有可能生产活动构成的生产可能集。

假设有 n 个决策单元 D_j，$j=1,\ 2,\ \cdots,\ n$，D_j 的输入为 $\boldsymbol{x}_j=(x_{1j},\ x_{2j},\ x_{3j},\ \cdots,\ x_{mj})^{\mathrm{T}}$ 输出为 $\boldsymbol{y}_j=(y_{1j},\ y_{2j},\ y_{3j},\ \cdots,\ y_{mj})^{\mathrm{T}}$，$m$、$n$ 分别为输入、输出的指标数目，$x_j\geqslant 0$，$y_j\geqslant 0$。则具有非阿基米德无穷小的 C^2R 模型为

$$\min[\theta - \varepsilon(\hat{\boldsymbol{e}}^{\mathrm{T}}S^{-} + \boldsymbol{e}^{\mathrm{T}}S^{+})] = V_{D_\varepsilon}$$

$$\text{s.t.}\begin{cases}\sum_{j=1}^{n} X_j\lambda_j + S^{-} = \theta X_0 \\ \sum_{j=1}^{n} Y_j\lambda_j - S^{+} = Y_0 \\ \hat{\boldsymbol{e}} = (1,\cdots,1)^{\mathrm{T}} \in \boldsymbol{E}^m \\ \boldsymbol{e} = (1,\cdots,1)^{\mathrm{T}} \in \boldsymbol{E}^s \\ \lambda_j \geqslant 0,\ j = 1,\cdots,n \\ S^{-} \geqslant 0 \\ S^{+} \geqslant 0 \end{cases}$$

式中，X_{ij}表示 DMU_j 的第 i 个输入分量，X_{ij0}表示 DMU_{j0}的第 i 个输入分量；Y_{kj}表示 DMU_j 的第 k 个输出分量；V_{D_ε}表示 DEA 有效值；λ_j 表示第 j 个决策单元的权值；ε 为非阿基米德无穷小量；S^{+}为松弛变量，即输出不足量；S^{-}为剩余变量，即输入冗余。

其最优解为 λ^{*}，S^{*+}，S^{*-}，θ^{*}。则当 $\theta^{*}=1$ 且 $S^{*+}=0$，$S^{*-}=0$ 时，决策单元 D_j 为有效；当 $\theta^{*}=1$ 且 $S^{*+}\neq 0$ 或 $S^{*-}\neq 0$ 时，决策单元 D_j为弱有效；当 $\theta^{*}<1$ 时，该决策单元 D_j 非有效。

3）决策单元及投入产出指标的确定

DMU 为 DEA 分析评价的决策单元，在选取 DMU 时，必须保证每个决策单元的同质特性，以避免因受评对象的立足点条件不同，使得评估结果不具有意义。下面以广州地铁一号线为例说明，选取广州地铁一号线历年的运营实绩作为决策单元，并以根据第一小节提取和优化得到的指标体系作为投入产出指标。其中：输入指标包括地铁运营安全投入、工作人员培训合格率、安全制度健全率、设备的可靠度；输出指标包括年度百万车 km 等效事故率和财产损失，对广州地铁一号线 2000—2008 年运营的安全性进行分析与评价。其输入和输出数据见表 9-9。

表 9-9　利用 C^2R 模型进行综合评价所需基础数据

D_1	输入				输出	
	C_1	C_2	C_3	C_4	C_5	C_6
2000 年	15.705	0.95	0.72	0.782	1.266	10.40
2001 年	17.934	0.98	0.80	0.821	1.818	11.44
2002 年	21.740	0.97	0.82	0.941	1.515	6.81
2003 年	23.693	0.90	0.85	0.972	2.857	8.42
2004 年	29.448	0.94	0.87	0.975	2.500	10.28
2005 年	30.507	0.95	0.89	0.943	1.563	15.74
2006 年	34.862	0.99	0.91	0.982	1.818	12.38
2007 年	35.476	0.92	0.92	0.960	3.571	8.49
2008 年	36.870	0.98	0.94	0.947	6.250	9.79

4）模型的应用及运算结果分析

根据所建立的DEA模型，利用Matlab工程软件编程计算得到评价结果如表9-10所示。

表9-10 Matlab运算结果汇总

DMU结果	2000年	2001年	2002年	2003年	2004年	2005年	2006年	2007年	2008年
S^{*-}	0.000 0	0.000 0	0.000 0	0.000 0	2.224 6	1.983 8	4.752 1	8.048 5	0.000 0
	0.268 7	0.252 4	0.000 0	0.000 0	0.000 0	0.000 0	0.000 0	0.000 0	0.000 0
	0.131 4	0.137 3	0.000 0	0.000 0	0.026 5	0.000 0	0.022 6	0.091 2	0.000 0
	0.108 3	0.070 9	0.000 0	0.000 0	0.050 1	0.011 3	0.013 6	0.068 9	0.000 0
S^{*+}	0.001 7	0.233 7	0.000 0	0.000 0	0.000 0	0.000 0	0.000 1	0.000 0	0.000 1
	0.003 5	0.994 2	0.000 0	0.000 0	0.000 0	0.000 0	0.000 1	0.000 0	0.000 4
θ^*	0.972 2	0.912 7	1.000 0	1.000 0	0.777 5	0.497 8	0.597 7	0.996 5	1.000 0

根据计算仿真结果可以看出：2002、2003年广州地铁一号线运营的相对安全效率指数$\theta^*=1$，且$S^{*+}=0$，$S^{*-}=0$，因此，2002、2003年为DEA有效。2008年$\theta^*=1$，但$S^{*+}\neq 0$，说明2008年为弱DEA有效。而2000、2001、2004、2005、2006、2007年的相对安全效率指数θ^*分别为0.972 2，0.912 7，0.777 5，0.497 8，0.597 7，0.996 5，说明它们都是非DEA有效，这意味着运营安全性的相对效率较低，安全投入的资源没有得到充分利用，产出没有达到最优，应进行改进。

根据非DEA有效决策单元在生产前沿面上的投影是DEA有效的这一原则，对其投入产出进行分析并做出调整，求出了投入的可缩减量和产出的可增加量，如表9-11所示。

表9-11 非DEA有效单元的改进量

年份	θ	C_1改进	C_2改进	C_3改进	C_4改进	C_5改进	C_6改进
2000年	0.972 2	15.249	0.645	0.568	0.651	1.432	6.99
2001年	0.912 7	16.369	0.642	0.593	0.678	1.818	8.74
2004年	0.777 5	20.672	0.731	0.650	0.708	2.500	9.730
2005年	0.497 8	13.205	0.441	0.419	0.458	1.563	6.351
2006年	0.597 7	16.086	0.592	0.521	0.573	1.818	8.080
2007年	0.996 5	27.305	0.917	0.826	0.888	3.571	1.780

此次分析所得结果与广州地铁一号线的运营安全状况基本相符。由此可知，在处理多输入多输出问题、尤其当决策单元的输入输出指标体系构成复杂时，DEA评价模型基本能够反映决策单元运行效率的现实状况。

9.3.4 基于灰色系统法的评价方法

1. 灰色系统法简介

灰色系统理论是我国学者邓聚龙教授于1982年首先提出来的。所谓灰色系统是指系统中既有白色参数（已知参数）又有黑色参数（未知参数）的系统，其研究内容包括客观事物的量化、建模、预测、决策、控制等。灰色系统理论是从信息的非完备性出发研究和处理复杂系统的理论，它不是从系统内部特殊的规律出发去研究系统，而是通过对系统某一层次的观测资料加以数学处理，达到在更高层次上了解系统内部变化趋势、相互关系等机制。

灰色系统是在实践中处理不便于辨识或不能很快辨识的不完全系统。它的数学方法是非统计方法，善于处理贫信息，特别是在系统数据较少和条件不满足统计要求的情况下，更具有实用性，因此在社会、经济、工程技术系统的预测、分析和决策中使用较为广泛。

在城市轨道交通运营安全评价中，灰色系统法主要可用于对运营系统中硬件设备进行故障预测，从而间接对运营安全进行评价和预测。

2. 基于灰色系统法的评价方法研究

采用灰色系统法对城市轨道交通运营安全进行评价时，往往需要与其他方法结合使用。如采用模糊综合评判法得出与城市轨道交通运营安全相关硬件设备在评价中的指标权重，再由灰色系统法得到每个硬件设备的指标值，最终计算出运营安全最终指标。

预测模型建立的步骤如下：

（1）给出原始的序列 x，令 $x=(x(1),\ x(2),\ \cdots,\ x(n))$，指定阈值 ζ；

（2）构造异常序列 x_ζ；

按阈值 ζ 从 x 中挑选满足阈值的数据，对于上异常，则取 $x(t_k)>\zeta$；对于下异常，则取 $x(t_k)<\zeta$。然后用 $x(t_k)$ 构造异常（值）序列

$$x_\zeta=(x(1_\zeta),\ x(2_\zeta),\ \cdots,\ x(m_\zeta))$$

（3）通过时分布映射 M_τ，获取时分布序列 τ；

$$M_\tau:\ x_\zeta\rightarrow\tau,\ M_\tau(x(t_k))=t_k$$

$$\tau=(t_1,\ t_2,\ \cdots,t_m)$$

（4）对时分布序列 τ 作 GM(1, 1) 建模；

$$\begin{cases}\mathrm{GM}_p\cdot\mathrm{AGO}:\ \tau\rightarrow(a,\ b)\\ \mathrm{GM}_{def}\cdot\mathrm{AGO}:\ \tau\rightarrow\tau^{(0)}(k)+az^{(1)}\tau(k)=b\\ \mathrm{LAGO}\cdot\mathrm{GM}_\zeta\cdot\mathrm{AGO}:\ \tau\rightarrow\hat{t}_{m+\zeta}\end{cases}$$

（5）对异常值时序分布进行预测。

本章小结

影响城市轨道交通运营安全的主要因素来自人员、设备、环境和管理四大方面。在城市轨道交通运营安全中，人员因素是主导因素，人具有主导性、主观能动性、创造性，在运营的各个环节与活动参与操作、协调、控制以及监督，并与环境的信息进行交流；设备是影响城市轨道交通运营安全的另一重要因素。设备的质量是保证轨道交通运营良好的基础，设备的运转情况影响着城市轨道交通运营的安全；环境影响因素分为内部环境和外部环境，分别影响着城市轨道交通运

营安全；管理上的薄弱是中国现阶段在安全生产管理问题上的一个难题，在城市轨道交通运营安全管理上的缺陷，必定会导致灾害的发生。

城市轨道交通运营安全评价指标体系常由隐患指标、风险指标和事故指标三类指标构成。从国内外城市轨道交通运营安全评价指标体系的研究中，常以隐患指标和事故指标为主干构成评价指标体系，并结合相关政策和专业标准进行细项分解，同时进行量化，以达到客观、真实反映运营系统安全状况的目的。《地铁运营安全评价标准》（GB/T 50438—2007）是我国颁布的第一部城市轨道交通运营安全的相关标准，由“基础安全评价”和“事故水平评价”两部分组成，包括了管理、运营、设备、人员、维修、环境和业绩七个要素，以保障地铁安全运营的条件和地铁运营时的安全状态为基本着眼点。基于水平层次结构构建的评价指标体系，主要根据层级分析法构建原则，一般分为顶、中、底三层，即目标层、准则层、分准层。在基于安全性和可靠性的评价指标体系中，运营安全性指标主要参考 Petri 网模型，建立用于衡量事故对运营的影响程度指标项，得出系统在规定的条件下和规定的时间内，避免运营事故发生的能力；运营可靠性指标主要参考 HOPN 模型建立指标项，得出系统在规定的条件下和规定的时间内，完成列车按运行图到达各站的能力。在基于平稳度与舒适度的评价指标体系中，平稳性评价指标包括 Sperling 平稳性指标（与车辆的“走行品质”有关）、疲劳时间、Janeway 指标；舒适性评价指标描述旅客舒适度，是在包括车辆振动在内的外界因素作用下与旅途中反映旅客疲劳程度的综合性生理指标。

城市轨道交通运营安全评价方法有：基于层次分析法（AHP）的评价方法，基于模糊综合评判法的评价方法，基于数据包络分析（DEA）的评价方法，基于灰色系统法的评价方法。

思考题

1. 影响城市轨道交通运营安全的安全要素分为哪些？

2. 我国现行的城市轨道交通运营安全评价指标体系标准有哪些，标准主要涵盖了哪些内容？

3. 城市轨道交通运营安全评价指标体系主要采用哪些理论构建，各理论应用具有哪些优缺点？

4. 城市轨道交通运营安全评价方法有哪些？请具体说明。

5. 尝试综合采用本章所介绍的指标体系构建方法和评价方法，建立一个城市轨道交通运营安全评价体系。

10 第10章 城市轨道交通应急管理

引　言

城市轨道交通应急管理是针对城市轨道交通灾害和危机等突发事件进行预防监测、应急处置和恢复重建的全过程管理。本章城市轨道交通应急管理分为应急预案管理、应急资源管理和应急处置管理。预案管理又称应急计划，是针对可能发生的突发事件和重大事故，为保证迅速、有序、有效地开展应急与救援行动，降低突发事件（重大事故）损失而预先制订的计划或方案。应急资源管理介绍了列车内和车站内应急设备的使用说明。应急处置主要介绍了行车事故的分类及处理方式，并举例说明。

本章学习重点

1. 城市轨道交通应急管理机制、体制与法制。
2. 城市轨道交通应急预案管理。
3. 城市轨道交通应急资源管理。
4. 城市轨道交通应急处置管理。

10.1

城市轨道交通应急管理概述

应急管理一词来源于英文 Emergency Management，是针对灾害和危机等突发事件进行预防监测、应急处置和恢复重建的全过程管理。应急管理是指对即将出现或者已经出现的灾害而采取的一系列必要救援措施，包括灾害发生前的各种备灾措施、紧急灾害期间的具体行动、灾害发生后的救灾工作、防止、避免和减少可能由于自然原因和社会相互作用而导致的灾害出现的减灾措施等。其目的就是尽最大可能通过科学的有效组织协调，来保护人民生命及财产安全，将经济财产损失降到最低程度，促进社会和谐健康发展。

应急管理的内涵包括预防、预备、响应和恢复四个阶段，预防是指从应急管理的角度出发，防止突发事件或事故的发生；预备是指事故发生前采取的行动，目的是应对事故的发生，并提高应急行动能力，推进有效的响应工作，主要任务为制订应急预案及完善应急保障系统；响应是指事故发生后立即采取的行动，目的是保护生命、将财产损失降至最低程度；恢复是在响应结束后立即进行，目的是使交通运营恢复到正常状态或得到进一步改善。

1. 突发事件的定义

突发事件是指在城市轨道交通运营场所内，因不可预见的或不可控制的因素造成以下一种或几种后果，须立即处理的偶然性事件。

（1）事态发展可能或已经导致人员伤亡。

（2）严重影响城市轨道交通运营生产。

（3）需要依靠外部支援进行处理。

2. 突发事件的分类

突发事件分为：自然灾害、事故灾难、突发公共卫生事件、突发社会安全事件等。

（1）自然灾害，主要包括强台风、强降雨、地震等。

（2）事故灾难，主要包括火灾、爆炸、列车脱轨、列车冲突、列车颠覆、接触网断线、严重水浸、大面积停电、城市轨道交通构筑物坍塌等。

（3）突发公共卫生事件，主要包括恶性传染病疫情、食品安全与职业危害事件等。

（4）突发社会安全事件，主要包括突发性大客流、重大刑事案件（炸弹恐吓、毒气、劫持）、有毒化学物质泄漏、放射性物质扩散等。

3. 突发事件的分级

依据可能造成的危害程度、涉及范围、影响大小、行车中断时间、人员伤亡及财产损失等情况，突发公共事件由高到低划分为特别重大（Ⅰ级）、重大（Ⅱ级）、较大（Ⅲ级）、一般（IV 级）四个等级。

（1）城市轨道交通运营一般突发公共事件是指事态比较简单，城市轨道交通局部运营中断 1 小时以内的，运营秩序受到较严重影响，城市轨道交通运营单位能够处置的突发公共事件，但需报交通主管部门备案。

（2）城市轨道交通运营较大突发公共事件是指事态比较复杂，运营秩序受到严重影响，以运营单位为主进行处置，必要时由市交通主管部门协调相关专业应急机构业务指导或支援就能处置的突发公共事件。应具备下列条件之一：

① 因设备故障等原因造成中断运营 1 小时及以上；

② 部分运营区域发生突发性大客流需要地面交通协助疏散；

③ 隧道大面积积水需要市政部门协助抢险。

（3）城市轨道交通运营重大突发公共事件是指事态复杂，运营秩序受到重大影响，已经或可能造成重大人员伤亡、财产损失或环境污染等后果，需要市应急指挥中心和市交通主管部门调度有关部门联合处置的突发公共事件。应具备下列条件之一：

① 人员重伤或死亡 1 人及以上；

② 运营场所发生火灾、爆炸、毒气、恐怖袭击事件；

③ 发生突发性大客流，运营秩序可能或已经失去控制；

④ 运营列车冲突、脱轨或颠覆；

⑤ 因设备故障等原因造成中断运营 4 小时以上；

⑥ 其他事态复杂，对运营秩序造成重大影响的突发公共事件。

（4）城市轨道交通运营特别重大突发公共事件是指事态非常复杂，运营秩序受到特别重大影响，已经或可能造成特别重大人员伤亡、财产损失或环境污染等后果，需要市处置突发事件委员会统一协调、指挥各方面资源和力量处置的突发公共事件。应具备下列条件之一：

① 人员死亡 3 人及以上或重伤 5 人以上；

② 运营场所发生火灾、爆炸、毒气、恐怖袭击、轨道交通构筑物坍塌事件，造成人员伤亡；

③ 因设备故障等原因造成中断运营 8 小时及以上；

④ 其他事态非常复杂，对运营秩序造成特别重大影响的突发公共事件。

4. 突发事件的处理原则

突发事件的处理应遵循以下原则：预防为主、以人为本、反应迅速、先通后复等。

1）预防为主

建立健全综合信息支持体系，准确预测预警，采取有效的防范措施，尽一切可能防止突发公共事件的发生。对无法防止或已经发生的突发公共事件，尽可能避免其造成恶劣影响和灾难性后果。

2）以人为本

抢险工作应坚持“先救人，后救物；先全面，后局部”的原则，优先组织人员疏散、伤员抢救，同时兼顾重点设备和环境的保护，将损失降至最低限度。通过采取各种措施，建立健全应对突发公共事件的有效机制，最大限度减少因突发公共事件造成的人员伤亡。

3）反应迅速

建立“高度集中、统一指挥、逐级负责”的应急指挥体系，建设统一管理、装备精良、技术熟练、反应迅速的专业救援队伍，切实做到早发现、早报告、早控制。

4）先通后复

发生突发事件和灾害后，城市轨道交通运营单位应启动有效的前期处置预案，配合所在市有关应急机构，尽快恢复正常运营。

在城市轨道交通系统中，可能会发生或存在多种潜在的事故类型，例如，大面积的长时间停电、火灾、水灾、地震、危险物质泄漏、放射性物质泄漏、恐怖袭击等。此外，城市在开展各类大型活动时也可能出现重大客流等紧急情况。因此，城市轨道交通应急管理既要做到突出重点，准确反映城市轨道交通的主要重大事故风险；又要合理地编制各类预案，避免各类预案间相互孤立、交叉和矛盾，从而使任何可能发生的事故局部化，尽可能消除、减少事故造成的人员伤亡和财产损失，尽快恢复交通。

10.2 城市轨道交通应急管理机制、体制

1. 应急管理机制

应急机制主要由统一指挥、分级响应、属地为主和公众动员四个基本机制组成。

（1）统一指挥是应急活动的最基本原则。应急指挥一般可分为集中指挥与现场指挥或场外指挥与场内指挥几种形式，但无论采用哪一种指挥系统都必须实行统一指挥模式，无论应急救援活动涉及单位级别高低和隶属关系如何，都必须在救援指挥中心的统一组织协调下开展相关工作，使各参与单位既能充分发挥自己的作用，又能相互配合，提高整体效能。

（2）分级响应是指在初级响应到扩大应急的过程中实行分级响应的机制。扩大或提高应急响应级别的主要依据是：事故灾难的危险程度，事故灾难的影响范围，事故灾难的控制事态能力。而事故灾难的控制事态能力是“升级”的最基本条件，扩大应急救援主要是提高指挥级别，扩大应急范围等。

（3）属地为主是强调“第一反应”的思想和以现场应急为现场指挥的原则，即强化属地部门在应急救援体制管理工作中的主导作用，以提高应急救援工作的时效。

（4）公众动员机制是应急机制的基础，也是最薄弱、最难以控制的环节，即现场应急机构组织调动所能动用的资源进行应急救援工作，当事故超出本单位的处置能力时，向本单位外寻求其他社会力量支援的一种方式。

2. 应急管理体制

根据《国家处置城市地铁事故灾难应急预案》，城市地铁事故灾难应急处置组织机构分为三个层次：一是国家应急机构，即国务院或国务院授权建设部设立城市地铁事故灾难应急

领导小组（以下简称“领导小组”），领导小组下设办公室、联络组和专家组；二是省级、市级地铁事故灾难应急机构，该机构比照国家地铁事故灾难应急机构的组成、职责，结合本地实际情况确定；三是地铁企业事故灾难应急机构，地铁企业应建立由企业主要负责人、分管安全生产的负责人、有关部门参加的地铁事故灾难应急机构。

应急管理机构从功能上讲，可由应急运转指挥中心、事故现场指挥中心、支持保障中心、媒体中心和信息管理中心五个运作中心组成。其中应急运转指挥中心负责协调应急组织各个机构的动作和关系，主持日常工作，维持应急救援系统的日常运作；事故现场指挥中心负责事故现场应急的指挥工作、人员调度、资源的有效利用；支持保障中心负责提供应急物质资源和人员的后方保障；媒体中心负责处理媒体报道、采访、新闻发布会；信息管理中心负责信息管理、信息服务。各中心要不断调整运行状态，协调关系，形成一个有机的整体，使系统快速、高效施行现场应急救援行动。

城市轨道交通企业应急管理机构应按照属地为主、分工协作、应急处置与日常建设相结合的原则建立，在应急处置过程中实现统一指挥、分级负责、科学决策，保证事故灾难信息的及时准确传递、事故快速有效处置，同时还要做到既保证常备不懈，又降低运行成本。

目前应急管理体系、机构设置，主要有以下几类。

（1）层级型。由城市轨道交通运营企业主要负责人为总负责，组建公司、部门两级应急系统。公司级包括企业主要负责人、分管安全生产的负责人及安全、保卫、调度、设备、信息管理、对外联络、卫生、物资保障、环保等各部门负责人员；建立二级部门应急机构，并延伸至基层班组。

（2）联动型。由城市轨道交通运营企业主要负责人为总负责，将运营中发生的所有行车、设备、消防、治安等安全信息报城市轨道交通控制中心，城市轨道交通控制中心组成联动中心，统一指挥相关部门处置各类安全减灾及应急工作。

（3）专职型。城市轨道交通运营企业建立应急救援管理指挥专门机构和专业应急救援队伍，内设信息管理、应急管理（抢险、指挥）、重大危险源管理三个职能部门，负责城市轨道交通安全生产信息接收、汇总、上报、发布，重大事故隐患、预案编制管理，应急培训，预案演练，救援物资管理，抢险指挥，重大危险源建档、管理，专家库管理，查处谎报、瞒报案件等工作，使应急救援工作贯穿于安全生产事故的事前预防、事中应急、事后管理中，形成安全生产应急救援工作的一条较为完整的工作链和工作体制、机制。

《国家处置城市地铁事故灾难应急预案》中规定，城市地铁企业必须建立由企业主要负责人、分管安全生产的负责人、有关部门参加的地铁事故灾难应急机构。地铁企业可根据自身的发展规模、线路长度、员工素质等情况选择适合企业自身的安全、应急管理体系和机构。

3. 突发公共事件应急处理机构

突发公共事件应急处理机构由应急处理领导小组和救援队组成，突发事件发生时，所有运营员工在突发事件应急处理工作中须服从应急处理机构的指挥。

（1）突发事件应急处理领导小组。城市轨道交通运营单位突发事件应急处理领导小组为非常设机构，在启动应急预案时，一般由运营单位负责人及运营生产部门、安全部门以及物资保障等部门负责人组成。城市轨道交通运营单位突发事件应急处理小组负责人为突发事件现场处理城市轨道交通方最高负责人。

突发公共事件应急处理领导小组的主要职责为以下几点。

① 负责运营单位突发事件应急处理的组织指挥与决策，指挥员工或配合外部支援单位进行应急处理。

② 在应急处理中随时保持与城市轨道交通公司、市政府有关部门及事件现场的通信联系。

③ 领导小组组长担任现场应急处理负责人。

④ 小组成员直接领导下属参与应急处理，向组长负责。

⑤ 负责组织应急处理预案的演练。

⑥ 负责组织突发事件处理后的检查、分析与改进工作。

⑦ 负责应急处理救援队机构和工作组织方式的调整。

⑧ 负责应急处理救援队队长岗位待命人变化的审批。

（2）突发公共事件调度指挥中心。城市轨道交通控制中心是城市轨道交通公司突发公共事件调度指挥中心，作为突发事件信息传递中枢，承担突发事件信息集散功能，在应急处理过程中密切保持与应急处理专业机构和各站、列车和车厂的联系。其主要职责如下。

① 负责突发事件应急处理工作中的行车、电力和环控调度工作，并按现场应急处理负责人的需要提供支持。

② 组织、协调、调度运营单位各部门之间的应急处理工作。

③ 向公司相关部门及市应急指挥中心发布信息，为应急处理提供决策依据。

④ 协助、配合市应急指挥中心处理突发公共事件。

（3）应急处理救援队。应急处理救援队由各专业救援队组成，包括维修救援队、车辆救援队等，各专业救援队队长一般由本专业部门主任工程师以上职务员工担任，队员包括本专业技术业务主管人员和安全监察或安全员。其主要职责如下。

① 协助现场应急处理负责人进行救援抢险工作。

② 作为城市轨道交通设备系统各专业代表向现场应急处理负责人提供相关设施设备和救援抢险的技术支持。

③ 提供救援抢险物资、器材的供给；运输和人员运送等。

④ 组织参与救援抢险工作、落实现场应急处理负责人的指令。

⑤ 做好与外部支援之间的协调、配合工作。

应急处理救援队所有成员属随时待命人员，必须保证移动电话24小时开机，尽量保持两种以上的即时通信联络办法，在接到紧急通知后尽快赶到事发地点集合，需携带救援抢险物资、器材和装备的人员应赶赴存放地点集合。救援队每个岗位至少应另有1名备用人员，以便接替进入待命状态。救援队配备的救援抢险物资、器材和装备须专人、定点保管，保持良好的状态，随时投入使用。

（4）车站抢险组。车站抢险组一般由城市轨道交通车站当班值班站长以及车站其他员工组成，包括前来支援的其他车站员工和人员，车站抢险组统一由值班站长负责指挥，主要负责组织、指挥、实施车站救援抢险工作。

（5）物资保障组。物资保障一般由运营单位物资部门负责，它负责提供救援抢险所需物资。

（6）运输保障组。运输保障一般由运营单位综合或后勤部门负责，它负责提供救援抢险所需的交通工具。

（7）新闻信息管理组。新闻信息管理一般由运营单位综合或后勤部门负责，它负责向新闻媒介或城市轨道交通外部部门发布突发事件新闻信息。

10.3 城市轨道交通应急预案管理

应急预案又称应急计划，是针对可能发生的突发事件和重大事故，为保证迅速、有序、有效地开展应急与救援行动，降低突发事件（重大事故）损失而预先制订的计划或方案。它是在辨识和评估潜在的突发事件（重大事故）发生可能性、发生过程、发生后果及影响严重程度的基础上，对应急机构与职责、人员、技术、装备、设施（备）、物资、救援行动、指挥与协调等方面预先做出的具体安排。应急预案明确了在突发事件、重大事故发生之前、发生过程中以及刚刚结束之后，谁负责做什么，何时做，以及相应的策略和资源准备等。

1. 应急预案的种类

1）综合类

① 特殊气象及自然灾害应急预案。

② 运营事业总部处置恐怖袭击应急预案。

③ 处置大面积停电事件应急预案。

④ 地铁消防应急预案。

⑤ 疫情爆发应急预案。

⑥ 水污染应急处理预案。

⑦ 保卫应急预案。

⑧ 地铁车站相连接建筑物发生突发事件应急预案。

2）设备设施类

（1）供电设备：

① 地铁供电设备抢修应急预案；

② 接触网（轨）附近有异物的应急处理程序；

③ 地铁接触网（轨）设备应急抢险预案及处理措施；

④ 地铁变电设备应急抢险预案及处理措施。

（2）机电设备：

① 地铁机电设备应急处理措施及程序；

② 防淹门故障应急处理程序；

③ 地铁主控系统崩溃应急预案；

④ 地铁长大扶梯故障应急处理程序；

⑤ AFC系统重大设备故障应急处理程序。

（3）工建设备：

① 地铁工务专业应急预案；

② 地铁桥隧专业应急预案；

（4）车辆设备：

① 地铁车辆专业应急管理办法；

② 电客车故障救援程序及时间要求；

③ 地铁列车故障处理指南。

（5）通信设备：

① 通信专业应急管理办法；

② 地铁通信设备故障处理指南。

（6）信号设备：

① 信号专业应急管理办法；

② 地铁信号设备故障处理指南。

2. 应急预案的作用

应急预案在应急管理中的重要作用和地位主要体现在以下几个方面。

（1）明确了应急救援的范围和体系，使应急准备和应急管理，尤其是培训和演习工作的开展有据可依、有章可循。

（2）有利于及时作出应急响应，降低事故危害程度。

（3）成为各类突发事故的应急基础。通过编制基本应急预案，可保证应急预案具有足够的灵活性，对那些事先无法预料到的突发事件或事故，也可以起到基本的应急指导作用。针对特定危害编制专项应急预案，有针对性地制定应急措施，进行专项应急准备和演习。

（4）当发生超过应急能力的重大事故时，便于与上级应急部门协调。

（5）有利于提高各级人员的风险防范意识。

3. 应急预案的层次和文件体系

（1）应急预案的层次。城市轨道交通系统中可能发生的事故是多种多样的，对应急预案合理地划分层次，是将各种类型应急预案有机结合在一起的有效方法。

城市轨道交通事故灾害大致可分为安全事故、自然灾害、人为突发事件等三类。针对每一类灾害的具体措施可能千差万别，但其导致的后果和产生的影响却是大同小异的。这就意味着可以通过制定出一个基本的应急模式，由一个综合的标准化应急体系有效地应对不同类型危险所造成的共性影响。

城市轨道交通系统应急救援体系的总目标是控制事态发展、保障生命财产安全、恢复正常运营。可以针对不同事故的特点，如爆发速度、持续时间、范围和强度等，制定具有较强针对性的专项应急预案。为了保证各种类型预案之间的整体协调和层次清晰，实现共性与个性、通用性与专业性的结合，宜采用分层次的综合应急预案。从保证预案文件体系的层次清晰及开放性角度考虑，可划分为三个层次，即综合预案、专项预案和现场预案。其结构如图 10–1所示。

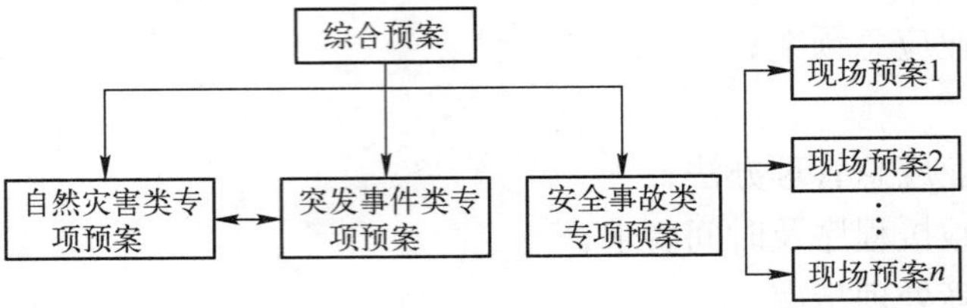

图 10–1　应急预案的层次

城市轨道交通运营应急预案一般有：特殊气象及自然灾害应急预案、防淹门故障应急处理程序，控制中心应急处理程序、疫情爆发应急预案、应急信息报告程序、处置大面积停电事件应急预案、保卫应急预案、地铁消防应急预案、机电设备（电梯、给排水、事故照明装置）应急处理措施及程序、供电专业抢修应急预案、工建专业应急预案、车辆专业应急处理办法、水污染应急处理预案、车务安全应急处理程序、接触网（轨）附近有异物的应急处理程序等，都属于专项预案和现场预案的范畴。

（2）应急预案的文件体系。从广义上来说，应急预案是一个由各级预案构成的文件体系。它不仅是应急预案本身，也包括针对某个特定的应急任务或功能所制定的工作程序等。一个完整的应急预案的文件体系应包括预案、程序、指导书和记录，是一个四级文件体系。

4. 应急预案的演练和演练效果的评价

应急预案的演练是检验、评价和保持应急能力的一个重要手段。其作用体现在：可在事故真正发生前发现预案存在的问题和缺陷，发现应急资源的不足，从而改善应急部门、机构和人员之间的协调，增加相关人员应对突发事故救援的信心和应急意识，提高应急人员的熟练程度和应急能力，增强各级预案之间的协调性和整体的应急反应能力。应急预案演练一般可分为桌面演练、功能演练和全面演练。

应急演练结束后应对演练的效果给出评价，并提交演练报告，详细说明演练中存在的问题，按照对应急救援工作的影响程度，可以将演练中发现的问题分为改进项、不足项、整改项。其目的是通过演练及时发现问题，并进行改进完善，避免因预案不完善而导致事故的扩大化，从而确保预案的高效性。

5. 应急预案的处理流程和实例分析

路网指挥控制中心在发布抢险指令之后，应跟进抢险领导小组和现场指挥的人员到位情况，并做好相应记录。及时和现场保持联系，保证应急指令和信息的畅通传递，做好应急抢险救援工作，图 10-2 是具体的流程图。

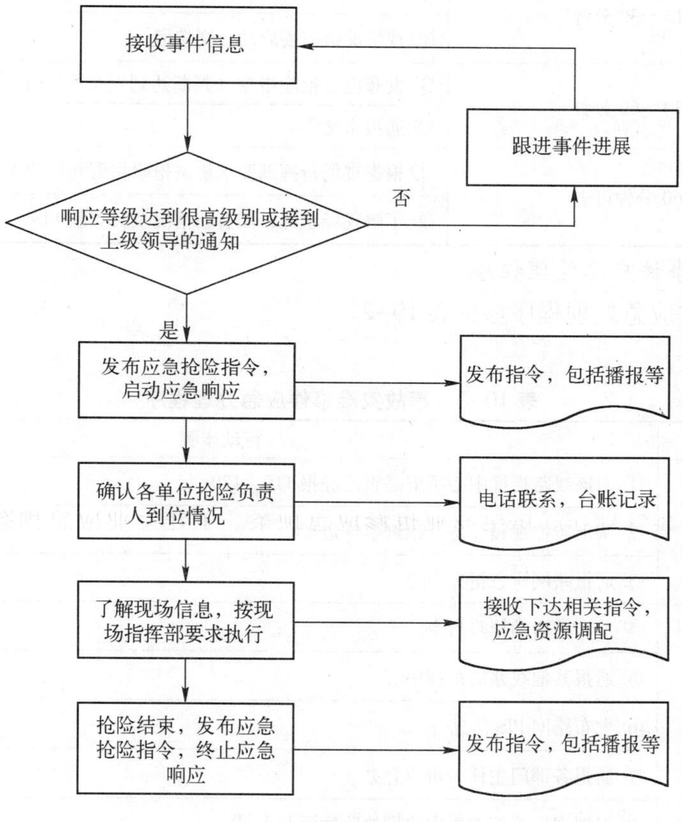

图 10-2　应急抢险流程图

1）主要运营设备故障突发事件应急处理程序

主要运营设备故障突发事件应急处理程序参见表 10-1。

表 10-1　主要运营设备故障突发事件应急处理程序

阶段	预计设备故障影响程度（晚点时间）	行动步骤
1	10 分钟以下	① 调出监控视频设备，关注事件进展
		② 做好故障进一步扩大的应急准备
		③ 准备应急信息通报表

续表

阶段	预计设备故障影响程度（晚点时间）	行动步骤
2	10～15 分钟	① 通报其他线路的指挥控制中心
		② 发布路网 PIS 信息
		③ 通报指挥中心经理
3	15～30 分钟	① 通报交通电台等媒体
		② 视情况报市委启动公交接驳
4	30～60 分钟	① 发布应急抢险指令（判断达到发布等级时，优先发布）
		② 通报市交委
5	60 分钟以上	① 根据现场指挥部要求协调抢险物资和抢险人员
		② 了解现场状况，如有新情况及时更新 PIS

2）事故灾难事件应急处理程序

事故灾难事件应急处理程序参见表 10-2。

表 10-2　事故灾难事件应急处理程序

事件类别	行动步骤
列车或车站火灾	① 向该线路指挥中心了解是否已经报 119，120
	② 调出监控视频设备，跟进事件进展
	③ 通报路网应急指挥中心
	④ 发布并启动抢险指令
	⑤ 通报其他线路的指挥中心
	⑥ 发布路网 PIS 信息
	⑦ 通报各部门主任，市应急办
	⑧ 根据现场指挥部要求协调抢险物资和人员
	⑨ 了解人员伤亡，现场处理情况，如有新情况及时更新 PIS 信息
列车冲突、脱轨、挤岔、线路淹没、下沉、隧道塌方	同上
列车撞人	① 向该线路指挥中心了解是否已经报 120
	② 通报地铁公安部门
	③ 调出监控视频设备，跟进事件进展
	④ 通报路网应急指挥中心经理
	⑤ 发布线网 PIS 信息
	⑥ 通报给其他线路指挥中心
	⑦ 了解人员伤亡、现场处理情况，如有新情况及时更新 PIS 信息

3）自然灾害事件应急处理程序

自然灾害事件应急处理程序参见表 10-3。

表 10-3　自然灾害事件应急处理程序

阶段	行动步骤
接收天气预警	① 在企业内部发布天气预警的相关信息
	② 通报各条线路的指挥中心
	③ 密切关注气象台发布预警的最新情况
	④ 当天气预警等级达到特殊气象应急处理预案的启动条件时，在企业内部发布特殊天气值班的相关信息
发生自然灾害事件造成部分线路中断行车或者车站关闭	① 发布及启动抢险指令
	② 通报路网指挥中心经理
	③ 发布路网 PIS 信息
	④ 通报其他线路的指挥中心
	⑤ 通报路网总部分管副总，地铁公安指挥部，交通电台和市应急办
	⑥ 了解现场处理情况，如有新情况，及时在企业内部发布
预警及抢险结束	① 收到气象台发布预警信号结束后，发布信息
	② 运营恢复正常后发布结束应急抢险指令

10.4

城市轨道交通应急资源管理

城市轨道交通系统的地铁列车是在封闭状态下运营的大型载客交通工具，因设备故障、技术行为、人为破坏、不可抗力等原因，均可能会发生突发事故。为能保证紧急情况下乘客的人身安全，在列车和车站都安装有相应的应急设备，当出现紧急情况时，乘客可以通过应急设备进行报警或自救。

1. 列车应急设备

一般情况下，地铁列车上应配备的应急设备有：紧急报警装置、紧急开门装置、灭火器、逃生装置。

紧急报警装置安装于列车的车厢内。一般情况下，列车的每节车厢至少安装两个紧急报警装置，包括报警按钮和紧急对讲器（如图 10-3 所示）。当车厢发生乘客冲突、有人昏厥、火灾等紧急状况时，乘客可以立即使用此装置通知驾驶员，以便驾驶员根据现场情况采取相关措施进行处理。

（a）紧急报警按钮　（b）紧急对讲器　（c）紧急对讲器

图 10-3　列车的紧急报警按钮和紧急对讲器

在列车的每个车门上都安装有紧急开门装置（如图 10-4 所示），其主要作用是列车在故障或紧急情况下，需要人工开门时使用。

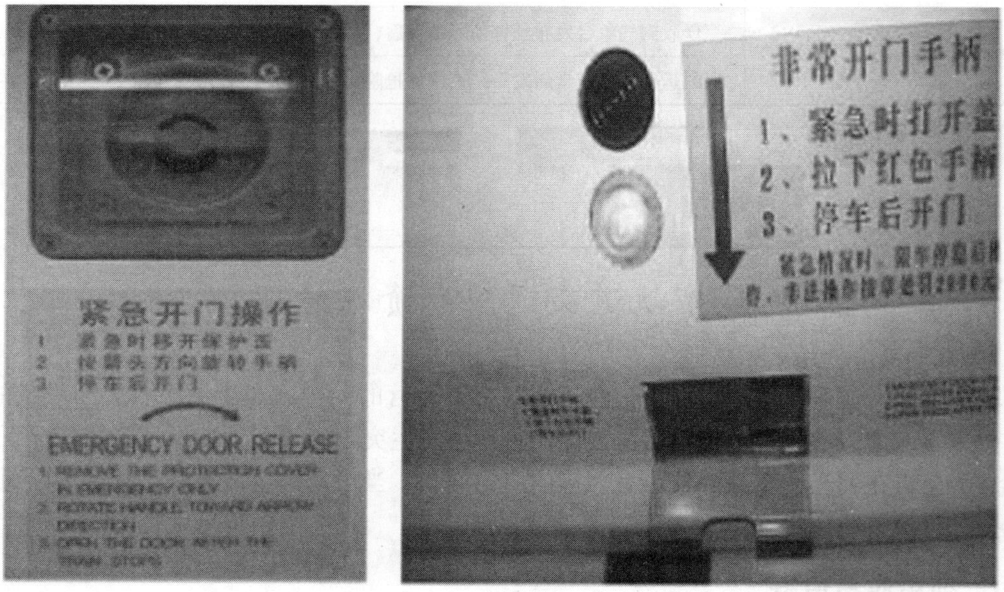

图 10-4　列车的紧急开门装置

灭火器（如图 10-5 所示）是为预防列车发生火灾情况配备的应急设备。每节车厢均配备有灭火器，一般灭火器型号均为 6 kg，放置于车厢乘客底座下或车辆前后两端的专门设备内。当列车发生火灾初期或较小火灾时，乘客除通过车厢内的紧急报警按钮或紧急对讲器通知列车司机外，还可以用列车配备的灭火器灭火自救，尽量将火势控制、扑灭。

逃生装置（如图 10-6 所示）一般安装在列车两端的司机室，它经手动解锁后通过气簧执行机构机械动作，可推下专门的接近轨道的紧急梯。当在运营区间发生故障时，驾驶员可

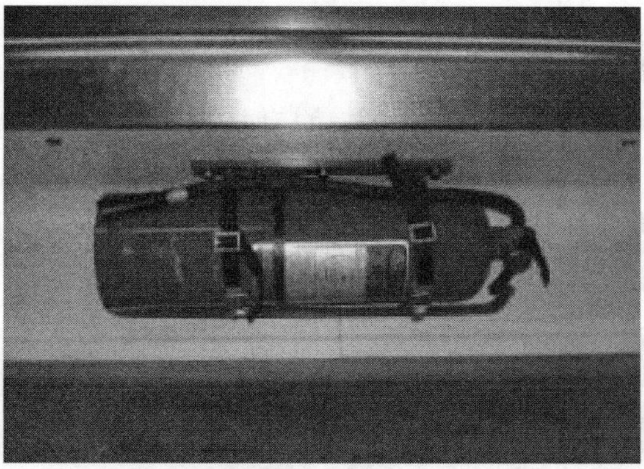

图 10-5　列车配置的灭火器

以通过前后的应急疏散门疏散乘客，通过该门，乘客可以快速、有序通过隧道逃生。如果该城市的轨道交通系统采取疏散平台方式进行疏散，列车的逃生装置则为客室门。列车逃生装置一般在发生紧急情况下，必须通过人工疏散时才使用。

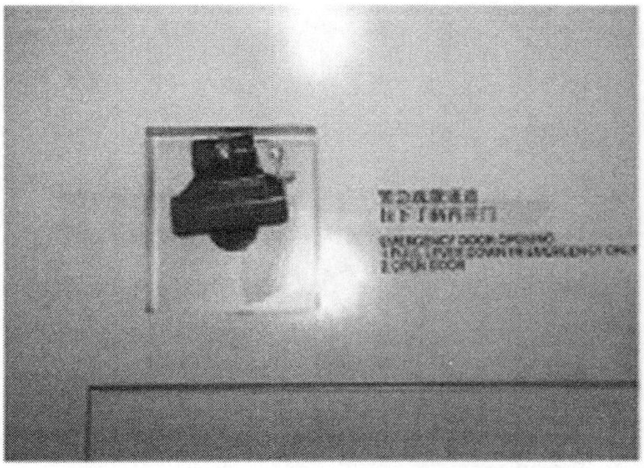

（a）通道门紧急解锁手柄

（b）逃生梯子

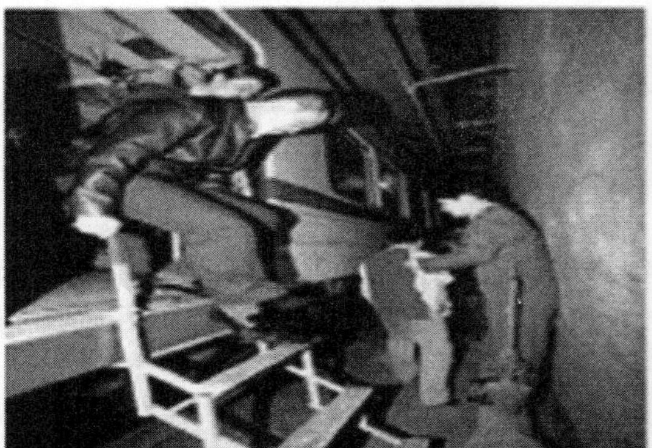

（c）逃生梯子

（d）疏散平台

图 10-6　列车的逃生装置

2. 车站应急设备

车站的应急设备分为：火灾紧急报警器、自动扶梯紧停装置、紧急停车按钮、屏蔽门紧急开关四类（如图 10–7 所示）。其安装位置和数量均根据不同的城市轨道交通系统建设的要求而有所不同，但各类应急设备的启用时机相同，就是必须在发生危及列车行车安全或危及人身安全的紧急情况下使用。

（a）火灾紧急报警器　（b）自动扶梯紧停装置

（c）紧急停车按钮　（d）屏蔽门紧急开关

图 10–7　车站的应急设备

10.5 城市轨道交通应急处置管理

凡因操作人员违反规章制度、违反劳动纪律和作业纪律，或者因设备不良及其他原因，在行车中造成人员伤亡、设备损坏、经济损失、影响正常行车或危及行车安全的，均构成行车事故。

1. 行车事故的分类

行车事故按照事故的性质、损失及对行车造成的影响进行分类。对行车事故分类的主要目的还是贯彻“安全第一，预防为主”的原则，一旦发生事故也要按照“三不放过”的原则（即事故原因分析不清楚不放过，责任人没有受到教育不放过，没有制定整改措施不放过）进行处理，防止同类事故的再次发生。目前国内各大城市轨道交通对行车事故尚没有一个统一的划分标准和划分类别，但归纳起来有以下几类，如：特别重大事故、重大事故、大事故、险性事故、一般事故等。

特别重大事故、重大事故和大事故都是指列车、机车、车辆发生冲突、脱轨、火灾、爆炸等事故或由于城市轨道交通设备状态不良等其他原因，造成不同程度的人员伤亡和较大经济损失、设备损坏等后果。不论程度如何，该类事故都会造成恶劣的社会影响和不可挽回的人员、经济损失。

2. 行车事故处理原则

事故的分析、调查、处理是事故发生后的重要环节，目的是为了及时恢复正常、找出事故发生的原因和形成机制，并制定相应的措施、方法与手段，减少和杜绝事故的再次发生。

（1）各相关部门处理行车事故必须执行高度集中、统一指挥的原则。

（2）分级处理的原则。发生行车事故，各相关部门应采取积极措施，迅速组织救援，尽快恢复运营。根据发生事故的隶属关系和事故的等级分类，按照分级管理原则予以处理。

凡发生重特大安全生产事故的，由城市轨道交通安全管理部门或者配合上级有关部门调查处理。发生行车险性事故或涉及两个单位以上的一般事故，由城市轨道交通安全管理部门具体负责调查处理；发生行车的一般事故由各直属单位具体负责调查处理。

（3）坚持“先救人，后救物；先全面，后局部；先正线，后其他”的原则，优先组织人员疏散、伤员抢救，同时兼顾重点设备和环境的防护，将损失降至最低程度。

（4）应坚持就近处理的原则：行车事故发生时，在上一级行车事故处理负责人到达现场前，员工按下表规定担任现场临时行车事故处理负责人；在上一级行车事故处理负责人到达现场后，则由上一级行车事故处理负责人担任现场指挥。

表 10–4　行车事故处理负责人列表

序　号	行车事故发生处所	现场临时行车事故处理负责人
1	列车上	本列司机
2	若列车在车站时	所在站值班站长
3	车站	所在站值班站长
4	区间线路上	行车调度员指定的车站值班站长
5	车厂	车厂调度
6	运营单位其他场所	现场附近最高职务的员工

（5）员工在行车事故处理过程中应兼顾现场的保护工作，以利于公安、消防和事件调查部门的现场取证。

3. 行车事故通报

1）信息通报原则

车站及运营线路上发生突发事件后的请示报告工作，是降低各类损失、减少事故影响、缩短救援时间的重要环节。

① 发生各类突发事件时，行车值班员应认真确认现场情况，迅速、准确、客观地向行车调度员报告。同时根据处置预案视不同情况向值班站长、站区领导、客运营销科及地铁公安分局管界派出所报告。

② 逐级报告的原则。事故发生在区间时，列车司机应立即报告行车调度。事故发生在车站内或车厂内时，车站值班站长或车厂调度员应立即报告行车调度。

发生人员伤亡、火灾、爆炸、毒气袭击、聚众闹事、劫持人质及其他恐怖活动等事故，需要报告119火警、120急救中心或110匪警时，由现场负责人或目击者在第一时间直接报告；如果无法直接报告，则应以尽快报告的原则，向就近的车站或控制中心（车厂控制中心）或上级报告，再报告119火警、120急救中心或110匪警。

③ 现场情况一时难以判断清楚时，应遵循“先报整体情况，然后继续确认，随时报告”的原则。如发现已经报告的内容有误时，应立即予以更正。

④ 在迅速报告的基础上，对现场情况及处置过程应随时报告。

⑤ 履行报告程序时应避免对其他作业的影响。遇有处置预案未尽事宜时，应边请示报告边本着尽力保证安全、尽量减少损失、尽快恢复运营的原则开展处理工作。

⑥ 在突发事件处理过程中，有关人员必须坚守岗位，加强监护，及时掌握并报告各类相关信息，严禁擅自离开指定岗位。

2）行车事故通报流程

① 发生立即需要外部支援的行车事故（如火灾、爆炸、人员伤亡等）时按就近处理原则进行通报。

- 如发生在车站或车厂，现场人员有条件时应立即致电110、120，车厂调度或车站值班站长/行车值班员接到报告后应立即致电110、120。
- 如发生在区间，行车调度员接现场人员报告或设备监控系统报警后，由行车调度员或主任调度员报119、110、120。
- 如发生在区间的列车上，司机（接现场人员报告后）立即报告行车调度员，由行车调度员或主任调度员报119、110、120。

② 控制中心所通知的外部支援是指城市轨道交通公安分局、公交公司、交通局、市应急处理机构等，由主任调度员决定通知范围。

③ 救援队、控制中心分别为各相关部门在行车事故信息报告流程中的代表，分别向本部门相关人员进行通报。

3）事故通报内容

发生行车事故时，实行逐级通报，其内容如下。

① 发生时间（月、日、时、分）。

② 发生地点（区间、百米标和上、下行正线）。

③ 列车车次、车组号、关系人员姓名、职务。

④ 事故概况及原因的初步判断。

⑤ 人员伤亡情况及机车车辆、线路等设备损坏情况。

⑥ 是否需要救援。

⑦ 是否影响邻线运行。

⑧ 其他必须说明的内容及要求。

4. 事故现场处理

（1）行车事故发生时，在上一级行车事故处理负责人到达现场前，现场负责人按就近处理原则担任现场临时行车事故处理负责人；在上一级行车事故处理负责人到达现场后，则由临时行车事故处理负责人交出现场指挥权，并配合上一级事故处理负责人开展救援工作。

（2）行车事故调查处理小组（一般运营单位行车事故调查处理小组为非常设机构）负责人为事故处理现场的城市轨道交通运营单位的最高负责人，由其负责行车事故的现场统一指挥。

（3）发生行车事故时，控制中心在行车事故调查处理小组统一指挥下负责行车事故工作中的行车、电力和环控调度工作，承担事故信息集散功能，并按行车事故现场负责人的指令提供支持。

（4）行车事故救援队为事故现场处理的具体实施机构，接到行车事故发生的通报后，迅速赶赴现场，在行车事故调查处理小组的指挥下，负责实施事故现场处理并提供相关技术支持。

5. 事故责任判定

（1）行车事故责任按责任程度分为全部责任、主要责任、次要责任。负全部责任、主要责任则影响本部门的安全成绩。

（2）因承办商在城市轨道交通内进行设备维修、施工而造成的行车事故，列为承办商责任事故。

（3）各设备主管部门因设备质量等原因发生的事故一律统计在该部门的事故中，能确定责任的列责任事故。如不能确定为城市轨道交通部门责任的，列非责任事故。

（4）运营单位批准的技术革新、科研科目进行试验时，在规定的试验期内，如试验的项目发生事故，不列行车责任事故。但由于违反操作规程以及其他人为事故的，仍列责任事故。

（5）下列事故可列为非责任事故。

① 因自然灾害等原因使设备损坏造成行车事故的。

② 因人为破坏（经公安部门确认）造成行车事故的。

③ 列车火灾、爆炸以及线路上障碍物造成行车事故而判明非城市轨道交通部门责任的。

城市轨道交通公司安全管理部门应备有行车事故登记簿，详细记载各种行车事故的发生经过、原因及处理情况，定期分析总结。由各部门专兼职安全管理人员协助，对职工进行安全生产教育。

6. 常见事故处理

1）大面积停电的应急处理

（1）地铁线路发生停电事故时，应沉着镇静，稳定乘客情绪、维持秩序，尽力保证乘客安全。控制中心根据停电影响情况，组织抢修抢险，发布列车停运、急救和车站关闭命令，并及时将灾情向上级报告。

（2）车站工作人员应加强检查紧急照明的启动情况，巡查各部位如升降电梯中是否有人员被困等，根据控制中心命令清站和关闭车站。

列车司机负责维持列车进站停车后，组织车上乘客向车站疏散。如果列车在区间停车，则利用列车广播安抚乘客，要求乘客不擅自操作车上设备，并立即报告行车调度，按行车调度指令操作。

2）火灾的应急处理

（1）车站发生火灾时的处理措施。

① 车站立即向乘客广播发生火灾情况，暂停列车服务，并指引车站乘客有序地进行疏散，撤离车站。同时，向控制中心报告，视火灾情况报119和120。

② 组织人员进行灭火和关闭车站的各类电梯，救助受伤的乘客。

③ 列车司机接到车站火灾通知后，听从行车调度指挥，并通过列车广播系统做好乘客广播。

④ 控制中心接报后，立即执行车站火灾应急程序，扣住列车不能进入火灾车站，保持与司机和车站的联系，并视情况报119和120。

（2）列车在站台发生火灾时的处理措施。

① 司机开启客室门（屏蔽门）并通过列车广播安抚乘客，引导乘客疏散和使用列车的灭火器进行灭火自救，并确认火灾位置以及向车站和控制中心报告。

② 车站接报后，立即广播通知乘客列车发生火灾情况，暂停列车服务。同时，组织人员进行灭火和引导乘客有序进行疏散，并视火灾情况报119和120。

③ 控制中心接报后，立即执行列车火灾应急程序，控制好列车间的距离，保持与司机和车站的联系，并视情况报119和120。

（3）列车在区间（隧道）发生火灾时的处理措施。

① 司机保持列车运行至前方车站后，开门疏散乘客。在运行途中通过列车广播安抚乘客，引导乘客使用车厢内的灭火器进行灭火自救，并确认火灾位置以及向车站和控制中心报告。

② 如列车在区间（隧道）不能运行，则应打开列车的逃生装置，引导乘客有序地往就近车站方向疏散。

③ 车站接报后，立即广播通知乘客，引导乘客进行紧急疏散，并安排人员前往事故列车接应司机，组织乘客进行疏散。

④ 控制中心接报后，立即执行列车火灾应急程序，控制好列车间的距离，保持与司机和车站的联系，并视情况报119和120。

3）特殊气象的应急处理

（1）特殊气象应急预案分类。根据特殊气象对城市轨道交通运营的影响，应急预案包含以下六个类别。

① 台风、雷雨大风（含龙卷风）应急预案。

② 暴雨应急预案。

③ 高温应急预案。

④ 大雾、灰霾应急预案。

⑤ 冰雹、道路结冰应急预案。

⑥ 寒冷应急预案。

（2）特殊气象应急预案启动原则。以当地气象台发布的气象预警信号为准。当当地某区域气象台发布相应的台风和雷雨大风、暴雨、高温、大雾和灰霾、冰雹和道路结冰及寒冷气象预警信号后，由责任控制中心在受影响的线路范围内启动相应的特殊气象应急预案。

（3）相应的特殊气象应急预案的解除原则。满足以下两个条件，责任控制中心可解除相应的特殊气象灾害应急预案，并向下令启动预案的领导汇报。

① 当地某区域气象台解除相应的台风和雷雨大风、暴雨、高温、大雾和灰霾、冰雹和道路结冰及寒冷气象预警信号。

② 控制中心确认受相应的特殊气象影响的设备已全部恢复正常。

（4）停止某线路段运营的启动及解除程序。

① 启动程序。当需要停止某线路段运营时，控制中心 OCC 向运营总部总经理汇报，总经理下令启动。因特殊情况联系不上时，分别依次由运营总部分管安全、行车组织的副总经理下令启动。

② 解除程序。当达到恢复某线路段运营条件时，控制中心 OCC 向运营总部总经理汇报，总经理下令恢复。因特殊情况联系不上时，分别依次由运营总部分管安全、行车组织的副总经理下令解除。

③ 恢复因台风、雷雨大风（含龙卷风）造成高架或地面路段停运的行车条件是：接获气象台取消橙色信号及在过去 1 h 监测到的最高风速低于 74 km/h（8 级）。

恢复高架段行车的程序是：首先，组织客车或工程车限速 25 km/h 进行线路检查；然后，安排专业维修人员跟车检查相关设备设施；确认具备条件后，恢复正常运营服务。

（5）特殊气象发生险情的应急处理原则。

① 抓住主要矛盾，先全面、后局部，先救人、后救物，先抢救通信、供电等要害部位，后抢救一般设施。

② 根据需要，各部门积极合理地调动人力、物力投入抢险，在确保安全的情况下，尽快开通线路，恢复运营（含局部线路）。

③ 发生灾害时，应迅速准确地报告事故情况，确保信息渠道畅通。

④ 各部门、员工均应采取有效措施控制事态、减少损失，防止次生灾害的发生。

⑤贯彻抢险与运营并重、地铁运输与公交运输系统统筹兼顾的工作方针，在积极稳妥地处理事故的同时，按照总部相关规定最大限度地维持地铁运营或尽快恢复地铁运营。

4）大客流应急处理

（1）大客流的出现指因地铁周边环境影响或因设备故障导致设备能力不足等不可预见的情况，造成突发性进、出站客流增大，超过车站设备承受能力的情况。

大客流可能出现的时间主要有节假日、特别的事件（如演唱会或体育赛事等）、恶劣天气、运营服务中断、意外事件、紧急事件、事故等。

大客流可能出现的地点主要有站台、站前广场、换乘通道、电动扶梯及步梯、楼梯、出入口、站厅等。

（2）大客流的应急处理原则。

车站发生突发性大客流时，由值班站长负责现场客运组织，安排、监督各岗位的职责实施情况。主要有管理客流、车站清人、阻止乘客进入车站等。

① 管理客流。在地铁公安协助的情况下，站务员、车站助理在入口处实行“分批放行”限制进站乘客；车站督导员关闭进站闸机及自动售票机；车站人员使用手提扬声器引导乘客；车站人员在重要的位置和入口设置单行走向。

② 车站清人。值班站长请求行车调度员安排空车接载乘客；车站督导员播放清站广播；车站人员转换电扶梯运行方向来疏导站台、站厅客流。

③ 阻止乘客进入车站。值班站长请求行车调度员安排列车不停站；车站督导员关闭车站入口或指定该口为“仅供出站的出口”；车站人员摆放通告，在入口及进入大门的地方对关站和禁入原因加以解释；车站人员停止到站台方向的电扶梯。

5）乘客受伤、晕倒、身体不适等应急处理

（1）乘客受伤应急处理。

① 任何人员发现有乘客受伤，应及时上报值班站长。

② 督导员到现场查看乘客所在位置、受伤等具体情况。确认乘客状况，严重程度；通知综控室报 OCC（调度控制中心）；如有需要，采取急救；初步判断事件原因；如与设备有关，须先停用该设备，并报故障报警中心；安排人员寻找目击证人。

③ 站厅或站台人员协助督导员救助乘客，并现场寻找目击证人，记录事情经过。

④ 如有必要，值班站长应报 OCC 召唤医护人员。

⑤ 值班站长在 ODMS（关于不如意事件报告的系统）中记录事件情况。

（2）乘客晕倒、身体不适应急处理。

① 任何人员发现有乘客身体不适，应及时上报值班站长。

② 督导员到现场查看乘客所在位置、身体不适等具体情况。确认乘客状况，严重程度；如有可能，采取急救；初步判断事件原因；安排人员寻找目击证人；如乘客状况严重，通知综控室报 OCC。

③ 站厅或站台人员协助督导员救助乘客，并现场寻找目击证人，记录事情经过。

④ 如有必要，值班站长应报 OCC 召唤医护人员。

⑤ 值班站长在 ODMS 中记录事件情况。

本章小结

应急管理是针对灾害和危机等突发事件进行预防监测、应急处置和恢复重建的全过程管理。应急管理包括预防、预备、响应和恢复四个阶段。突发事件是指在城市轨道交通运营场所内，因不可预见的或不可控制的因素造成一种或几种后果，须立即处理的偶然性事件。突发事件的处理应遵循以下原则：预防为主、以人为本、反应迅速、先通后复等。

应急机制主要由统一指挥、分级响应、属地为主和公众动员四个基本机制组成。根据《国家处置城市地铁事故灾难应急预案》，城市地铁事故灾难应急处置组织机构分为三个层次：一是国家应急机构，即国务院或国务院授权建设部设立城市地铁事故灾难应急领导小组（以下简称“领导小组”），领导小组下设办公室、联络组和专家组；二是省级、市级地铁事故灾难应急机构，该机构比照国家地铁事故灾难应急机构的组成、职责，结合本地实际情况确定；三是地铁企业事故灾难应急机构，地铁企业应建立由企业主要负责人、分管安全生产的负责人、有关部门参加的地铁事故灾难应急机构。突发公共事件应急处理机构由应急处理领导小组、调度指挥中心、应急处理救援队、车站抢险组、物资保障组、运输保障组和新闻信息管理组组成，突发事件发生时，所有运营员工在突发事件应急处理工作中须服从应急处理机构的指挥。

应急预案又称应急计划，是针对可能发生的突发事件和重大事故，为保证迅速、有序、有效地开展应急与救援行动，降低突发事件（重大事故）损失而预先制订的计划或方案。应急预案明确了应急救援的范围和体系，使应急准备和应急管理，尤其是培训和演习工作的开展有据可依、有章可循；有利于及时做出应急响应，降低事故危害程度；成为各类突发事故的应急基础；当发生超过应急能力的重大事故时，便于与上级应急部门协调；有利于提高各级人员的风险防范意识。

城市轨道交通系统的地铁列车是在封闭状态下运营的大型载客交通工具，因设备故障、技术行为、人为破坏、不可抗力等原因，均可能发生突发事故。为能保证紧急情况下乘客的人身安全，在列车和车站都安装有相应的应急设备，当出现紧急情况时，乘客可以通过应急设备进行报警或自救。城市轨道交通应急预案管理包括列车和车站的应急设备管理。

行车事故按照事故的性质、损失及对行车造成的影响分成特别重大事故、重大事故、大事故、险性事故、一般事故等，坚持贯彻“安全第一，预防为主”的原则，一旦发生事故也要按照“三不放过”的原则（即事故原因分析不清楚不放过，责任人没有受到教育不放过，没有制定整改措施不放过）进行处理，防止同类事故的再次发生。行车事故处理原则包括：各相关部门处理行车事故必须执行高度集中、统一指挥的原则；分级处理的原则；坚持“先救人，后救物；先全面，后局部；先正线，后其他”的原则；坚持就近处理的原则；员工在处理行车事故过程中应兼顾现场的保护工作，以利于公安、消防和事件调查部门的现场取证。本节也介绍了常见事故处理，包括：大面积停电的应急处理；火灾的应急处理；特殊气象的应急处理；大客流应急处理；乘客受伤、晕倒、身体不适等应急处理。

思考题

1. 城市轨道交通应急管理的体制是什么？
2. 城市轨道交通应急预案的层次是什么？
3. 城市轨道交通应急资源主要都有哪些？
4. 行车事故的处理原则是什么？
5. 行车事故的通报流程是什么，需要通报哪些内容？

11 第11章 城市轨道交通常见事故处理案例

引　言

了解了城市轨道交通安全的基本管理理论和方法之后，我们将带着理论知识了解分析一些城市轨道交通常见事故，这些事故分成三个方面来介绍，分别为：设备事故、消防事故和行车事故。在每一小节不同事故类型的介绍中描述2～4例常见的事故、原因分析及其防范措施。

本章学习重点

了解城市轨道交通各种常见类型事故的分析方法、处理原则、防范措施。

11.1

设备事故

案例 1　违反操作规程，带接地线合闸造成供电事故

事故概况

某日，某接触网工班在车辆段运用库 8、9 道进行接触网检修作业，完成作业时已超过计划时间，作业负责人甲为了快点送电，早点回去吃饭，在没有消除“接触网停电作业命令”、没有得到电力调度许可倒闸命令、没有监护人、没有确认接地线已撤除的情况下，要求作业组成员乙合上 D77 隔离开关，从而造成接触网对地短路事故。事故造成接触网两处轻微烧伤，钢轨与接地线接触处表面烧伤，两根接地线线夹烧伤。

1. 原因分析

(1) 违章指挥。作业负责人甲简化了作业程序，严重违反了《接触网安全工作规程》，在未办理工作结束手续、没有撤除接地线、不具备送电条件且没有电力调度命令的情况下，违章指挥乙合闸送电，造成本事故。

(2) 违章操作。作业组成员乙在没有电力调度命令的情况下，对作业负责人甲的违章指挥没有拒绝执行或提出异议，违章合闸送电，造成本事故，违反了《接触网安全工作规程》。

(3) 作业组成员乙合闸送电时没有严格执行操作隔离开关时“一人操作，一人监护”制度，没有落实“自控、互控和他控”措施。其他作业人员对上述违章行为，未能及时制止。

2. 防范措施

(1) 加强安全和业务学习，提高员工的安全意识和业务技能。

(2) 加强《接触网安全工作规程》的培训，规范作业流程，严禁简化作业流程，拒绝违章指挥和强令冒险作业。

(3) 作业过程中要严格执行“三控”（自控、互控、他控）规定，防止类似事故发生。

案例 2　未做好安全防护，误送电导致设备烧毁

事故概况

某日，区间泵房 1#水泵出现故障报警，当班电工甲分开电源开关，和乙前往检查维修。到了下班时仍没修好，甲和乙没交班便下班了。丙和丁到达车站后，发现区间泵房 1#水泵电源开关在分位，又没有挂“有人工作禁止操作”的标志牌，以为是跳闸，便随手合闸送电，开关立即跳闸，经检查，1#水泵烧毁。

1. 原因分析

（1）甲分开电源开关检修水泵时，没有按规定挂“有人工作禁止操作”的标志牌，在没修好水泵的情况下，没有做好防护，没有将故障检修情况交接报告给下一班，是造成本事故的主要原因。

（2）丙和丁看到电源开关在分位时，没有查清楚是什么原因，就合闸送电，是造成本事故的直接原因。

（3）员工安全意识淡薄，劳动纪律不强，没有执行交接班制度，没有将故障及处理情况记录在本班记录本上，没有将未完成且不具备送电使用的情况说明交给下一班。

2. 防范措施

（1）按“四不放过”原则分析事故原因，吸取教训，举一反三，杜绝违章违纪行为。

（2）加强业务和安全教育，增强员工的安全意识，检修作业时要严格落实技术措施和安全组织措施。停电检修时要挂“有人工作禁止操作”的标志牌并做好安全防护。

（3）强化劳动纪律，按规定做好交接班工作，交接班时要将发现的故障隐患、故障处理情况和未完成的工作交给下一班。

（4）部门、车间要加强作业安全和劳动纪律的检查，防止类似事故发生。

11.2 消防事故

案例 1　忽视动火安全造成火警事故

事故概况

某日，某工程承包单位在 A 站进行组合空调器拆除施工，一组施工人员在拆卸空调器滤网后将滤网堆放在地上，另一组施工人员使用气焊切割组合空调机的出入口钢管，切割时飞溅的钢渣落到堆放在地上的空调器滤网上，造成滤网着火，车站火灾报警系统立即报火警。施工人员发现滤网着火后，立即跑出设备房外拿灭火器来救火，与赶来的车站人员一起及时把火扑灭，未造成事故扩大。事故造成两个控制箱和部分管线被烧坏，5 张空调器滤网被烧毁。

1. 原因分析

忽视动火安全，违章操作。某工程承包单位未严格遵守动火安全规定，未办理动火手续擅自动火，动火时防火措施不落实；现场安全负责人责任不明确，拆下的空调器滤网未及时搬走，堆放在动火区域，也没有采取隔离等措施。

2. 防范措施

（1）加强作业安全培训，提高施工人员的安全意识。

（2）强化主体责任，加强作业安全的监管，认真落实作业安全防护措施，做好“三控”。

（3）需动火作业时必须严格遵守动火安全规定，办理动火手续，认真落实防火措施。

（4）动火区域内不得堆放易燃品，不能搬走的，要采取隔离措施。

案例 2　违禁吸烟，乱丢烟头，引起垃圾桶着火

事故概况

某日，某班组在某地铁站施工，施工结束后将含有油污的棉纱、手套丢弃在垃圾桶里，并就地休息。此时有几个班组成员在垃圾桶边抽烟，随后将未熄灭的烟头随手丢进垃圾桶里。约 10 min 后，车站值班员闻到有物品燃烧的烟味，便查找气味来源。最后在站台设备房的走廊里，发现一个不锈钢垃圾桶里着火并冒了浓烟，迅速使用灭火器将火扑灭。

1. 原因分析

（1）该班组施工结束后，没有将含有油污的棉纱、手套清走，直接丢弃在垃圾桶里。

（2）作业人员违反地铁站内严禁吸烟的规定，在地铁站内吸烟，并将未熄灭的烟头扔进垃圾桶，烟头点燃了桶内棉纱，引起垃圾桶着火。

2. 防范措施

（1）强化安全意识，严查违章违纪。

（2）加强员工教育，禁止在地铁站、隧道等严禁吸烟的场所内吸烟。

（3）加强施工管理，施工后要做到工具清、场地清，用过的材料不得随地乱丢，妥善处理含有油污的棉纱、手套，以防留下火灾隐患。

案例 3　擅自离岗，造成火警事件

事故概况

某日，某地铁站设备区蓄电池室 FAS 系统报火警，车站行车值班员立即通知值班站长前往现场确认。值班站长和一站务人员到达蓄电池室后，闻到一股焦味，开门时发现钥匙不能插入匙孔，无法将门打开，马上返回车控室拿铁锤破门进入查看，发现充电机柜冒烟，立即组织人员将火扑灭。经检查发现充电机的一个滤波电容烧毁。

1. 原因分析

（1）事发时充电机正在对蓄电池进行充电，因充电电流较大，发热严重，加之电容器使用多年，已老化，绝缘下降，承受长时间的大电流和发热，导致起火烧毁。

（2）充电作业时，作业人员将充电机设置到充电状态后，擅自离开，没有监测设备充电情况。

2. 防范措施

（1）加强维护保养，加强充电装置的检查，对存在安全隐患的元器件进行更换。
（2）加强作业安全监管，严禁擅离职守，应严格按规程要求对充放电过程进行监护。
（3）加强钥匙管理和门锁的维护，更换门锁后要及时将钥匙交给车站。

11.3 行车事故

案例1　未确认信号机和道岔造成挤岔

事故概况

某日，一列车在洗车线进行洗车，洗车完毕，司机和副司机未与车厂信号楼值班员联系，未确认进厂信号机，亦未确认道岔，擅自动车（当时速度为15km/h），将车厂4号交分道岔挤坏。信号楼值班员听到挤岔警示后，立即用电台呼叫司机停车，司机紧急停车，列车在超过4号岔尖轨约28～30m时停稳，造成了挤岔。

1. 原因分析

（1）司机、副司机安全意识不强，动车前未确认信号、进路、道岔，又未与车厂信号楼的信号值班员联系，是造成这起事故的主要原因。
（2）当值司机、副司机简化作业程序，未认真执行呼唤应答制度。

2. 防范措施

（1）强调“安全第一”的指导思想，各工种密切配合，加强联系。如列车进、出车厂前，司机须与信号值班员联系，确认信号、进路、道岔后方可动车。
（2）司机驾驶中及动车前的呼唤应答不能流于形式，要落到实处。
（3）各级人员继续认真检查、监督规章制度落实情况，保证规章制度得到不折不扣认真执行。
（4）车厂派班员向司机安排作业计划时，同时布置安全注意事项。

案例2　速度过高导致列车撞击车挡

事故概况

某日，一列车在试车线北端停稳后，报告信号楼要求开始调试作业。信号楼封锁试车线后，回复司机“试车线封锁，司机可以进行调试作业”，列车开始调试作业。

列车从北往南进行第一次调试，在制动工况下车组偶尔出现“空转滑行”现象，其他无异常。到达试车线南端停车换端，司机以人工模式从南往北动车，到试车线北端停车点停车。

司机采用人工模式由北往南驾驶，在制动工况下车组也偶尔出现“空转滑行”现象，其他无异常。列车停稳换端后，司机接到车厂调度的通知如果列车无故障就可以回库。司机按其指示执行，准备驾驶车组到试车线北端后结束调试申请回库（在以上行车中司机均未按要求在“一度停车”标前停车再动车）。

司机以人工模式由南向北动车，没有按要求在“一度停车”标前停车。车辆进入北端最后一个轨道区段时，由于速度过高，虽然采取了紧急制动措施，车辆仍然撞击到北端摩擦式车挡，撞毁尽头的混凝土车挡，司机立即报告车厂调度及信号楼。

1. 原因分析

（1）司机严重违反了调试、试验有关安全规定，是造成本次事故的直接原因。

（2）主办部门没有明确调试的内容和要求，没有安排人员跟车指挥调试，对试车工作预想不足，是造成本次事故的原因之一。

（3）司机在本次调试过程中没有按要求在“一度停车”标前停车，是导致本次事故的原因之一。

（4）列车在试车线运行过程中多次出现“空转滑行”现象，由于司机经验不足，未能给予高度的警觉，并及时采取相应措施，是导致本次事故的原因之一。

2. 防范措施

（1）完善试车线使用人工模式驾驶调试的规章制度，调试时要加派一名监控员进行监控。

（2）列车上试车线，主办部门必须派人跟车。试车线两端停车标前要预留 70 m 的停车距离。

（3）对所有车挡的技术状态进行检查，确保车挡的功能良好。

（4）在雨季和异常气候条件下，加强线路、信号、接触网的巡视，保证设备正常交付使用。

案例 3　线路未出清，工程车压地线

事故概况

某日，一工程车作业结束，返回某车站上行站台。3∶10 时行车调度通过调度电话联系各站，逐站检查上行线路出清情况及防护撤除情况，各站依次回报上行线路已出清、防护已撤除，行车调度随即通知车站排列工程车上行反方向回车厂进路。3∶12 时行车调度通知工程车凭地面信号动车。3∶24 时值班主任从洗手间回到中控室，当时工程车已运行两个区间。值班主任询问行车调度上行线地线是否已经拆除，行车调度意识到地线还没有拆除，立刻使用无线调度电话通知工程车立即停车待令。3∶27 时行车调度询问工程车司机运行线路是否有异常，司机刚使用无线电台答复“线路没有异常”，就发现有两名供电人员从变电房开门出来，对地线进行检查，随后司机打开车门，发现离车站头端墙 20 m 处有一组地线，地线已在机车中部，附近没有红闪灯防护。

1. 原因分析

（1）当班行车调度工作责任心不强，安全意识淡薄，未与电力调度核对并在登记本上标记地线位置，在未拆除地线的情况下，排列了工程车回厂进路，并盲目指挥司机动车，是造成本次事故的主要原因。

（2）当班值班主任工作责任心不强、安全意识淡薄，对当晚施工组织和行车作业安全预想不到位、安全监控不到位，未能发现当晚施工组织和工程车开行存在的安全隐患，是造成本次事故的原因之一。

（3）当班电力调度未掌握当晚现场地线具体位置，也未与行车调度核对地线所挂位置，没有做到“自控、互控、他控”。

2. 防范措施

（1）电力调度在收到工班负责人挂地线作业完成的报告后，须与工班负责人核对地线的数量、位置和挂拆时间，在确认后通知行车调度，行车调度在施工作业登记本中对地线位置进行记录。排列进路时，必须检查确认进路上的地线已拆除。

（2）行车调度与电力调度确认挂地线的位置后，应在相应轨道区段设置“封锁区段/道岔”命令，作为行车调度在准备工程车回厂进路时的防护。建立施工作业流程表，以卡片的形式规范施工作业进程，防止行车调度在施工作业过程中忘记某个步骤。

（3）每个调度班组在上中班时，对第二天夜班的施工计划进行审核，对工程车开行、停电区域、拆挂地线的地点要有一个全盘的了解。夜班交接班会时，值班主任要对重点的施工进行布置，各调度之间要沟通好，做好班前安全预想，保证施工安全顺利地进行。

案例 4　未确认信号机，列车闯红灯

事故概况

某日，一列车于 16∶19 时进站停稳。接车副司机操作站台打开屏蔽门，接车司机则打开司机室侧门进入司机室与到达司机交接。待乘客上下完毕后，副司机关屏蔽门，司机通知交班司机关客室门，副司机关好屏蔽门后进司机室开主控钥匙，此时对讲机传来“交班司机已下车”，司机复诵后，副司机立即坐到主控台的驾驶座位上打开主控钥匙，没有确认前方信号机，就将方向手柄推向前位，接着推牵引手柄动车。动车后发现列车走向不是直向而是侧向，司机和副司机意识到闯了出站信号机显示的红灯，进错了股道，便立即停车。列车在超过前方信号、压道岔约 10 m 后停车。司机没有把情况汇报车站，而将方向手柄打到“后”位，退行超过信号机后进入站内停车。

1. 原因分析

（1）该机车班组责任心不强，动车前精力不集中，没有确认信号就盲目动车。司机、副司机没有严格执行标准化作业程序和呼唤应答制度，司机没有对副司机进行认真监控进而在作业中失控，没有凭进路防护信号机的信号显示行车，导致事故发生。

（2）人员管理问题。当值司机是刚从 1 号线调到 2 号线的第二个班，对 2 号线来说也是新司机，到事发时 9 天时间换了 3 名司机。司机、副司机相互之间了解不够，使两个新司机配班不妥当。

（3）排班上的问题。该机车班组在 17∶55 时至次日 0∶28 时上了一个班；接着在次日 10∶10 时至 18∶05 时上第二个班，在第二个班第五个往返时在车站发生冒进信号事故（当天的交路表是跑 7 个往返共 8.3 h）。司机出勤前的休息不充分。

2. 防范措施

（1）加强对客车司机工作责任心的教育，严格履行岗位职责和执行标准化作业程序，动车前和客车运行中要认真确认道岔、进路和信号，严格按信号显示行车。

（2）司机应认真执行在信号开放后再关闭客室门的作业程序。

（3）在行车工作中，各岗位员工必须严格执行呼唤应答制度和车务安全联控措施，做到信号不清不动车，未经确认不动车。

（4）科学合理地安排作业人员的班次、人员之间的搭配，防止行车作业人员出现过度疲劳现象和人为事故的发生。

本章小结

本章介绍了城市轨道交通常见事故处理案例，从设备事故、消防事故、行车事故这三个方面来分别举例。

在设备事故中，案例 1 的主要内容是“违反操作规程，带接地线合闸造成供电事故”，案例中作业负责人甲简化了作业程序，在未办理工作结束手续、没有撤除接地线、不具备送电条件且没有电调命令的情况下，违章指挥乙合闸送电，而作业组成员乙在没有电力调度命令的情况下，对作业负责人甲的违章指挥没有拒绝执行或提出异议，违章合闸送电，共同造成本事故，严重违反了《接触网安全工作规程》。案例 2“未做好安全防护，误送电导致设备烧毁”。主要内容是：甲分开电源开关检修水泵时，没有按规定挂“有人工作禁止操作”标志牌，在没修好水泵的情况下，没有做好防护，没有将故障检修情况交给下一班，下一班的丙和丁看到电源开关在分位时，没有查清楚是什么原因，就合闸送电，造成 1 号水泵烧毁。这两个案例均是由于员工的安全意识淡薄和业务技能薄弱导致设备毁坏，所以要加强员工安全和业务学习，提高员工的安全意识和业务技能；加强《接触网安全工作规程》的培训，规范作业流程，严禁简化作业流程，拒绝违章指挥和强令冒险作业；作业过程中要严格执行“三控”（自控、互控、他控）规定，防止类似事故发生。

在消防事故中，案例 1“忽视动火安全造成火警事故”；案例 2“违禁吸烟，乱丢烟头，引起垃圾桶着火”和案例 3“擅自离岗，造成火警事件”分别介绍了三个引发火灾的原因。所以要求：加强作业安全培训，提高施工人员的安全意识；强化主体责任，加强作业安全的监管，认真落实作业安全防护措施，做好“三控”；需动火作业时必须严格遵守动火安全规定，办理动火手续，认真落实防火措施；动火区域内不得堆放易燃品，不能搬走的，要采取隔离措施；加强员工教育，禁止在地铁站、隧道等严禁吸烟的场所内吸烟；加强施工管理，施工后要做到工具清、场地清，用过的材料不得随地乱丢，妥善处理含油污的棉纱、手套，以防留下火灾隐患；加强维护保养，加强充电装置的检查，对存在安全隐患的元器件进行更换；加强作业安全监管，严禁擅离职守，应严格按规程要求对充放电过程进行监护。

思考题

1. 从本章列举的案例中，请总结引起常见事故的原因一般有哪些？
2. 从本章列举的案例中，请总结防范常见事故发生的措施有哪些？

附录 A 中华人民共和国安全生产法

中华人民共和国安全生产法

（2002 年 6 月 29 日第九届全国人民代表大会常务委员会第二十八次会议通过）

第一章 总 则

第一条 为了加强安全生产监督管理，防止和减少生产安全事故，保障人民群众生命和财产安全，促进经济发展，制定本法。

第二条 在中华人民共和国领域内从事生产经营活动的单位（以下统称生产经营单位）的安全生产，适用本法；有关法律、行政法规对消防安全和道路交通安全、铁路交通安全、水上交通安全、民用航空安全另有规定的，适用其规定。

第三条 安全生产管理，坚持安全第一、预防为主的方针。

第四条 生产经营单位必须遵守本法和其他有关安全生产的法律、法规，加强安全生产管理，建立、健全安全生产责任制度，完善安全生产条件，确保安全生产。

第五条 生产经营单位的主要负责人对本单位的安全生产工作全面负责。

第六条 生产经营单位的从业人员有依法获得安全生产保障的权利，并应当依法履行安全生产方面的义务。

第七条 工会依法组织职工参加本单位安全生产工作的民主管理和民主监督，维护职工在安全生产方面的合法权益。

第八条 国务院和地方各级人民政府应当加强对安全生产工作的领导，支持、督促各有关部门依法履行安全生产监督管理职责。

县级以上人民政府对安全生产监督管理中存在的重大问题应当及时予以协调、解决。

第九条 国务院负责安全生产监督管理的部门依照本法，对全国安全生产工作实施综合监督管理；县级以上地方各级人民政府负责安全生产监督管理的部门依照本法，对本行政区域内安全生产工作实施综合监督管理。

国务院有关部门依照本法和其他有关法律、行政法规的规定，在各自的职责范围内对有关的安全生产工作实施监督管理；县级以上地方各级人民政府有关部门依照本法和其他有关法律、法规的规定，在各自的职责范围内对有关的安全生产工作实施监督管理。

第十条 国务院有关部门应当按照保障安全生产的要求，依法及时制定有关的国家标准或者行业标准，并根据科技进步和经济发展适时修订。

生产经营单位必须执行依法制定的保障安全生产的国家标准或者行业标准。

第十一条 各级人民政府及其有关部门应当采取多种形式，加强对有关安全生产的法律、法规和安全生产知识的宣传，提高职工的安全生产意识。

第十二条　依法设立的为安全生产提供技术服务的中介机构，依照法律、行政法规和执业准则，接受生产经营单位的委托为其安全生产工作提供技术服务。

第十三条　国家实行生产安全事故责任追究制度，依照本法和有关法律、法规的规定，追究生产安全事故责任人员的法律责任。

第十四条　国家鼓励和支持安全生产科学技术研究和安全生产先进技术的推广应用，提高安全生产水平。

第十五条　国家对在改善安全生产条件、防止生产安全事故、参加抢险救护等方面取得显著成绩的单位和个人，给予奖励。

第二章　生产经营单位的安全生产保障

第十六条　生产经营单位应当具备本法和有关法律、行政法规和国家标准或者行业标准规定的安全生产条件；不具备安全生产条件的，不得从事生产经营活动。

第十七条　生产经营单位的主要负责人对本单位安全生产工作负有下列职责：

（一）建立、健全本单位安全生产责任制；

（二）组织制定本单位安全生产规章制度和操作规程；

（三）保证本单位安全生产投入的有效实施；

（四）督促、检查本单位的安全生产工作，及时消除生产安全事故隐患；

（五）组织制定并实施本单位的生产安全事故应急救援预案；

（六）及时、如实报告生产安全事故。

第十八条　生产经营单位应当具备的安全生产条件所必需的资金投入，由生产经营单位的决策机构、主要负责人或者个人经营的投资人予以保证，并对由于安全生产所必需的资金投入不足导致的后果承担责任。

第十九条　矿山、建筑施工单位和危险物品的生产、经营、储存单位，应当设置安全生产管理机构或者配备专职安全生产管理人员。

前款规定以外的其他生产经营单位，从业人员超过三百人的，应当设置安全生产管理机构或者配备专职安全生产管理人员；从业人员在三百人以下的，应当配备专职或者兼职的安全生产管理人员，或者委托具有国家规定的相关专业技术资格的工程技术人员提供安全生产管理服务。

生产经营单位依照前款规定委托工程技术人员提供安全生产管理服务的，保证安全生产的责任仍由本单位负责。

第二十条　生产经营单位的主要负责人和安全生产管理人员必须具备与本单位所从事的生产经营活动相应的安全生产知识和管理能力。

危险物品的生产、经营、储存单位以及矿山、建筑施工单位的主要负责人和安全生产管理人员，应当由有关主管部门对其安全生产知识和管理能力考核合格后方可任职。考核不得收费。

第二十一条　生产经营单位应当对从业人员进行安全生产教育和培训，保证从业人员具备必要的安全生产知识，熟悉有关的安全生产规章制度和安全操作规程，掌握本岗位的安全操作技能。未经安全生产教育和培训合格的从业人员，不得上岗作业。

第二十二条　生产经营单位采用新工艺、新技术、新材料或者使用新设备，必须了解、掌握其安全技术特性，采取有效的安全防护措施，并对从业人员进行专门的安全生产教育和培训。

第二十三条　生产经营单位的特种作业人员必须按照国家有关规定经专门的安全作业培训，取得特种作业操作资格证书，方可上岗作业。

特种作业人员的范围由国务院负责安全生产监督管理的部门会同国务院有关部门确定。

第二十四条　生产经营单位新建、改建、扩建工程项目（以下统称建设项目）的安全设施，必须与主体工程同时设计、同时施工、同时投入生产和使用。安全设施投资应当纳入建设项目概算。

第二十五条　矿山建设项目和用于生产、储存危险物品的建设项目，应当分别按照国家有关规定进行安全条件论证和安全评价。

第二十六条　建设项目安全设施的设计人、设计单位应当对安全设施设计负责。

矿山建设项目和用于生产、储存危险物品的建设项目的安全设施设计应当按照国家有关规定报经有关部门审查，审查部门及其负责审查的人员对审查结果负责。

第二十七条　矿山建设项目和用于生产、储存危险物品的建设项目的施工单位必须按照批准的安全设施设计施工，并对安全设施的工程质量负责。

矿山建设项目和用于生产、储存危险物品的建设项目竣工投入生产或者使用前，必须依照有关法律、行政法规的规定对安全设施进行验收；验收合格后，方可投入生产和使用。验收部门及其验收人员对验收结果负责。

第二十八条　生产经营单位应当在有较大危险因素的生产经营场所和有关设施、设备上，设置明显的安全警示标志。

第二十九条　安全设备的设计、制造、安装、使用、检测、维修、改造和报废，应当符合国家标准或者行业标准。

生产经营单位必须对安全设备进行经常性维护、保养，并定期检测，保证正常运转。维护、保养、检测应当做好记录，并由有关人员签字。

第三十条　生产经营单位使用的涉及生命安全、危险性较大的特种设备，以及危险物品的容器、运输工具，必须按照国家有关规定，由专业生产单位生产，并经取得专业资质的检测、检验机构检测、检验合格，取得安全使用证或者安全标志，方可投入使用。检测、检验机构对检测、检验结果负责。

涉及生命安全、危险性较大的特种设备的目录由国务院负责特种设备安全监督管理的部门制定，报国务院批准后执行。

第三十一条　国家对严重危及生产安全的工艺、设备实行淘汰制度。

生产经营单位不得使用国家明令淘汰、禁止使用的危及生产安全的工艺、设备。

第三十二条　生产、经营、运输、储存、使用危险物品或者处置废弃危险物品的，由有关主管部门依照有关法律、法规的规定和国家标准或者行业标准审批并实施监督管理。

生产经营单位生产、经营、运输、储存、使用危险物品或者处置废弃危险物品，必须执行有关法律、法规和国家标准或者行业标准，建立专门的安全管理制度，采取可靠的安全措施，接受有关主管部门依法实施的监督管理。

第三十三条　生产经营单位对重大危险源应当登记建档，进行定期检测、评估、监控，并制订应急预案，告知从业人员和相关人员在紧急情况下应当采取的应急措施。

生产经营单位应当按照国家有关规定将本单位重大危险源及有关安全措施、应急措施报有关地方人民政府负责安全生产监督管理的部门和有关部门备案。

第三十四条　生产、经营、储存、使用危险物品的车间、商店、仓库不得与员工宿舍在同一座建筑物内，并应当与员工宿舍保持安全距离。

生产经营场所和员工宿舍应当设有符合紧急疏散要求、标志明显、保持畅通的出口。禁止封闭、堵塞生产经营场所或者员工宿舍的出口。

第三十五条　生产经营单位进行爆破、吊装等危险作业，应当安排专门人员进行现场安全管理，确保操作规程的遵守和安全措施的落实。

第三十六条　生产经营单位应当教育和督促从业人员严格执行本单位的安全生产规章制度和安全操作规程；并向从业人员如实告知作业场所和工作岗位存在的危险因素、防范措施及事故应急措施。

第三十七条　生产经营单位必须为从业人员提供符合国家标准或者行业标准的劳动防护用品，并监督、教育从业人员按照使用规则佩戴、使用。

第三十八条　生产经营单位的安全生产管理人员应当根据本单位的生产经营特点，对安全生产状况进行经常性检查；对检查中发现的安全问题，应当立即处理；不能处理的，应当及时报告本单位有关负责人。检查及处理情况应当记录在案。

第三十九条　生产经营单位应当安排用于配备劳动防护用品、进行安全生产培训的经费。

第四十条　两个以上生产经营单位在同一作业区域内进行生产经营活动，可能危及对方生产安全的，应当签订安全生产管理协议，明确各自的安全生产管理职责和应当采取的安全措施，并指定专职安全生产管理人员进行安全检查与协调。

第四十一条　生产经营单位不得将生产经营项目、场所、设备发包或者出租给不具备安全生产条件或者相应资质的单位或者个人。

生产经营项目、场所有多个承包单位、承租单位的，生产经营单位应当与承包单位、承租单位签订专门的安全生产管理协议，或者在承包合同、租赁合同中约定各自的安全生产管理职责；生产经营单位对承包单位、承租单位的安全生产工作统一协调、管理。

第四十二条　生产经营单位发生重大生产安全事故时，单位的主要负责人应当立即组织抢救，并不得在事故调查处理期间擅离职守。

第四十三条　生产经营单位必须依法参加工伤社会保险，为从业人员缴纳保险费。

第三章　从业人员的权利和义务

第四十四条　生产经营单位与从业人员订立的劳动合同，应当载明有关保障从业人员劳动安全、防止职业危害的事项，以及依法为从业人员办理工伤社会保险的事项。

生产经营单位不得以任何形式与从业人员订立协议，免除或者减轻其对从业人员因生产安全事故伤亡依法应承担的责任。

第四十五条 生产经营单位的从业人员有权了解其作业场所和工作岗位存在的危险因素、防范措施及事故应急措施，有权对本单位的安全生产工作提出建议。

第四十六条 从业人员有权对本单位安全生产工作中存在的问题提出批评、检举、控告；有权拒绝违章指挥和强令冒险作业。

生产经营单位不得因从业人员对本单位安全生产工作提出批评、检举、控告或者拒绝违章指挥、强令冒险作业而降低其工资、福利等待遇或者解除与其订立的劳动合同。

第四十七条 从业人员发现直接危及人身安全的紧急情况时，有权停止作业或者在采取可能的应急措施后撤离作业场所。

生产经营单位不得因从业人员在前款紧急情况下停止作业或者采取紧急撤离措施而降低其工资、福利等待遇或者解除与其订立的劳动合同。

第四十八条 因生产安全事故受到损害的从业人员，除依法享有工伤社会保险外，依照有关民事法律尚有获得赔偿的权利的，有权向本单位提出赔偿要求。

第四十九条 从业人员在作业过程中，应当严格遵守本单位的安全生产规章制度和操作规程，服从管理，正确佩戴和使用劳动防护用品。

第五十条 从业人员应当接受安全生产教育和培训，掌握本职工作所需的安全生产知识，提高安全生产技能，增强事故预防和应急处理能力。

第五十一条 从业人员发现事故隐患或者其他不安全因素，应当立即向现场安全生产管理人员或者本单位负责人报告；接到报告的人员应当及时予以处理。

第五十二条 工会有权对建设项目的安全设施与主体工程同时设计、同时施工、同时投入生产和使用进行监督，提出意见。

工会对生产经营单位违反安全生产法律、法规，侵犯从业人员合法权益的行为，有权要求纠正；发现生产经营单位违章指挥、强令冒险作业或者发现事故隐患时，有权提出解决的建议，生产经营单位应当及时研究答复；发现危及从业人员生命安全的情况时，有权向生产经营单位建议组织从业人员撤离危险场所，生产经营单位必须立即作出处理。

工会有权依法参加事故调查，向有关部门提出处理意见，并要求追究有关人员的责任。

第四章 安全生产的监督管理

第五十三条 县级以上地方各级人民政府应当根据本行政区域内的安全生产状况，组织有关部门按照职责分工，对本行政区域内容易发生重大生产安全事故的生产经营单位进行严格检查；发现事故隐患，应当及时处理。

第五十四条 依照本法第九条规定对安全生产负有监督管理职责的部门（以下统称负有安全生产监督管理职责的部门）依照有关法律、法规的规定，对涉及安全生产的事项需要审查批准（包括批准、核准、许可、注册、认证、颁发证照等，下同）或者验收的，必须严格依照有关法律、法规和国家标准或者行业标准规定的安全生产条件和程序进行审查；不符合有关法律、法规和国家标准或者行业标准规定的安全生产条件的，不得批准或者验收通过。对未依法取得批准或者验收合格的单位擅自从事有关活动的，负责行政审批的部门发现或者接到举报后应当立即予以取缔，并依法予以处理。对已经依法取得批准的单位，负责行政审批的部门发现其不再具备安全生产条件的，应当撤销原批准。

第五十五条　负有安全生产监督管理职责的部门对涉及安全生产的事项进行审查、验收，不得收取费用；不得要求接受审查、验收的单位购买其指定品牌或者指定生产、销售单位的安全设备、器材或者其他产品。

第五十六条　负有安全生产监督管理职责的部门依法对生产经营单位执行有关安全生产的法律、法规和国家标准或者行业标准的情况进行监督检查，行使以下职权：

（一）进入生产经营单位进行检查，调阅有关资料，向有关单位和人员了解情况。

（二）对检查中发现的安全生产违法行为，当场予以纠正或者要求限期改正；对依法应当给予行政处罚的行为，依照本法和其他有关法律、行政法规的规定作出行政处罚决定。

（三）对检查中发现的事故隐患，应当责令立即排除；重大事故隐患排除前或者排除过程中无法保证安全的，应当责令从危险区域内撤出作业人员，责令暂时停产停业或者停止使用；重大事故隐患排除后，经审查同意，方可恢复生产经营和使用。

（四）对有根据认为不符合保障安全生产的国家标准或者行业标准的设施、设备、器材予以查封或者扣押，并应当在十五日内依法作出处理决定。

监督检查不得影响被检查单位的正常生产经营活动。

第五十七条　生产经营单位对负有安全生产监督管理职责的部门的监督检查人员（以下统称安全生产监督检查人员）依法履行监督检查职责，应当予以配合，不得拒绝、阻挠。

第五十八条　安全生产监督检查人员应当忠于职守，坚持原则，秉公执法。

安全生产监督检查人员执行监督检查任务时，必须出示有效的监督执法证件；对涉及被检查单位的技术秘密和业务秘密，应当为其保密。

第五十九条　安全生产监督检查人员应当将检查的时间、地点、内容、发现的问题及其处理情况，作出书面记录，并由检查人员和被检查单位的负责人签字；被检查单位的负责人拒绝签字的，检查人员应当将情况记录在案，并向负有安全生产监督管理职责的部门报告。

第六十条　负有安全生产监督管理职责的部门在监督检查中，应当互相配合，实行联合检查；确需分别进行检查的，应当互通情况，发现存在的安全问题应当由其他有关部门进行处理的，应当及时移送其他有关部门并形成记录备查，接受移送的部门应当及时进行处理。

第六十一条　监察机关依照行政监察法的规定，对负有安全生产监督管理职责的部门及其工作人员履行安全生产监督管理职责实施监察。

第六十二条　承担安全评价、认证、检测、检验的机构应当具备国家规定的资质条件，并对其作出的安全评价、认证、检测、检验的结果负责。

第六十三条　负有安全生产监督管理职责的部门应当建立举报制度，公开举报电话、信箱或者电子邮件地址，受理有关安全生产的举报；受理的举报事项经调查核实后，应当形成书面材料；需要落实整改措施的，报经有关负责人签字并督促落实。

第六十四条　任何单位或者个人对事故隐患或者安全生产违法行为，均有权向负有安全生产监督管理职责的部门报告或者举报。

第六十五条　居民委员会、村民委员会发现其所在区域内的生产经营单位存在事故隐患或者安全生产违法行为时，应当向当地人民政府或者有关部门报告。

第六十六条　县级以上各级人民政府及其有关部门对报告重大事故隐患或者举报安全生产违法行为的有功人员，给予奖励。具体奖励办法由国务院负责安全生产监督管理的部门会同国务院财政部门制定。

第六十七条　新闻、出版、广播、电影、电视等单位有进行安全生产宣传教育的义务，有对违反安全生产法律、法规的行为进行舆论监督的权利。

第五章　生产安全事故的应急救援与调查处理

第六十八条　县级以上地方各级人民政府应当组织有关部门制定本行政区域内特大生产安全事故应急救援预案，建立应急救援体系。

第六十九条　危险物品的生产、经营、储存单位以及矿山、建筑施工单位应当建立应急救援组织；生产经营规模较小，可以不建立应急救援组织的，应当指定兼职的应急救援人员。危险物品的生产、经营、储存单位以及矿山、建筑施工单位应当配备必要的应急救援器材、设备，并进行经常性维护、保养，保证正常运转。

第七十条　生产经营单位发生生产安全事故后，事故现场有关人员应当立即报告本单位负责人。

单位负责人接到事故报告后，应当迅速采取有效措施，组织抢救，防止事故扩大，减少人员伤亡和财产损失，并按照国家有关规定立即如实报告当地负有安全生产监督管理职责的部门，不得隐瞒不报、谎报或者拖延不报，不得故意破坏事故现场、毁灭有关证据。

第七十一条　负有安全生产监督管理职责的部门接到事故报告后，应当立即按照国家有关规定上报事故情况。负有安全生产监督管理职责的部门和有关地方人民政府对事故情况不得隐瞒不报、谎报或者拖延不报。

第七十二条　有关地方人民政府和负有安全生产监督管理职责的部门的负责人接到重大生产安全事故报告后，应当立即赶到事故现场，组织事故抢救。

任何单位和个人都应当支持、配合事故抢救，并提供一切便利条件。

第七十三条　事故调查处理应当按照实事求是、尊重科学的原则，及时、准确地查清事故原因，查明事故性质和责任，总结事故教训，提出整改措施，并对事故责任者提出处理意见。事故调查和处理的具体办法由国务院制定。

第七十四条　生产经营单位发生生产安全事故，经调查确定为责任事故的，除了应当查明事故单位的责任并依法予以追究外，还应当查明对安全生产的有关事项负有审查批准和监督职责的行政部门的责任，对有失职、渎职行为的，依照本法第七十七条的规定追究法律责任。

第七十五条　任何单位和个人不得阻挠和干涉对事故的依法调查处理。

第七十六条　县级以上地方各级人民政府负责安全生产监督管理的部门应当定期统计分析本行政区域内发生生产安全事故的情况，并定期向社会公布。

第六章 法律责任

第七十七条 负有安全生产监督管理职责的部门的工作人员，有下列行为之一的，给予降级或者撤职的行政处分；构成犯罪的，依照刑法有关规定追究刑事责任：

（一）对不符合法定安全生产条件的涉及安全生产的事项予以批准或者验收通过的；

（二）发现未依法取得批准、验收的单位擅自从事有关活动或者接到举报后不予取缔或者不依法予以处理的；

（三）对已经依法取得批准的单位不履行监督管理职责，发现其不再具备安全生产条件而不撤销原批准或者发现安全生产违法行为不予查处的。

第七十八条 负有安全生产监督管理职责的部门，要求被审查、验收的单位购买其指定的安全设备、器材或者其他产品的，在对安全生产事项的审查、验收中收取费用的，由其上级机关或者监察机关责令改正，责令退还收取的费用；情节严重的，对直接负责的主管人员和其他直接责任人员依法给予行政处分。

第七十九条 承担安全评价、认证、检测、检验工作的机构，出具虚假证明，构成犯罪的，依照刑法有关规定追究刑事责任；尚不够刑事处罚的，没收违法所得，违法所得在五千元以上的，并处违法所得二倍以上五倍以下的罚款，没有违法所得或者违法所得不足五千元的，单处或者并处五千元以上二万元以下的罚款，对其直接负责的主管人员和其他直接责任人员处五千元以上五万元以下的罚款；给他人造成损害的，与生产经营单位承担连带赔偿责任。

对有前款违法行为的机构，撤销其相应资格。

第八十条 生产经营单位的决策机构、主要负责人、个人经营的投资人不依照本法规定保证安全生产所必需的资金投入，致使生产经营单位不具备安全生产条件的，责令限期改正，提供必需的资金；逾期未改正的，责令生产经营单位停产停业整顿。

有前款违法行为，导致发生生产安全事故，构成犯罪的，依照刑法有关规定追究刑事责任；尚不够刑事处罚的，对生产经营单位的主要负责人给予撤职处分，对个人经营的投资人处二万元以上二十万元以下的罚款。

第八十一条 生产经营单位的主要负责人未履行本法规定的安全生产管理职责的，责令限期改正；逾期未改正的，责令生产经营单位停产停业整顿。

生产经营单位的主要负责人有前款违法行为，导致发生生产安全事故，构成犯罪的，依照刑法有关规定追究刑事责任；尚不够刑事处罚的，给予撤职处分或者处二万元以上二十万元以下的罚款。

生产经营单位的主要负责人依照前款规定受刑事处罚或者撤职处分的，自刑罚执行完毕或者受处分之日起，五年内不得担任任何生产经营单位的主要负责人。

第八十二条 生产经营单位有下列行为之一的，责令限期改正；逾期未改正的，责令停产停业整顿，可以并处二万元以下的罚款：

（一）未按照规定设立安全生产管理机构或者配备安全生产管理人员的；

（二）危险物品的生产、经营、储存单位以及矿山、建筑施工单位的主要负责人和安全生产管理人员未按照规定经考核合格的；

（三）未按照本法第二十一条、第二十二条的规定对从业人员进行安全生产教育和培训，或者未按照本法第三十六条的规定如实告知从业人员有关的安全生产事项的；

（四）特种作业人员未按照规定经专门的安全作业培训并取得特种作业操作资格证书，上岗作业的。

第八十三条　生产经营单位有下列行为之一的，责令限期改正；逾期未改正的，责令停止建设或者停产停业整顿，可以并处五万元以下的罚款；造成严重后果，构成犯罪的，依照刑法有关规定追究刑事责任：

（一）矿山建设项目或者用于生产、储存危险物品的建设项目没有安全设施设计或者安全设施设计未按照规定报经有关部门审查同意的；

（二）矿山建设项目或者用于生产、储存危险物品的建设项目的施工单位未按照批准的安全设施设计施工的；

（三）矿山建设项目或者用于生产、储存危险物品的建设项目竣工投入生产或者使用前，安全设施未经验收合格的；

（四）未在有较大危险因素的生产经营场所和有关设施、设备上设置明显的安全警示标志的；

（五）安全设备的安装、使用、检测、改造和报废不符合国家标准或者行业标准的；

（六）未对安全设备进行经常性维护、保养和定期检测的；

（七）未为从业人员提供符合国家标准或者行业标准的劳动防护用品的；

（八）特种设备以及危险物品的容器、运输工具未经取得专业资质的机构检测、检验合格，取得安全使用证或者安全标志，投入使用的；

（九）使用国家明令淘汰、禁止使用的危及生产安全的工艺、设备的。

第八十四条　未经依法批准，擅自生产、经营、储存危险物品的，责令停止违法行为或者予以关闭，没收违法所得，违法所得十万元以上的，并处违法所得一倍以上五倍以下的罚款，没有违法所得或者违法所得不足十万元的，单处或者并处二万元以上十万元以下的罚款；造成严重后果，构成犯罪的，依照刑法有关规定追究刑事责任。

第八十五条　生产经营单位有下列行为之一的，责令限期改正；逾期未改正的，责令停产停业整顿，可以并处二万元以上十万元以下的罚款；造成严重后果，构成犯罪的，依照刑法有关规定追究刑事责任：

（一）生产、经营、储存、使用危险物品，未建立专门安全管理制度、未采取可靠的安全措施或者不接受有关主管部门依法实施的监督管理的；

（二）对重大危险源未登记建档，或者未进行评估、监控，或者未制订应急预案的；

（三）进行爆破、吊装等危险作业，未安排专门管理人员进行现场安全管理的。

第八十六条　生产经营单位将生产经营项目、场所、设备发包或者出租给不具备安全生产条件或者相应资质的单位或者个人的，责令限期改正，没收违法所得；违法所得五万元以上的，并处违法所得一倍以上五倍以下的罚款；没有违法所得或者违法所得不足五万元的，单处或者并处一万元以上五万元以下的罚款；导致发生生产安全事故给他人造成损害的，与承包方、承租方承担连带赔偿责任。

生产经营单位未与承包单位、承租单位签订专门的安全生产管理协议或者未在承包合同、租赁合同中明确各自的安全生产管理职责，或者未对承包单位、承租单位的安全生产统一协调、管理的，责令限期改正；逾期未改正的，责令停产停业整顿。

第八十七条　两个以上生产经营单位在同一作业区域内进行可能危及对方安全生产的生产经营活动，未签订安全生产管理协议或者未指定专职安全生产管理人员进行安全检查与协调的，责令限期改正；逾期未改正的，责令停产停业。

第八十八条　生产经营单位有下列行为之一的，责令限期改正；逾期未改正的，责令停产停业整顿；造成严重后果，构成犯罪的，依照刑法有关规定追究刑事责任：

（一）生产、经营、储存、使用危险物品的车间、商店、仓库与员工宿舍在同一座建筑内，或者与员工宿舍的距离不符合安全要求的；

（二）生产经营场所和员工宿舍未设有符合紧急疏散需要、标志明显、保持畅通的出口，或者封闭、堵塞生产经营场所或者员工宿舍出口的。

第八十九条　生产经营单位与从业人员订立协议，免除或者减轻其对从业人员因生产安全事故伤亡依法应承担的责任的，该协议无效；对生产经营单位的主要负责人、个人经营的投资人处二万元以上十万元以下的罚款。

第九十条　生产经营单位的从业人员不服从管理，违反安全生产规章制度或者操作规程的，由生产经营单位给予批评教育，依照有关规章制度给予处分；造成重大事故，构成犯罪的，依照刑法有关规定追究刑事责任。

第九十一条　生产经营单位主要负责人在本单位发生重大生产安全事故时，不立即组织抢救或者在事故调查处理期间擅离职守或者逃匿的，给予降职、撤职的处分，对逃匿的处十五日以下拘留；构成犯罪的，依照刑法有关规定追究刑事责任。

生产经营单位主要负责人对生产安全事故隐瞒不报、谎报或者拖延不报的，依照前款规定处罚。

第九十二条　有关地方人民政府、负有安全生产监督管理职责的部门，对生产安全事故隐瞒不报、谎报或者拖延不报的，对直接负责的主管人员和其他直接责任人员依法给予行政处分；构成犯罪的，依照刑法有关规定追究刑事责任。

第九十三条　生产经营单位不具备本法和其他有关法律、行政法规和国家标准或者行业标准规定的安全生产条件，经停产停业整顿仍不具备安全生产条件的，予以关闭；有关部门应当依法吊销其有关证照。

第九十四条　本法规定的行政处罚，由负责安全生产监督管理的部门决定；予以关闭的行政处罚由负责安全生产监督管理的部门报请县级以上人民政府按照国务院规定的权限决定；给予拘留的行政处罚由公安机关依照治安管理处罚条例的规定决定。有关法律、行政法规对行政处罚的决定机关另有规定的，依照其规定。

第九十五条　生产经营单位发生生产安全事故造成人员伤亡、他人财产损失的，应当依法承担赔偿责任；拒不承担或者其负责人逃匿的，由人民法院依法强制执行。

生产安全事故的责任人未依法承担赔偿责任，经人民法院依法采取执行措施后，仍不能对受害人给予足额赔偿的，应当继续履行赔偿义务；受害人发现责任人有其他财产的，可以随时请求人民法院执行。

第七章　附　　则

第九十六条　本法下列用语的含义：

危险物品，是指易燃易爆物品、危险化学品、放射性物品等能够危及人身安全和财产安全的物品。

重大危险源，是指长期地或者临时地生产、搬运、使用或者储存危险物品，且危险物品的数量等于或者超过临界量的单元（包括场所和设施）。

第九十七条　本法自2002年11月1日起施行。

附录B　中华人民共和国消防法

中华人民共和国消防法

（1998年4月29日第九届全国人民代表大会常务委员会第二次会议通过
2008年10月28日第十一届全国人民代表大会常务委员会第五次会议修订）

第一章　总　　则

第一条　为了预防火灾和减少火灾危害，加强应急救援工作，保护人身、财产安全，维护公共安全，制定本法。

第二条　消防工作贯彻预防为主、防消结合的方针，按照政府统一领导、部门依法监管、单位全面负责、公民积极参与的原则，实行消防安全责任制，建立健全社会化的消防工作网络。

第三条　国务院领导全国的消防工作。地方各级人民政府负责本行政区域内的消防工作。

各级人民政府应当将消防工作纳入国民经济和社会发展计划，保障消防工作与经济社会发展相适应。

第四条　国务院公安部门对全国的消防工作实施监督管理。县级以上地方人民政府公安机关对本行政区域内的消防工作实施监督管理，并由本级人民政府公安机关消防机构负责实施。军事设施的消防工作，由其主管单位监督管理，公安机关消防机构协助；矿井地下部分、核电厂、海上石油天然气设施的消防工作，由其主管单位监督管理。

县级以上人民政府其他有关部门在各自的职责范围内，依照本法和其他相关法律、法规的规定做好消防工作。

法律、行政法规对森林、草原的消防工作另有规定的，从其规定。

第五条　任何单位和个人都有维护消防安全、保护消防设施、预防火灾、报告火警的义务。任何单位和成年人都有参加有组织的灭火工作的义务。

第六条　各级人民政府应当组织开展经常性的消防宣传教育，提高公民的消防安全意识。

机关、团体、企业、事业等单位，应当加强对本单位人员的消防宣传教育。

公安机关及其消防机构应当加强消防法律、法规的宣传，并督促、指导、协助有关单位做好消防宣传教育工作。

教育、人力资源行政主管部门和学校、有关职业培训机构应当将消防知识纳入教育、教学、培训的内容。

新闻、广播、电视等有关单位，应当有针对性地面向社会进行消防宣传教育。

工会、共产主义青年团、妇女联合会等团体应当结合各自工作对象的特点，组织开展消防宣传教育。

村民委员会、居民委员会应当协助人民政府以及公安机关等部门，加强消防宣传教育。

第七条 国家鼓励、支持消防科学研究和技术创新，推广使用先进的消防和应急救援技术、设备；鼓励、支持社会力量开展消防公益活动。

对在消防工作中有突出贡献的单位和个人，应当按照国家有关规定给予表彰和奖励。

第二章 火灾预防

第八条 地方各级人民政府应当将包括消防安全布局、消防站、消防供水、消防通信、消防车通道、消防装备等内容的消防规划纳入城乡规划，并负责组织实施。

城乡消防安全布局不符合消防安全要求的，应当调整、完善；公共消防设施、消防装备不足或者不适应实际需要的，应当增建、改建、配置或者进行技术改造。

第九条 建设工程的消防设计、施工必须符合国家工程建设消防技术标准。建设、设计、施工、工程监理等单位依法对建设工程的消防设计、施工质量负责。

第十条 按照国家工程建设消防技术标准需要进行消防设计的建设工程，除本法第十一条另有规定的外，建设单位应当自依法取得施工许可之日起七个工作日内，将消防设计文件报公安机关消防机构备案，公安机关消防机构应当进行抽查。

第十一条 国务院公安部门规定的大型的人员密集场所和其他特殊建设工程，建设单位应当将消防设计文件报送公安机关消防机构审核。公安机关消防机构依法对审核的结果负责。

第十二条 依法应当经公安机关消防机构进行消防设计审核的建设工程，未经依法审核或者审核不合格的，负责审批该工程施工许可的部门不得给予施工许可，建设单位、施工单位不得施工；其他建设工程取得施工许可后经依法抽查不合格的，应当停止施工。

第十三条 按照国家工程建设消防技术标准需要进行消防设计的建设工程竣工，依照下列规定进行消防验收、备案：

（一）本法第十一条规定的建设工程，建设单位应当向公安机关消防机构申请消防验收；

（二）其他建设工程，建设单位在验收后应当报公安机关消防机构备案，公安机关消防机构应当进行抽查。

依法应当进行消防验收的建设工程，未经消防验收或者消防验收不合格的，禁止投入使用；其他建设工程经依法抽查不合格的，应当停止使用。

第十四条 建设工程消防设计审核、消防验收、备案和抽查的具体办法，由国务院公安部门规定。

第十五条 公众聚集场所在投入使用、营业前，建设单位或者使用单位应当向场所所在地的县级以上地方人民政府公安机关消防机构申请消防安全检查。

公安机关消防机构应当自受理申请之日起十个工作日内，根据消防技术标准和管理规定，对该场所进行消防安全检查。未经消防安全检查或者经检查不符合消防安全要求的，不得投入使用、营业。

第十六条 机关、团体、企业、事业等单位应当履行下列消防安全职责：

（一）落实消防安全责任制，制定本单位的消防安全制度、消防安全操作规程，制定灭火和应急疏散预案；

（二）按照国家标准、行业标准配置消防设施、器材，设置消防安全标志，并定期组织检验、维修，确保完好有效；

（三）对建筑消防设施每年至少进行一次全面检测，确保完好有效，检测记录应当完整准确，存档备查；

（四）保障疏散通道、安全出口、消防车通道畅通，保证防火防烟分区、防火间距符合消防技术标准；

（五）组织防火检查，及时消除火灾隐患；

（六）组织进行有针对性的消防演练；

（七）法律、法规规定的其他消防安全职责。

单位的主要负责人是本单位的消防安全责任人。

第十七条　县级以上地方人民政府公安机关消防机构应当将发生火灾可能性较大以及发生火灾可能造成重大的人身伤亡或者财产损失的单位，确定为本行政区域内的消防安全重点单位，并由公安机关报本级人民政府备案。

消防安全重点单位除应当履行本法第十六条规定的职责外，还应当履行下列消防安全职责：

（一）确定消防安全管理人，组织实施本单位的消防安全管理工作；

（二）建立消防档案，确定消防安全重点部位，设置防火标志，实行严格管理；

（三）实行每日防火巡查，并建立巡查记录；

（四）对职工进行岗前消防安全培训，定期组织消防安全培训和消防演练。

第十八条　同一建筑物由两个以上单位管理或者使用的，应当明确各方的消防安全责任，并确定责任人对共用的疏散通道、安全出口、建筑消防设施和消防车通道进行统一管理。

住宅区的物业服务企业应当对管理区域内的共用消防设施进行维护管理，提供消防安全防范服务。

第十九条　生产、储存、经营易燃易爆危险品的场所不得与居住场所设置在同一建筑物内，并应当与居住场所保持安全距离。

生产、储存、经营其他物品的场所与居住场所设置在同一建筑物内的，应当符合国家工程建设消防技术标准。

第二十条　举办大型群众性活动，承办人应当依法向公安机关申请安全许可，制定灭火和应急疏散预案并组织演练，明确消防安全责任分工，确定消防安全管理人员，保持消防设施和消防器材配置齐全、完好有效，保证疏散通道、安全出口、疏散指示标志、应急照明和消防车通道符合消防技术标准和管理规定。

第二十一条　禁止在具有火灾、爆炸危险的场所吸烟、使用明火。因施工等特殊情况需要使用明火作业的，应当按照规定事先办理审批手续，采取相应的消防安全措施；作业人员应当遵守消防安全规定。

进行电焊、气焊等具有火灾危险作业的人员和自动消防系统的操作人员，必须持证上岗，并遵守消防安全操作规程。

第二十二条　生产、储存、装卸易燃易爆危险品的工厂、仓库和专用车站、码头的设置，应当符合消防技术标准。易燃易爆气体和液体的充装站、供应站、调压站，应当设置在符合消防安全要求的位置，并符合防火防爆要求。

已经设置的生产、储存、装卸易燃易爆危险品的工厂、仓库和专用车站、码头，易燃易爆气体和液体的充装站、供应站、调压站，不再符合前款规定的，地方人民政府应当组织、协调有关部门、单位限期解决，消除安全隐患。

第二十三条　生产、储存、运输、销售、使用、销毁易燃易爆危险品，必须执行消防技术标准和管理规定。

进入生产、储存易燃易爆危险品的场所，必须执行消防安全规定。禁止非法携带易燃易爆危险品进入公共场所或者乘坐公共交通工具。

储存可燃物资仓库的管理，必须执行消防技术标准和管理规定。

第二十四条　消防产品必须符合国家标准；没有国家标准的，必须符合行业标准。禁止生产、销售或者使用不合格的消防产品以及国家明令淘汰的消防产品。

依法实行强制性产品认证的消防产品，由具有法定资质的认证机构按照国家标准、行业标准的强制性要求认证合格后，方可生产、销售、使用。实行强制性产品认证的消防产品目录，由国务院产品质量监督部门会同国务院公安部门制定并公布。

新研制的尚未制定国家标准、行业标准的消防产品，应当按照国务院产品质量监督部门会同国务院公安部门规定的办法，经技术鉴定符合消防安全要求的，方可生产、销售、使用。

依照本条规定经强制性产品认证合格或者技术鉴定合格的消防产品，国务院公安部门消防机构应当予以公布。

第二十五条　产品质量监督部门、工商行政管理部门、公安机关消防机构应当按照各自职责加强对消防产品质量的监督检查。

第二十六条　建筑构件、建筑材料和室内装修、装饰材料的防火性能必须符合国家标准；没有国家标准的，必须符合行业标准。

人员密集场所室内装修、装饰，应当按照消防技术标准的要求，使用不燃、难燃材料。

第二十七条　电器产品、燃气用具的产品标准，应当符合消防安全的要求。

电器产品、燃气用具的安装、使用及其线路、管路的设计、敷设、维护保养、检测，必须符合消防技术标准和管理规定。

第二十八条　任何单位、个人不得损坏、挪用或者擅自拆除、停用消防设施、器材，不得埋压、圈占、遮挡消火栓或者占用防火间距，不得占用、堵塞、封闭疏散通道、安全出口、消防车通道。人员密集场所的门窗不得设置影响逃生和灭火救援的障碍物。

第二十九条　负责公共消防设施维护管理的单位，应当保持消防供水、消防通信、消防车通道等公共消防设施的完好有效。在修建道路以及停电、停水、截断通信线路时有可能影响消防队灭火救援的，有关单位必须事先通知当地公安机关消防机构。

第三十条　地方各级人民政府应当加强对农村消防工作的领导，采取措施加强公共消防设施建设，组织建立和督促落实消防安全责任制。

第三十一条　在农业收获季节、森林和草原防火期间、重大节假日期间以及火灾多发季节，地方各级人民政府应当组织开展有针对性的消防宣传教育，采取防火措施，进行消防安全检查。

第三十二条　乡镇人民政府、城市街道办事处应当指导、支持和帮助村民委员会、居民委员会开展群众性的消防工作。村民委员会、居民委员会应当确定消防安全管理人，组织制定防火安全公约，进行防火安全检查。

第三十三条　国家鼓励、引导公众聚集场所和生产、储存、运输、销售易燃易爆危险品的企业投保火灾公众责任保险；鼓励保险公司承保火灾公众责任保险。

第三十四条　消防产品质量认证、消防设施检测、消防安全监测等消防技术服务机构和执业人员，应当依法获得相应的资质、资格；依照法律、行政法规、国家标准、行业标准和执业准则，接受委托提供消防技术服务，并对服务质量负责。

第三章　消防组织

第三十五条　各级人民政府应当加强消防组织建设，根据经济社会发展的需要，建立多种形式的消防组织，加强消防技术人才培养，增强火灾预防、扑救和应急救援的能力。

第三十六条　县级以上地方人民政府应当按照国家规定建立公安消防队、专职消防队，并按照国家标准配备消防装备，承担火灾扑救工作。

乡镇人民政府应当根据当地经济发展和消防工作的需要，建立专职消防队、志愿消防队，承担火灾扑救工作。

第三十七条　公安消防队、专职消防队按照国家规定承担重大灾害事故和其他以抢救人员生命为主的应急救援工作。

第三十八条　公安消防队、专职消防队应当充分发挥火灾扑救和应急救援专业力量的骨干作用；按照国家规定，组织实施专业技能训练，配备并维护保养装备器材，提高火灾扑救和应急救援的能力。

第三十九条　下列单位应当建立单位专职消防队，承担本单位的火灾扑救工作：

（一）大型核设施单位、大型发电厂、民用机场、主要港口；

（二）生产、储存易燃易爆危险品的大型企业；

（三）储备可燃的重要物资的大型仓库、基地；

（四）第一项、第二项、第三项规定以外的火灾危险性较大、距离公安消防队较远的其他大型企业；

（五）距离公安消防队较远、被列为全国重点文物保护单位的古建筑群的管理单位。

第四十条　专职消防队的建立，应当符合国家有关规定，并报当地公安机关消防机构验收。

专职消防队的队员依法享受社会保险和福利待遇。

第四十一条　机关、团体、企业、事业等单位以及村民委员会、居民委员会根据需要，建立志愿消防队等多种形式的消防组织，开展群众性自防自救工作。

第四十二条　公安机关消防机构应当对专职消防队、志愿消防队等消防组织进行业务指导；根据扑救火灾的需要，可以调动指挥专职消防队参加火灾扑救工作。

第四章　灭火救援

第四十三条　县级以上地方人民政府应当组织有关部门针对本行政区域内的火灾特点制订应急预案，建立应急反应和处置机制，为火灾扑救和应急救援工作提供人员、装备等保障。

第四十四条　任何人发现火灾都应当立即报警。任何单位、个人都应当无偿为报警提供便利，不得阻拦报警。严禁谎报火警。

人员密集场所发生火灾，该场所的现场工作人员应当立即组织、引导在场人员疏散。

任何单位发生火灾，必须立即组织力量扑救。邻近单位应当给予支援。

消防队接到火警，必须立即赶赴火灾现场，救助遇险人员，排除险情，扑灭火灾。

第四十五条　公安机关消防机构统一组织和指挥火灾现场扑救，应当优先保障遇险人员的生命安全。

火灾现场总指挥根据扑救火灾的需要，有权决定下列事项：

（一）使用各种水源；

（二）截断电力、可燃气体和可燃液体的输送，限制用火用电；

（三）划定警戒区，实行局部交通管制；

（四）利用临近建筑物和有关设施；

（五）为了抢救人员和重要物资，防止火势蔓延，拆除或者破损毗邻火灾现场的建筑物、构筑物或者设施等；

（六）调动供水、供电、供气、通信、医疗救护、交通运输、环境保护等有关单位协助灭火救援。

根据扑救火灾的紧急需要，有关地方人民政府应当组织人员、调集所需物资支援灭火。

第四十六条　公安消防队、专职消防队参加火灾以外的其他重大灾害事故的应急救援工作，由县级以上人民政府统一领导。

第四十七条　消防车、消防艇前往执行火灾扑救或者应急救援任务，在确保安全的前提下，不受行驶速度、行驶路线、行驶方向和指挥信号的限制，其他车辆、船舶以及行人应当让行，不得穿插超越；收费公路、桥梁免收车辆通行费。交通管理指挥人员应当保证消防车、消防艇迅速通行。

赶赴火灾现场或者应急救援现场的消防人员和调集的消防装备、物资，需要铁路、水路或者航空运输的，有关单位应当优先运输。

第四十八条　消防车、消防艇以及消防器材、装备和设施，不得用于与消防和应急救援工作无关的事项。

第四十九条　公安消防队、专职消防队扑救火灾、应急救援，不得收取任何费用。

单位专职消防队、志愿消防队参加扑救外单位火灾所损耗的燃料、灭火剂和器材、装备等，由火灾发生地的人民政府给予补偿。

第五十条　对因参加扑救火灾或者应急救援受伤、致残或者死亡的人员，按照国家有关规定给予医疗、抚恤。

第五十一条　公安机关消防机构有权根据需要封闭火灾现场，负责调查火灾原因，统计火灾损失。

火灾扑灭后，发生火灾的单位和相关人员应当按照公安机关消防机构的要求保护现场，接受事故调查，如实提供与火灾有关的情况。

公安机关消防机构根据火灾现场勘验、调查情况和有关的检验、鉴定意见，及时制作火灾事故认定书，作为处理火灾事故的证据。

第五章　监督检查

第五十二条　地方各级人民政府应当落实消防工作责任制，对本级人民政府有关部门履行消防安全职责的情况进行监督检查。

县级以上地方人民政府有关部门应当根据本系统的特点，有针对性地开展消防安全检查，及时督促整改火灾隐患。

第五十三条　公安机关消防机构应当对机关、团体、企业、事业等单位遵守消防法律、法规的情况依法进行监督检查。公安派出所可以负责日常消防监督检查、开展消防宣传教育，具体办法由国务院公安部门规定。

公安机关消防机构、公安派出所的工作人员进行消防监督检查，应当出示证件。

第五十四条　公安机关消防机构在消防监督检查中发现火灾隐患的，应当通知有关单位或者个人立即采取措施消除隐患；不及时消除隐患可能严重威胁公共安全的，公安机关消防机构应当依照规定对危险部位或者场所采取临时查封措施。

第五十五条　公安机关消防机构在消防监督检查中发现城乡消防安全布局、公共消防设施不符合消防安全要求，或者发现本地区存在影响公共安全的重大火灾隐患的，应当由公安机关书面报告本级人民政府。

接到报告的人民政府应当及时核实情况，组织或者责成有关部门、单位采取措施，予以整改。

第五十六条　公安机关消防机构及其工作人员应当按照法定的职权和程序进行消防设计审核、消防验收和消防安全检查，做到公正、严格、文明、高效。

公安机关消防机构及其工作人员进行消防设计审核、消防验收和消防安全检查等，不得收取费用，不得利用消防设计审核、消防验收和消防安全检查谋取利益。公安机关消防机构及其工作人员不得利用职务为用户、建设单位指定或者变相指定消防产品的品牌、销售单位或者消防技术服务机构、消防设施施工单位。

第五十七条　公安机关消防机构及其工作人员执行职务，应当自觉接受社会和公民的监督。

任何单位和个人都有权对公安机关消防机构及其工作人员在执法中的违法行为进行检举、控告。收到检举、控告的机关，应当按照职责及时查处。

第六章　法律责任

第五十八条　违反本法规定，有下列行为之一的，责令停止施工、停止使用或者停产停业，并处三万元以上三十万元以下罚款：

（一）依法应当经公安机关消防机构进行消防设计审核的建设工程，未经依法审核或者审核不合格，擅自施工的；

（二）消防设计经公安机关消防机构依法抽查不合格，不停止施工的；

（三）依法应当进行消防验收的建设工程，未经消防验收或者消防验收不合格，擅自投入使用的；

（四）建设工程投入使用后经公安机关消防机构依法抽查不合格，不停止使用的；

（五）公众聚集场所未经消防安全检查或者经检查不符合消防安全要求，擅自投入使用、营业的。

建设单位未依照本法规定将消防设计文件报公安机关消防机构备案，或者在竣工后未依照本法规定报公安机关消防机构备案的，责令限期改正，处五千元以下罚款。

第五十九条　违反本法规定，有下列行为之一的，责令改正或者停止施工，并处一万元以上十万元以下罚款：

（一）建设单位要求建筑设计单位或者建筑施工企业降低消防技术标准设计、施工的；

（二）建筑设计单位不按照消防技术标准强制性要求进行消防设计的；

（三）建筑施工企业不按照消防设计文件和消防技术标准施工，降低消防施工质量的；

（四）工程监理单位与建设单位或者建筑施工企业串通，弄虚作假，降低消防施工质量的。

第六十条　单位违反本法规定，有下列行为之一的，责令改正，处五千元以上五万元以下罚款：

（一）消防设施、器材或者消防安全标志的配置、设置不符合国家标准、行业标准，或者未保持完好有效的；

（二）损坏、挪用或者擅自拆除、停用消防设施、器材的；

（三）占用、堵塞、封闭疏散通道、安全出口或者有其他妨碍安全疏散行为的；

（四）埋压、圈占、遮挡消火栓或者占用防火间距的；

（五）占用、堵塞、封闭消防车通道，妨碍消防车通行的；

（六）人员密集场所在门窗上设置影响逃生和灭火救援的障碍物的；

（七）对火灾隐患经公安机关消防机构通知后不及时采取措施消除的。

个人有前款第二项、第三项、第四项、第五项行为之一的，处警告或者五百元以下罚款。

有本条第一款第三项、第四项、第五项、第六项行为，经责令改正拒不改正的，强制执行，所需费用由违法行为人承担。

第六十一条　生产、储存、经营易燃易爆危险品的场所与居住场所设置在同一建筑物内，或者未与居住场所保持安全距离的，责令停产停业，并处五千元以上五万元以下罚款。

生产、储存、经营其他物品的场所与居住场所设置在同一建筑物内，不符合消防技术标准的，依照前款规定处罚。

第六十二条　有下列行为之一的，依照《中华人民共和国治安管理处罚法》的规定处罚：

（一）违反有关消防技术标准和管理规定生产、储存、运输、销售、使用、销毁易燃易爆危险品的；

（二）非法携带易燃易爆危险品进入公共场所或者乘坐公共交通工具的；

（三）谎报火警的；

（四）阻碍消防车、消防艇执行任务的；

（五）阻碍公安机关消防机构的工作人员依法执行职务的。

第六十三条　违反本法规定，有下列行为之一的，处警告或者五百元以下罚款；情节严重的，处五日以下拘留：

（一）违反消防安全规定进入生产、储存易燃易爆危险品场所的；

（二）违反规定使用明火作业或者在具有火灾、爆炸危险的场所吸烟、使用明火的。

第六十四条　违反本法规定，有下列行为之一，尚不构成犯罪的，处十日以上十五日以下拘留，可以并处五百元以下罚款；情节较轻的，处警告或者五百元以下罚款：

（一）指使或者强令他人违反消防安全规定，冒险作业的；

（二）过失引起火灾的；

（三）在火灾发生后阻拦报警，或者负有报告职责的人员不及时报警的；

（四）扰乱火灾现场秩序，或者拒不执行火灾现场指挥员指挥，影响灭火救援的；

（五）故意破坏或者伪造火灾现场的；

（六）擅自拆封或者使用被公安机关消防机构查封的场所、部位的。

第六十五条　违反本法规定，生产、销售不合格的消防产品或者国家明令淘汰的消防产品的，由产品质量监督部门或者工商行政管理部门依照《中华人民共和国产品质量法》的规定从重处罚。

人员密集场所使用不合格的消防产品或者国家明令淘汰的消防产品的，责令限期改正；逾期不改正的，处五千元以上五万元以下罚款，并对其直接负责的主管人员和其他直接责任人员处五百元以上两千元以下罚款；情节严重的，责令停产停业。

公安机关消防机构对于本条第二款规定的情形，除依法对使用者予以处罚外，应当将发现不合格的消防产品和国家明令淘汰的消防产品的情况通报产品质量监督部门、工商行政管理部门。产品质量监督部门、工商行政管理部门应当对生产者、销售者依法及时查处。

第六十六条　电器产品、燃气用具的安装、使用及其线路、管路的设计、敷设、维护保养、检测不符合消防技术标准和管理规定的，责令限期改正；逾期不改正的，责令停止使用，可以并处一千元以上五千元以下罚款。

第六十七条　机关、团体、企业、事业等单位违反本法第十六条、第十七条、第十八条、第二十一条第二款规定的，责令限期改正；逾期不改正的，对其直接负责的主管人员和其他直接责任人员依法给予处分或者给予警告处罚。

第六十八条　人员密集场所发生火灾，该场所的现场工作人员不履行组织、引导在场人员疏散的义务，情节严重，尚不构成犯罪的，处五日以上十日以下拘留。

第六十九条　消防产品质量认证、消防设施检测等消防技术服务机构出具虚假文件的，责令改正，处五万元以上十万元以下罚款，并对直接负责的主管人员和其他直接责任人员处一万元以上五万元以下罚款；有违法所得的，并处没收违法所得；给他人造成损失的，依法承担赔偿责任；情节严重的，由原许可机关依法责令停止执业或者吊销相应资质、资格。

前款规定的机构出具失实文件，给他人造成损失的，依法承担赔偿责任；造成重大损失的，由原许可机关依法责令停止执业或者吊销相应资质、资格。

第七十条　本法规定的行政处罚，除本法另有规定的外，由公安机关消防机构决定；其中拘留处罚由县级以上公安机关依照《中华人民共和国治安管理处罚法》的有关规定决定。

公安机关消防机构需要传唤消防安全违法行为人的，依照《中华人民共和国治安管理处罚法》的有关规定执行。

被责令停止施工、停止使用、停产停业的，应当在整改后向公安机关消防机构报告，经公安机关消防机构检查合格，方可恢复施工、使用、生产、经营。

当事人逾期不执行停产停业、停止使用、停止施工决定的，由作出决定的公安机关消防机构强制执行。

责令停产停业，对经济和社会生活影响较大的，由公安机关消防机构提出意见，并由公安机关报请本级人民政府依法决定。本级人民政府组织公安机关等部门实施。

第七十一条　公安机关消防机构的工作人员滥用职权、玩忽职守、徇私舞弊，有下列行为之一，尚不构成犯罪的，依法给予处分：

（一）对不符合消防安全要求的消防设计文件、建设工程、场所准予审核合格、消防验收合格、消防安全检查合格的；

（二）无故拖延消防设计审核、消防验收、消防安全检查，不在法定期限内履行职责的；

（三）发现火灾隐患不及时通知有关单位或者个人整改的；

（四）利用职务为用户、建设单位指定或者变相指定消防产品的品牌、销售单位或者消防技术服务机构、消防设施施工单位的；

（五）将消防车、消防艇以及消防器材、装备和设施用于与消防和应急救援无关的事项的；

（六）其他滥用职权、玩忽职守、徇私舞弊的行为。

建设、产品质量监督、工商行政管理等其他有关行政主管部门的工作人员在消防工作中滥用职权、玩忽职守、徇私舞弊，尚不构成犯罪的，依法给予处分。

第七十二条　违反本法规定，构成犯罪的，依法追究刑事责任。

第七章　附　　则

第七十三条　本法下列用语的含义：

（一）消防设施，是指火灾自动报警系统、自动灭火系统、消火栓系统、防烟排烟系统以及应急广播和应急照明、安全疏散设施等。

（二）消防产品，是指专门用于火灾预防、灭火救援和火灾防护、避难、逃生的产品。

（三）公众聚集场所，是指宾馆、饭店、商场、集贸市场、客运车站候车室、客运码头候船厅、民用机场航站楼、体育场馆、会堂以及公共娱乐场所等。

（四）人员密集场所，是指公众聚集场所，医院的门诊楼、病房楼，学校的教学楼、图书馆、食堂和集体宿舍，养老院，福利院，托儿所，幼儿园，公共图书馆的阅览室，公共展览馆、博物馆的展示厅，劳动密集型企业的生产加工车间和员工集体宿舍，旅游、宗教活动场所等。

第七十四条　本法自2009年5月1日起施行。

附录C　城市轨道交通运营管理办法

城市轨道交通运营管理办法

第一章　总　　则

第一条　为了加强城市轨道交通运营管理，保证城市轨道交通正常、安全运营，维护城市轨道交通运营秩序，保障乘客和城市轨道交通运营者的合法权益，制定本办法。

第二条　本办法适用于城市轨道交通的运营及相关的管理活动。

第三条　国务院建设主管部门负责全国城市轨道交通的监督管理工作。

省、自治区人民政府建设主管部门负责本行政区域内城市轨道交通的监督管理工作。

城市人民政府城市轨道交通主管部门负责本行政区域内城市轨道交通的监督管理工作。

第二章　运营管理

第四条　城市人民政府城市轨道交通主管部门应当按照《行政许可法》以及市政公用事业特许经营的有关规定，依法确定城市轨道交通运营单位。

第五条　新建城市轨道交通工程竣工后，应当进行工程初验；初验合格的，可以进行试运行；试运行合格，并具备基本运营条件的，可以进行试运营。

城市轨道交通工程竣工，按照国家有关规定验收，并报有关部门备案。经验收合格后，方可交付正式运营。

安全设施不符合有关国家标准的新建、改建、扩建城市轨道交通工程项目，不得投入运营。

第六条　城市轨道交通运营单位应当按照国家有关规定和特许经营协议，制定城市轨道交通运营服务规则和设施保养维护办法，保证城市轨道交通的正常、安全运营。

第七条　城市轨道交通运营单位应当执行价格主管部门依法确定的票价，不得擅自调整。

第八条　城市轨道交通运营单位应当为乘客提供安全便捷的客运服务，保证车站、车厢整洁，出入口、通道畅通，保持安全、消防、疏散导向等标志醒目。

第九条　城市轨道交通运营单位工作人员应当佩戴标志、态度文明、服务规范。驾驶员、调度员、行车值班员等岗位的工作人员应当经培训合格后，持证上岗。

城市轨道交通运营单位应当在车站配备急救箱，车站工作人员应当掌握必要的急救知识和技能。

第十条　城市轨道交通运营过程中发生故障而影响运行的，城市轨道交通运营单位应当及时组织乘客疏散，并尽快排除故障，恢复运行。一时无法恢复运行的，城市轨道交通运营单位应当及时报告城市人民政府城市轨道交通主管部门。

第十一条 城市轨道交通因故不能正常运行的，乘客有权持有效车票要求城市轨道交通运营单位按照单程票价退还票款。

第十二条 禁止下列危害城市轨道交通正常运营的行为：

（一）在车厢内吸烟、随地吐痰、便溺、吐口香糖、乱扔果皮、纸屑等废弃物；

（二）在车站、站台、站厅、出入口、通道停放车辆、堆放杂物或者擅自摆摊设点堵塞通道的；

（三）擅自进入轨道、隧道等禁止进入的区域；

（四）攀爬、跨越围墙、护栏、护网、门闸；

（五）强行上下列车；

（六）在车厢或者城市轨道交通设施上乱写、乱画、乱张贴；

（七）携带宠物乘车；

（八）危害城市轨道交通运营和乘客安全的其他行为。

第十三条 禁止乘客携带易燃、易爆、有毒和放射性、腐蚀性的危险品乘车。

城市轨道交通运营单位可以对乘客携带的物品进行安全检查，对携带危害公共安全的危险品的乘客，应当责令出站；拒不出站的，移送公安部门依法处理。

第十四条 城市人民政府城市轨道交通主管部门和城市轨道交通运营单位应当建立投诉受理制度，接受乘客对违反运营规定和服务规则的行为的投诉。

城市轨道交通运营单位应当自受理投诉之日起十个工作日内做出答复。乘客对答复有异议的，可以向城市人民政府城市轨道交通主管部门投诉，城市人民政府城市轨道交通主管部门应当自受理乘客投诉之日起，十个工作日内做出答复。

第三章 安全管理

第十五条 城市轨道交通运营单位应当依法承担城市轨道交通运营安全责任，设置安全生产管理机构，配备专职安全生产管理人员，保证安全生产条件所必需的资金投入。

第十六条 城市轨道交通运营单位应当按照反恐、消防管理、事故救援等有关规定，在城市轨道交通设施内，设置报警、灭火、逃生、防汛、防爆、防护监视、紧急疏散照明、救援等器材和设备，定期检查、维护，按期更新，并保持完好。

第十七条 城市轨道交通运营单位负责城市轨道交通设施的管理和维护，定期对土建工程、车辆和运营设备进行维护、检查，及时维修更新，确保其处于安全状态。检查和维修记录应当保存至土建工程、车辆和运营设备的使用期限到期。

第十八条 城市轨道交通运营单位应当组织对城市轨道交通关键部位和关键设备的长期监测工作，评估城市轨道交通运行对土建工程的影响，定期对城市轨道交通进行安全性评价，并针对薄弱环节制定安全运营对策。

在发生地震、火灾等重大灾害后，城市轨道交通运营单位应当对城市轨道交通进行安全性检查，经检查合格后，方可恢复运营。

第十九条 城市轨道交通运营单位应当采取多种形式向乘客宣传安全乘运的知识和要求。

第二十条 城市轨道交通应当在以下范围设置控制保护区：

（一）地下车站与隧道周边外侧五十米内；

（二）地面和高架车站以及线路轨道外边线外侧三十米内；

（三）出入口、通风亭、变电站等建筑物、构筑物外边线外侧十米内。

第二十一条　在城市轨道交通控制保护区内进行下列作业的，作业单位应当制定安全防护方案，在征得运营单位同意后，依法办理有关行政许可手续：

（一）新建、扩建、改建或者拆除建筑物、构筑物；

（二）敷设管线、挖掘、爆破、地基加固、打井；

（三）在过江隧道段挖沙、疏浚河道；

（四）其他大面积增加或减少载荷的活动。

上述作业穿过地铁下方时，安全防护方案还应当经专家审查论证。

运营单位在不停运的情况下对城市轨道交通进行扩建、改建和设施改造的，应当制订安全防护方案，并报城市人民政府城市轨道交通主管部门备案。

第二十二条　在城市轨道交通线路弯道内侧，不得修建妨碍行车瞭望的建筑物、构筑物，不得种植妨碍行车瞭望的树木。

第二十三条　禁止下列危害城市轨道交通设施的行为：

（一）非紧急状态下动用应急装置；

（二）损坏车辆、隧道、轨道、路基、车站等设施设备；

（三）损坏和干扰机电设备、电缆、通信信号系统；

（四）污损安全、消防、疏散导向、站牌等标志，防护监视等设备；

（五）危害城市轨道交通设施的其他行为。

第四章　应急管理

第二十四条　城市人民政府城市轨道交通主管部门应当会同有关部门制定处理突发事件的应急预案；城市轨道交通运营单位应当根据实际运营情况制定地震、火灾、浸水、停电、反恐、防爆等分专题的应急预案，建立应急救援组织，配备救援器材设备，并定期组织演练。

当发生地震、火灾或者其他突发事件时，城市轨道交通运营单位和工作人员应当立即报警和疏散人员，并采取相应的紧急救援措施。

第二十五条　城市轨道交通车辆地面行驶中遇到沙尘、冰雹、雨、雪、雾、结冰等影响运营安全的气象条件时，城市轨道交通运营单位应当启动应急预案，并按照操作规程进行安全处置。

第二十六条　遇有城市轨道交通客流量激增危及安全运营的紧急情况，城市轨道交通运营单位应当采取限制客流量的临时措施，确保运营安全。

第二十七条　遇有自然灾害、恶劣气象条件或者发生突发事件等严重影响城市轨道交通安全的情形，并且无法采取措施保证安全运营时，运营单位可以停止线路运营或者部分路段运营，但是应当提前向社会公告，并报告城市人民政府城市轨道交通主管部门。

第二十八条　城市轨道交通运营中发生安全事故，城市人民政府城市轨道交通主管部门、城市轨道交通运营单位应当依据应急预案进行处置。

第二十九条　城市轨道交通运营中发生人员伤亡事故，应当按照先抢救受伤者，及时排除故障，恢复正常运行，后处理事故的原则处理，并按照国家有关规定及时向有关部门报告；城市人民政府城市轨道交通主管部门、城市轨道交通运营单位应当配合公安部门及时对现场进行勘察、检验，依法进行现场处理。

第三十条　城市轨道交通运营过程中发生乘客伤亡的，城市轨道交通运营单位应当依法承担相应的损害赔偿责任；能够证明伤亡人员故意或者自身健康原因造成的除外。

第五章　法律责任

第三十一条　违反本办法第五条规定，未经竣工验收合格，将城市轨道交通工程项目投入正式运营的，按照《建设工程质量管理条例》的有关规定进行处罚。

第三十二条　违反本办法第七条规定，城市轨道交通运营单位未执行价格主管部门依法确定的票价的，由价格主管部门按照价格法律法规的规定依法处罚。

第三十三条　违反本办法规定，城市轨道交通运营单位有下列行为之一的，由城市人民政府城市轨道交通主管部门责令限期改正，并可处以5000元以下罚款：

（一）违反本办法第八条规定，未保证车站、车厢整洁，出入口、通道畅通，保持安全、消防、疏散导向等标志醒目的；

（二）违反本办法第九条规定，安排未经培训合格的工作人员上岗或者未在车站配备急救箱的。

第三十四条　违反本办法第十条规定，城市轨道交通运营单位在发生运营故障时未及时组织乘客疏散的，由城市人民政府城市轨道交通主管部门给予警告，并处以5000元以下罚款。

第三十五条　违反本办法第十二条、第十三条的规定，影响城市轨道交通安全正常运营的，由城市人民政府城市轨道交通主管部门责令改正，并可处以50元以上500元以下罚款。

第三十六条　违反本办法规定，城市轨道交通运营单位有下列行为之一的，由城市人民政府城市轨道交通主管部门给予警告，责令限期改正，并可处以1万元以下罚款：

（一）违反本办法第十六条规定，未设置报警、灭火、逃生、防汛、防爆、防护监视、紧急疏散照明、救援等器材和设备，并保持完好的；

（二）违反本办法第二十四条规定，未按照规定建立应急预案的。

第三十七条　违反本办法第十七条规定，城市轨道交通运营单位未按照规定定期检查和及时维护城市轨道交通设施的，由城市人民政府城市轨道交通主管部门给予警告，责令限期改正，并可处以1万元以下罚款。

第三十八条　违反本办法规定，有下列行为之一的，由城市人民政府城市轨道交通主管部门给予警告，责令限期改正，并可处以1万元以上3万元以下罚款；造成损失的，依法承担赔偿责任；情节严重，构成犯罪的，依法追究刑事责任：

（一）违反本办法第二十一条第一款规定，在城市轨道交通控制保护区内进行作业的作业单位未制定安全防护方案，或者未征得城市轨道交通运营单位同意的；

（二）违反本办法第二十一条第三款规定，城市轨道交通运营单位对轨道交通进行扩建、改建和设施改造时，未制定安全防护方案的。

第三十九条　个人或者单位违反本办法第二十二条、第二十三条规定，影响城市轨道交通安全的，对个人处以500元以上1000元以下罚款，对单位处以1000元以上5000元以下罚款；造成损失的，依法承担赔偿责任。

第四十条　城市轨道交通运营单位有下列行为之一的，由城市人民政府城市轨道交通主管部门给予警告，责令限期改正，并可处以1万元以下罚款：

（一）违反本办法第二十五条规定，遇有恶劣气象条件时，未按照应急预案和操作规程进行处置的；

（二）违反本办法第二十六条规定，在客流量急增危及安全运营时，未采取限制客流量的临时措施的；

（三）违反本办法第二十七条规定，停止运营时，未提前向社会公告和报告主管部门的；

（四）违反本办法第二十八条规定，发生安全事故时，未按照应急预案进行处置的。

第四十一条　城市人民政府城市轨道交通主管部门工作人员玩忽职守、滥用职权、徇私舞弊的，由其所在单位依法给予行政处分；构成犯罪的，依法追究刑事责任。

第六章　附　　则

第四十二条　本办法所称城市轨道交通，是指城市公共交通系统中大运量的城市地铁、轻轨等城市轨道公共客运系统。

本办法所称城市轨道交通设施，是指为保障城市轨道交通系统正常安全运营而设置的轨道、隧道、高架道路（含桥梁）、车站（含出入口、通道）、通风亭、车辆、车站设施、车辆段、机电设备、供电系统、通信信号系统等设施。

附录D　北京市城市轨道交通安全运营管理办法

（2004 年 4 月 28 日北京市人民政府第 147 号令公布
根据 2007 年 12 月 23 日北京市人民政府第 200 号令第一次修改
根据 2009 年 6 月 26 日北京市人民政府第 213 号令第二次修改）

第一章　总　　则

第一条　为加强城市轨道交通安全运营管理，保障安全运营，维护乘客合法权益，根据本市实际情况，制定本办法。

第二条　凡在本市行政区域内从事与城市轨道交通安全运营有关活动的，均须遵守本办法。

本办法所称城市轨道交通是指地铁、轻轨等城市轨道公共客运系统。

第三条　城市轨道交通安全运营管理，坚持安全第一、预防为主、综合治理的方针。

第四条　市和区、县安全生产监督行政管理部门依照《中华人民共和国安全生产法》的规定，对本市城市轨道交通运营的安全生产工作实施综合监督管理。

市交通行政管理部门对本市城市轨道交通安全运营实施行业监督管理，指导运营单位落实安全运营措施，消除事故隐患，对城市轨道交通运营单位（以下简称运营单位）违反本办法的行为予以纠正并提请有关行政管理部门依法处理。

发展改革、规划、公安、消防、园林绿化、住房和城乡建设、市政市容管理等行政管理部门，依照各自职责对城市轨道交通安全实施监督管理。

第五条　城市轨道交通沿线的区、县人民政府应当做好本行政区域内城市轨道交通安全运营相关服务、保障工作，及时配合有关部门协调、解决有关问题。

第六条　运营单位应当依法承担城市轨道交通运营安全管理责任，加强运营安全管理，建立、健全安全运营责任制度，完善安全运营条件，确保安全运营。

第七条　市人民政府相关部门和运营单位应当采取多种形式，向社会公众宣传有关城市轨道交通安全运营的法律规定和安全知识，提高市民的安全意识。

任何单位和个人应当自觉维护城市轨道交通安全运营秩序，不得侵害国家财产和公民人身、财产安全，不得影响他人出行。

第二章　建设与运营的衔接

第八条　城市轨道交通工程的规划、建设，应当考虑安全运营的需求，并预留换乘和疏散空间。

城市轨道交通工程项目申请报告、可行性研究报告和初步设计中应当确定列车运行、调度指挥、运营辅助系统、安全防范和检查系统、维修保障系统、换乘和疏散系统、人员组织等内容，并经过运营安全评估，系统功能应当符合安全运营需要。

城市轨道交通工程建设单位在编制完成项目申请报告、可行性研究报告后，应当听取市交通行政管理部门的意见。市交通行政管理部门应当进行监督和指导。

第九条　城市轨道交通设备、设施的设计、安装、建造应当符合国家和本市规定的设计标准和技术规范。

其他工程与城市轨道交通相连接的，连接部分的设计应当符合城市轨道交通设计规范要求。

第十条　城市轨道交通工程完工后，建设单位应当向运营单位提供技术档案和相关资料，对设备、设施进行调试和安全测试，并会同运营单位组织试运行。试运行期不得少于3个月，并不得载客。

第十一条　城市轨道交通工程试运行合格的，建设单位应当依法办理规划、消防、土建、人防、供电、特种设备、工程档案、建筑节能、无障碍设施、环境保护设施和运营设备、设施等项目的验收。验收合格的，方可移交运营单位投入试运营。政府相关行政管理部门应当依照各自职责对验收过程进行监督管理。

试运营期间，运营单位应当按照设计标准和技术规范，对设备、设施运行情况和运营状况进行安全监测和综合验证，试运营期不得少于1年。试运营期满，设备、设施保持正常稳定运行状态，可以投入正式运营的，运营单位应当在投入正式运营30日前向市交通行政管理部门备案。

第三章　运营安全管理

第十二条　禁止在地面轨道线路上设置平面交叉道口和人行过道。禁止在地面轨道线路弯道内侧建造影响行车安全的建筑物、构筑物。禁止种植影响行车安全的树木。

已有树木影响城市轨道交通行车安全的，运营单位应当会同树木的所有者或者管理者制定解决方案，由树木的所有者或者管理者依法进行修剪或者移栽、更换树种。园林绿化、交通行政管理部门应当给予指导、协调，并加强监督管理。

第十三条　下列范围为城市轨道交通控制保护区：

（一）地下车站与隧道周边外侧五十米以内；

（二）地面和高架车站以及线路轨道外边线外侧三十米以内；

（三）出入口、通风亭、变电站等建筑物、构筑物外边线外侧十米以内。

区、县人民政府应当支持、督促有关部门依法加强对本行政区域内城市轨道交通控制保护区的监督管理，协调解决城市轨道交通控制保护区内影响轨道交通运营安全的问题。

第十四条　城市轨道交通控制保护区内严格控制下列可能影响安全运营的作业：

（一）新建、改建、扩建或者拆除建筑物、构筑物；

（二）敷设管线、挖掘、爆破、地基加固、打井；

（三）其他大面积增加或者减少载荷的作业。

确需进行前款规定的作业的，作业单位应当制定有效的安全防护方案，征得运营单位同意后，依法办理有关行政许可手续。有关行政管理部门应当根据经过论证的安全防护方案做出行政许可决定。

第十五条　经许可从事本办法第十四条第一款规定的作业的，作业单位必须落实安全防护方案，并委托专业机构对作业影响区域进行动态监测；出现危及运营安全的情形的，作业单位应当立即停止作业，采取补救措施，并报告许可作业的行政管理部门、市交通行政管理部门和运营单位。

第十六条　本办法第十四条第一款规定的作业跨越、穿越城市轨道交通设施的，作业结束后，作业单位应当会同运营单位评估作业对城市轨道交通运营安全产生的影响，并将评估结果报市交通行政管理部门备案。经评估影响运营安全的，作业单位应当立即采取措施，消除影响。

第十七条　城市轨道交通在不停运的情况下进行扩建、改建和设施改造的，运营单位应当制定有效的安全防护方案，并报市交通行政管理部门备案。

第十八条　地下管线敷设在城市轨道交通控制保护区内的，地下管线的所有者或者管理者应当加强管线的巡查、维护和管理，保障管线安全运行，避免影响城市轨道交通运营安全。

第十九条　市交通行政管理部门应当制定本市城市轨道交通安全运营服务标准。运营单位应当按照服务标准的要求，安全运送乘客。

第二十条　运营单位应当履行下列安全运营职责：

（一）建立健全安全运营责任制；

（二）组织制定安全运营规章制度和操作规程；

（三）保证本单位安全运营投入的有效实施；

（四）督促检查本单位的安全运营工作；

（五）建立安全运营风险评估和隐患排查治理制度；

（六）组织制定并实施先期应急处置方案和特殊情况下的运营组织方案；

（七）及时、如实报告运营安全事故。

第二十一条　运营单位的主要负责人和安全生产管理人员必须具备与运营活动相应的安全知识和管理能力。

第二十二条　运营单位应当对从业人员进行安全教育和培训，保证从业人员具备必要的安全运营知识，熟悉有关的安全运营规章制度和安全操作规程，掌握本岗位的安全操作技能。

运营单位工作人员应当履行下列安全管理职责：

（一）维护车站内秩序，引导乘客有序乘车，发生险情时，及时引导乘客疏散；

（二）及时劝阻、制止可能导致危险发生的行为，对劝阻、制止无效的，报告公安机关处置；

（三）发现事故隐患，及时报告。

第二十三条　运营单位的特种作业人员必须按照国家有关规定经过专门的安全作业培训，取得特种作业操作资格证书，方可上岗作业。

列车驾驶员应当遵守安全运营规章制度和安全操作规程，驾驶中不得从事与驾驶列车无关的活动。

第二十四条　城市轨道交通车辆地面行驶中遇有沙尘、冰雹、雨、雪、雾、结冰等气象条件时，应当按照预案和操作规程要求行驶。

第二十五条　运营单位应当按照国家和本市有关城市轨道交通设备设施的安全标准和技术规范，定期对包括车辆在内的安全系统进行检测、维修、更新和改造，保证良好的运行状态。

第二十六条　城市轨道交通车站站厅、站台、车厢、疏散通道内禁止堆放物品、卖艺、擅自摆摊设点以及其他影响通行和救援疏散的行为。

第二十七条　城市轨道交通车站、列车车厢内及轨道线路、隧道应当配置报警、紧急照明、防护、救援、灭火等设备，设备应当处于完好状态。

第二十八条　运营单位应当按照国家和本市有关标准规范在轨道线路、隧道及车站站台、站厅、疏散通道、出入口、通风亭、列车车厢内及其他运营场所的醒目位置设置保障城市轨道交通安全运营的各类导向、疏散、提示、警告、限制、禁止等安全标志；定期对各类安全标志进行检查和维修，保持完好。

第二十九条　电力、电信、供水等相关单位应当保证城市轨道交通运营用电、通讯、用水等需要。

第三十条　运营单位应当为乘客提供安全、便捷的客运服务，保障乘客的合法权益。

城市轨道交通运行过程中发生故障影响运行时，运营单位应当及时排除故障，恢复运行；无法恢复运行的，应当组织乘客疏散和换乘。

第三十一条　因气象、节假日、大型群众活动等原因引起客流量上升的，运营单位应当及时增加运力，疏导乘客。

第三十二条　禁止携带枪支弹药、管制器具以及爆炸性、易燃性、放射性、毒害性、腐蚀性等可能影响公共安全的物品进入城市轨道交通设施，对进入城市轨道交通车站人员的携带物品可以实施必要的安全检查措施。

实施安全检查措施期间，不接受安全检查的，车站工作人员有权拒绝其进入城市轨道交通车站；拒不接受安全检查强行进入城市轨道交通车站或者扰乱安全检查现场秩序，构成违反治安管理行为的，由公安机关依法处理。

公安机关应当制定城市轨道交通安全检查操作规范，对城市轨道交通安全检查工作进行指导、检查和监督，并依法处理安全检查中发现的违法犯罪行为。

第三十三条　安全检查人员实施安全检查时，应当遵守下列规定：

（一）佩带工作证件；

（二）文明礼貌，尊重受检查人；

（三）严格执行安全检查操作规范；

（四）不得损坏受检查人携带的合法物品；

（五）发现禁止携带的物品和违法犯罪行为时，立即向公安机关报告。

第三十四条　进入城市轨道交通车站的人员应当遵守有关法律、法规、规章和城市轨道交通的相关管理制度，遵守公共秩序和社会公德，并应当遵守下列规定：

（一）接受、配合安全检查；

（二）遵守安全指示标志，听从工作人员指挥；

（三）候车时站在安全线内侧，乘车时先下后上；

（四）不得实施阻挡车门、屏蔽门的正常开启、关闭和其他影响列车正点停靠、驶离的行为；

（五）不得从事兜售物品、散发广告或者反复纠缠、强行讨要以及以其他滋扰他人的方式乞讨等影响乘车秩序的行为。

运营单位应当明示城市轨道交通的相关管理制度，发现第一款第（五）项行为的，应当及时予以劝阻；对于不听从劝阻，构成违反治安管理行为的，提请公安机关依法处理。

第三十五条　禁止下列危害城市轨道交通安全运营的行为：

（一）拦截列车；

（二）擅自进入轨道线路、隧道等禁止进入的区域；

（三）强行上下列车；

（四）向列车、机车、维修工程车以及其他设施投掷物品；

（五）损坏车辆、隧道、轨道；

（六）损害和干扰机电设备，架空电缆和通讯信号系统；

（七）翻越、毁坏隔离围墙、护栏、护网和闸门；

（八）非紧急状态下动用紧急或者安全装置；

（九）损坏、擅自移动安全标志；

（十）其他危害城市轨道交通安全运营的行为。

第四章　应急和事故处理

第三十六条　市交通行政管理部门应当会同政府有关部门及相关单位制定城市轨道交通突发事件应急预案，报市人民政府批准后实施。

第三十七条　运营单位应当制定城市轨道交通突发事件先期应急处置方案，报市交通行政管理部门备案。

第三十八条　运营单位应当完善应急处置设备的配备和管理，对工作人员进行应急处置培训，定期组织应急演练，提高先期应急处置能力。

第三十九条　遇有城市轨道交通客流量激增危及运营安全的紧急情况，运营单位有权采取限制客流的临时措施，确保安全运营。

第四十条　遇有自然灾害、恶劣气象条件或者发生突发事件等严重影响城市轨道交通运营安全的情形，采取其他措施难以保证城市轨道交通安全运营时，运营单位可以停止部分线路或者路段运营，但应当向社会公告，并报市交通行政管理部门。

第四十一条　城市轨道交通运营发生突发事件后，市人民政府相关部门、突发事件所在地的区、县人民政府以及电力、电信、供水等单位，应当按照相应应急预案的规定进行抢险救援和应急保障，尽快恢复运营。

第四十二条　城市轨道交通发生运营安全事故后，运营单位应当迅速采取有效措施，组织抢救，防止事故扩大，减少人员伤亡和财产损失，同时按照国家和本市有关规定报告政府有关部门。

第四十三条　城市轨道交通运营发生事故时，有关行政管理部门接到报告后应当立即派员赶赴现场，及时处置，尽快恢复运营，并按照国家和本市有关规定进行事故调查处理。

第四十四条　运营单位应当对运营过程中乘客的伤亡承担损害赔偿责任，但是伤亡是乘客自身健康原因造成的或者运营单位证明伤亡是乘客故意、重大过失原因造成的除外。

第五章　法 律 责 任

第四十五条　违反本办法规定，有下列行为之一的，由市交通行政管理部门予以警告，责令限期改正，并可处 1 万元以上 3 万元以下的罚款；造成损失的，依法承担赔偿责任：

（一）违反本办法第十四条第二款规定，在城市轨道交通控制保护区内进行作业的作业单位未制定安全防护方案，或者未征得城市轨道交通运营单位同意的；

（二）违反本办法第十七条规定，城市轨道交通运营单位对轨道交通进行扩建、改建和设施改造时，未制定安全防护方案的。

第四十六条　运营单位违反本办法第二十条、第二十二条、第二十三条、第二十七条和第二十八条规定，并构成违反安全生产管理行为的，由安全生产监督行政管理部门依法处罚。

第四十七条　违反本办法第三十二条、第三十五条规定，并构成违反治安管理行为的，由公安机关依照《中华人民共和国治安管理处罚法》的规定予以处罚。造成城市轨道交通设备、设施损坏的，依法承担民事赔偿责任。

第四十八条　违反本办法，按照消防、规划、建设、园林绿化等有关法律、法规、规章规定应当予以处罚的，由有关部门依法处罚。

第四十九条　相关行政管理部门及其工作人员未依法履行城市轨道交通安全监督管理职责的，或者对依法应当查处的违法行为不予查处的，由上级机关责令改正，对责任人员依法给予行政处分；构成犯罪的，依法追究刑事责任。

第五十条　运营单位主要负责人及其工作人员未依法履行城市轨道交通安全生产监督管理职责的，由安全生产监督行政管理部门依法处理；构成犯罪的，依法追究刑事责任。

第六章　附　　则

第五十一条　本办法自 2004 年 6 月 1 日起施行。

附录E　城市轨道交通运营安全管理方法与技术模拟试题

E.1　模拟试题1

一、填空（本题满分20分，共有7道小题，每空1分）请将答案填在相应的空白处

1. 城市轨道交通的特征包括________、________、________和________四个。

2. 城市轨道交通车辆主要由________、________、________、________和________等组成。

3. 接触轨有三种布置方式，即________、________以及________。

4. 信号系统包括________、________、________三部分。

5. 自动售检票系统英文简称为________系统。

6. 列车与运行控制系统ATC的全称为________。

7. 危险源的主要类别有：物理性危险源、________、________、________、行为性危险源、其他危险源六个方面。

二、名词解释（本题满分20分，共有5道小题，每题4分）

1. GIS

2. ATS

3. 危险源

4. 应急管理

5. 转向架

三、简答题（本题满分30分，共有5道小题，每题6分）

1. 城市轨道交通运营安全管理研究的对象是什么？

2. 城市轨道交通系统的车站按不同的标准有不同的类型，按所处位置、运营性质、站台形式的标准分类都有哪些类型。

3. 城市轨道交通运营安全事故的分类方法有哪几种。

4. 安全控制系统的特性是什么。

5. 城市轨道交通运营安全评价指标体系由哪三类指标构成。并简要说明。

四、分析论述（本题满分30分，共有2道小题，每题15分）

1. 尝试综合采用课程所学的指标体系构建方法和评价方法，建立一个城市轨道交通运营安全评价体系。

2. 根据课程中学习的应急预案知识，假设某车站由于有大型演出造成了突发大客流，试构建一套应急预案。

E. 2　模拟试题 2

一、填空（本题满分 20 分，共有 8 道小题，每空 1 分）请将答案填在相应的空白处

1. 由城市给水系统引入自来水干线管道到车站、车辆基地，采用直接给水方式分送到用水点，一般共分为三个系统：________、________、________。

2. 消防设施分为________、________、________，以及消防用水与灭火活动中所需设施。

3. 电力监控（SCADA）系统单条线路基本上按照两级管理、三级控制方式进行使用和管理，两级管理分别是__________和________，三级控制分别是__________、__________和________。

4. FAS 系统的运作模式包括________与________。

5. 自动售检票系统英文简称为________系统。

6. GIS 系统的全称为________。

7. 城市轨道交通运营安全评价指标体系常由________、________和________三类指标构成。

8. 城市轨道交通运营安全事故的分类方法________、________、按照城市轨道交通物理设备、性质 3 种。

二、名词解释（本题满分 20 分，共有 5 道小题，每题 4 分）

1. AFC

2. 危险源识别

3. 安全管理组织

4. 应急管理

5. 海因里希事故因果连锁论

三、简答题（本题满分 30 分，共有 5 道小题，每题 6 分）

1. 屏蔽门如何分类，并简要说明。

2. 现场级 FAS 系统主要包括哪些设备，并简要介绍。

3. “人 - 机 - 环 - 管”因素包含什么?。

4. 为了尽可能地避免事故，地铁公司具有的安全可靠、功能互补的各类安全保障系统主要包括哪些。

5. 突发事件的分类是什么，并简要说明。

四、分析论述（本题满分 30 分，共有 2 道小题，每题 15 分）

1. 论述一下，城市轨道交通运营安全发生事故后，应该如何进行控制。

2. 尝试结合课程所学内容，设计建立一个城市轨道交通控制中心系统，论述一下该系统包含的功能。

参考文献

[1] http://baike. baidu. com/view/2467507. htm#sub2467507.

[2] http://www. ccmetro. com/newsite/readnews. aspxid = 20234.

[3] http://www. ccmetro. com/.

[4] 劳动和社会保障部教材办公室,广州市地下铁道总公司. 城市轨道交通运营安全[M]. 北京:中国劳动社会保障出版社,2008.

[5] 耿幸福,宁斌. 城市轨道交通运营安全[M]. 北京:人民交通出版社,2010.

[6] 肖贵平,朱晓宁. 交通安全工程[M]. 北京:中国铁道出版社,2011.

[7] 李建国. 城市轨道交通系统概论[M]. 北京:机械工业出版社,2009.

[8] 阎国强,仇海兵. 城市轨道交通概论[M]. 北京:人民交通出版社,2010.

[9] 刁心宏,李明华. 城市轨道交通概论[M]. 北京:中国铁道出版社,2009.

[10] 毛保华,李夏苗,王明生. 城市轨道交通系统运营管理[M]. 北京:人民交通出版社,2009.

[11] 彭辉. 城市轨道交通系统[M]. 北京:人民交通出版社,2008.

[12] 张庆贺,朱合华,庄荣. 地铁与轻轨[M]:北京:人民交通出版社,2009.

[13] 耿幸福. 城市轨道交通运营安全[M]. 北京:中国劳动社会保障出版社,2008.

[14] http://news. 163. com/09/0624/09/5CIHRDPM000125LI. html.

[15] http://www. aynews. net. cn/Article/ShowArticle. asp? ArticleID = 151881.

[16] 郑刚. 华盛顿追尾事故的分析与启示[J]. 现代城市轨道交通,2009.

[17] http://news. 163. com/05/0808/02/1QJN2LRD0001124T. html.

[18] 付新生. 城轨车辆运营技术故障风险综合评价方法的研究[D]. 北京:北京交通大学,2007.

[19] 叶庆辉,李毅雄,陈波,等. 城市轨道交通运营系统风险分析方法探讨. 中国安全生产科学技术,2007,3(5).

[20] 何杰,张娣,张小辉,等. 基于 FTA - Petri 网的地铁火灾事故安全性研究. 中国安全科学学报,2009,19(10).

[21] 佘廉,吴国斌. 突发事件演化与应急决策研究[J]. 交通企业管理,2008.

[22] 安玉红,苗国英. 危险点是如何演变成事故的[J]. 安全,2008,1.

[23] 李果,高建民,高智勇,等. 基于小世界网络的复杂系统故障传播模型. 西安交通大学学报,2007,41(8).

[24] 陈菁菁. 城市轨道交通重大运营事故和灾害分析[J]. 城市轨道交通研究,2010(5).

[25] 何理,钟茂华,邓云峰. 城市轨道交通危险因素分析[J]. 中国安全生产科学技术,2005,1(3).

[26] 李文杰. 城市道路交通事故生成规律及致因理论研究[D]. 上海:同济大学,2006.

[27] 刘铁民. 重大事故动力学演化[J]. 中国安全生产科学技术,2006,2(6).

[28] 陈全. 基于事故致因理论的危险源概念分析[J]. 中国认证认可,2009,12.

[29] 崔立秋. 城市轨道交通运营安全管理模式研究[D]. 北京: 北京交通大学城市轨道工程系, 2009.

[30] 王山, 姚晓晖, 汪彤. 地铁安全评价研究[J]. 华北科技学院学报, 2006, 3(1).

[31] 王娟. 国标《地铁运营安全评价标准》的编制思想[J]. 现代城市轨道交通, 2007.

[32] 张文晰, 李亚辉. 灰色灾变预测方法在城市轨道交通安全中的应用[J]. 交通科技与经济, 2007 (1).

[33] 于和平. 轨道交通系统安全评价指标体系研究[J]. 世界轨道交通, 2007(1).

[34] 何理，钟茂华，史聪灵. 城市轨道交通安全评价体系研究[J]. 中国安全生产科学技术，2009，5(6).
[35] 付新生. 城轨车辆运营技术故障风险综合评价方法的研究[D]. 北京：北京交通大学载运工具运用工程系，2007.
[36] 张跃，邹寿平. 模糊数学方法及应用[M]. 北京：煤炭工业出版社，1992.
[37] 贾水库，温晓虎，林大建. 基于层次分析法地铁运营系统安全评价技术的研究[J]. 中国安全科学学报，2008，5(18).
[38] 张耀军. 地铁运营安全评价体系研究[J]. 北方交通，2010，5.
[39] 王卫东，杜香刚，钟晟. 城市轨道交通评价指标权重模糊决策方法[J]. 中国铁道科学，2009，30(1).
[40] 陈守煜. 系统模糊决策理论与应用[M]. 大连:大连理工大学出版社,1994.
[41] 朱昌锋. 基于 DEA 的城市轨道交通运营安全评价与分析[J]. 兰州大学学报,2010,3(29).
[42] 宇仁德，张洪宾，李大龙. 基于 DEA 理论的交通安全评价模型[J]. 系统工程理论与实践，2007，4(8).
[43] 邓聚龙. 灰预测与灰决策[M]. 武汉：华中科技大学出版社，2002.
[44] 张文晰，李亚辉. 灰色灾变预测方法在城市轨道交通安全中的应用[J]. 交通科技与经济，2007(1).